奄美のノネコ

猫の問いかけ

鹿児島大学鹿児島環境学研究会編

南方新社

序文

鹿児島大学学長　前田芳實

本書は、鹿児島大学が行っている地域貢献活動の成果となる出版物である。

鹿児島大学は地方の総合大学として、地域社会の発展に貢献する「地（知）の拠点」となることを目指し、全学的に地域志向の研究を促進するとともに、地域社会に貢献できる優秀な人材輩出のために地域志向の学生教育に努めている。

特に、「島嶼」や「環境」は鹿児島大学の重点領域である。このため、二〇一五年四月には奄美大島の中心地である奄美市名瀬地区に国際島嶼教育研究センター奄美分室を開設し、研究者を常駐させ、生物多様性とその保全に関する教育研究をはじめ、全学的な取り組みを進めている。

本書を編集した本学の鹿児島環境学研究会は、この奄美分室を活用して、奄美地域の方々とノネコ問題への有効な取り組みを模索する研究活動を行ってきた。「ノネコ問題」は山の中で野生化したノネコを捕獲するだけでは解決しない。飼い猫の適正飼養は必須の条件であり、野良猫の数を制限するための取り組みも不可欠なため、解決が難しい問題である。

私も専門分野が家畜育種学なので、同研究会の活動に関わった。家畜としてのネコに関わる様々な問題について、環境省動物愛護管理室の則久雅司室長（二〇一六年八月当時、元鹿児島県自然保護課長）と学長室で対談した。印象深かったのは、日本の動物愛護と欧米の動物福祉の考え方の違いであり、奄美のノネコ問題が日本から世界に発信するモデルになりうる可能性についての議論であった。これらの内容は研究会がまとめたノネコ問題普及啓発冊子「人もネコも野生動物もすみよい島」に掲載されている。

世界自然遺産登録が二〇二〇年夏に期待されている奄美大島では、二〇一八年七月からノネコの捕獲が開始された。地域で議論を重ねた結果、二〇一八年三月に決定されたノネコ管理計画では、ノネコの捕獲だけでなく、発生源としての飼い猫の適正飼養と野良猫対策も同時並行して行うことが盛り込まれている。人と動物の新しい関係づくりを目指す奄美のノネコ対策が、関係者の努力により本格的な歩みを開始したのだ。

こうした時期に出版される本書が、奄美のノネコ対策への理解と協力を一層進めるためにも、また、ノネコ問題に悩む各地の関係者が、地域社会と合意形成を図りながら効果的な対策を進められるためにも、貢献することを期待している。

環境省則久室長（右）と対談中の前田学長

はじめに

奄美のノネコ問題に取り組みたいと相談を受けた。初めは正直戸惑った。「奄美のノネコって何だろう」と思って本書を手にした読者のみなさんとはきっと違う第一印象だったと思う。

奄美のノネコを切り口にして、果たして学問分野が異なり、しかも多彩な職業人が集うこの研究会を一つに束ねられるだけの面白味や魅力を創出できるのだろうかという懸念があったのだ。

研究会とは、本書を編集した鹿児島環境学研究会のことである。鹿児島大学が二〇〇八年に設立した学問分野横断型の研究プロジェクトで、鹿児島の地から日本や世界に環境提言を発信することを目的に設立された。二〇一五年に奄美のノネコ問題に取り組むまでに、奄美群島の世界自然遺産登録に向けた書籍を複数刊行してきた。

ノネコとは、もともと飼いネコや野良ネコだったネコが人の手を離れて「再」野生化し、自活するようになったネコのことである。このノネコが、世界自然遺産登録を目前に控える奄美の山中にすみつき、何千年という間生きてきたアマミノクロウサギやアマミトゲネズミなどの希少野生生物を捕食し、絶滅の危機に追い込んでいる。単にこれだけの話であれば、ノネコを捕獲すれば済む話である。

奄美大島にはノネコから連想される前例がある。一九七九年に猛毒蛇・ハブ対策として放たれたマングースが、最大時で一万頭まで増え、奄美の希少生物に甚大な被害を及ぼした。マングースは今では、環境省による大規模な駆除作戦により個体数が一〇〇頭を下回るまでになっている。マングースの場合は、お金と人的資源をつぎ込むことで問題の改善がはかられた。

ところが、ノネコの場合はマングースとは全く事情が違う。ノネコは駆除すべき外来種という側面と、人に馴化した家畜という側面をあわせもつ。これらの違いは、二〇一五年に研究会として本格的に奄美のノネコ問題に着手するなかで徐々に明らかとなった。

ノネコ問題の最大の特徴は、誰もが問題の当事者になりうる点である。何を問題と見なすかは人々の合意に左右される。しかもノネコ問題は、私たち一人ひとりの抱く動物観の違いを投影し、昔と今という時代の違いや、西欧と日本という文化の違いがさらに問題を複雑にする。

奄美群島を舞台にするノネコ問題は、ローカルな問題でありながら同時に軽々と島を飛び越える。そして、日本本土や世界の現代の世相を映し出す問題にも直結する。奄美のノネコ問題が魅力的なテーマかどうかという懸念は、完全に杞憂に終わった。ノネコ問題はとにかくスケールの大きな話なのだ。

本書には、大きく三つの目的がある。一つは、奄美のノネコ問題への取り組みを仔細に記録し、問題を考えるための資料としての役割を果たすことである。二つには、侵略的外来種と生態系の保全をめぐる問題に関して、問題の複雑さを明らかにし、解決の方向性を提示することである。三つ目は、鹿児島大学鹿児島環境学研究会による地域との共同研究を基礎にした取り組みの手法を、地域課題への大学の取り組み手法を一つのモデルとして提示することである。

本書の構成は、第一章で解説してある。簡単に紹介しておくと、ノネコ問題の広さと深さを論じたのが第一章である。この理論編に対して具体例を示すのが、第三章（奄美大島）と第四章（徳之島）である。第二章と第六章は、それぞれ世界と日本におけるノネコをめぐる問題状況と取り組みを紹介し、比較の視点を提供する。第五章は、法律、条令、ＴＮＲ（捕獲・不妊化・放す）という観点からノネコ問題の核心に迫る論点を整理している。第七章は、本書の編集目的に即して、鹿児島大学鹿児島環境学研究会としての活動を学外者の視点を踏まえて検証している。巻末の資料には、ノネコ問題年表や飼い猫条例など重要文書を収録した。

執筆者は、第一章、第二章、第七章以外は、主に行政や市民団体、環境省自然保護官など現場の最前線に立つ方々であり、第五章は各分野の専門家に寄稿いただいた。問題に直接関与した当事者による臨場感あふれる当時の様子が組み合わさることで、奄美「ノネコ問題」のパノラマを描き出したのではないかと思う。

本書サブタイトルの「猫の問いかけ」は、主に第一章で内容を整理し、その問いかけにどう人間がこたえるかを、それ以降の章で詳しく伝えている。本書は、奄美を舞台に展開する、動物と人をめぐる世界的実験の記録である。その意味が本書を手にした読者に伝わることを願っている。「猫の問いかけ」にあなたはどうこたえるだろうか。

鹿児島大学法文学部　小栗有子

【本書に出てくる用語の解説】

●侵略的外来種

外来種の中で、地域の自然環境に大きな影響を与え、生物多様性を脅かすおそれのあるものを、特に侵略的外来種という。具体的な例としては、沖縄本島や奄美大島に持ち込まれたマングース、小笠原諸島に入ってきた小型のトカゲ、グリーンアノールなどがあげられる。二〇一五年三月、環境省及び農林水産省において、日本における侵略的外来種を整理した「我が国の生態系等に被害を及ぼすおそれのある外来種リスト（生態系被害防止外来種リスト）」が作成され、このリストには、計四二九種類（動物二二九種類、植物二〇〇種類）が掲載されている。

●絶滅危惧種

近い将来における絶滅の危機が増大している種のこと。環境省ではそれらをレッドリスト（絶滅のおそれのある野生生物の種のリスト）にまとめている。最新版は二〇一二年度に取りまとめられた第四次レッドリストであり、必要に応じて個別に改訂されており、第三回改訂版環境省レッドリスト二〇一八においては、三六七五種が絶滅危惧種として掲載されている。

●ノイヌ

イヌ（学名：Canis lupus familiaris）の野生化したもの。汎世界的に分布。都市、農村、森林を生息環境とし、日本でも全国に分布している。また、イヌはペットとして大量に飼養されており、その逸出や放逐により、奄美大島におけるアマミノクロウサギ、沖縄島やんばる地域におけるヤンバルクイナ等国内希少野生動植物種を含む希少種の捕食が確認されている。

国際自然保護連合（ＩＵＣＮ）の種の保全委員会が定めた「世界の侵略的外来種ワースト１００」、日本生態学会の定めた「日本の侵略的外来種ワースト１００」に指定されている。

●ノネコ

イエネコ（学名：Felis silvestris catus）の野生化したもの。中東原産のリビアヤマネコを家畜化。汎世界的に分布。都市、農村、森林を生息環境とし、日本でも全国に分布している。また、イエネコはペットとして大量に飼養されており、その逸出や放逐により、希少野生動植物の捕食や在来ヤマネコへの感染症を引き起こすなどの被害を与えている。

国際自然保護連合（ＩＵＣＮ）の種の保全委員会が定めた「世界の侵略的外来種ワースト１００」、日本生態学会の定めた「日本の侵略的外来種ワースト１００」に指定されている。

●ＴＮＲ活動

飼い主のいないネコ（野良ネコ）の繁殖を抑え、自然淘汰で数を減らしていくことを目的に、捕獲（Trap）し、不妊去勢手術（Neuter）を施して元のテリトリーに戻す（Return）活動のことを示す。

参考文献・ホームページ

「環境省　外来種問題を考える」https://www.env.go.jp/nature/intro/2outline/index.html（二〇一八年一一月九日確認）

「ＩＵＣＮ　世界の侵略的外来種ワースト１００」http://www.issg.org/pdf/publications/worst_100/english_100_worst.pdf（二〇一八年一一月九日確認）

日本生態学会編、村上興正、鷲谷いづみ監修『外来種ハンドブック』地人書館、二〇〇二年

「環境省　自然環境・生物多様性」http://www.env.go.jp/nature/index.html（二〇一八年一一月九日確認）

「住宅密集地における犬猫の適正飼養ガイドライン」（環境省、平成二二年二月）https://www.env.go.jp/nature/dobutsu/aigo/2_data/pamph/h2202.pdf（二〇一八年一一月九日確認）

奄美のノネコ　猫の問いかけ——目次

第一章　「ノネコ問題」とはなにか

第一節　単純だけど複雑な「ノネコ問題」

（一）「ノネコ問題」のあらすじ

「ノネコ問題」とはなにか。ごく単純に言えば、もともと飼いネコや野良ネコだったネコが、人里を離れて山の中を住処にして野生性を取り戻し、生存のために山に生息する野生生物を捕食する行為をめぐる問題のことである。ここで問題視される捕食する行為者は、飼いネコや野良ネコではなく、再野生化したネコすなわち「ノネコ」である。本書では、特に希少野生生物等の在来生物を絶滅に追い込むほどの影響を及ぼすノネコの行為が問題対象となる。

ここでいう野生生物が生息する山の中とは、人為の影響をわずかに受けるのみで生物が自立的かつ自律的に存在している世界のことである（岩田、二〇一七）。したがって、もともと山に生息していた野生生物にしてみれば、ノネコは全くの新参者であり、突然やってきたエイリアンかのごときである。SF映画に例えるならば、異星からやってきたエイリアンが人類を攻撃し始める、あれと同じである。攻撃を受ける人類は、映画の中でみるように国籍を越えて連帯してエイリアンに反撃することができる。だが、野生生物はそのような術をもたない。そこで、人類（人）が野生生物に代わってエイリアンすなわちノネコを取り除き、野生生物を救おうとする物語、これが、誤解を恐れずに言えば「ノネコ問題」の筋書きである。

ただし、このような単純なあらすじで完結するならば、分厚い本書のような本は不要であろう。ことはより複雑である。

第一に、SF映画ではエイリアンがなぜ地球を侵略し、人類を攻撃するのかはあまり明白ではない。これに対して「ノネコ問題」は明快である。エイリアンと化した「ノネコ」を生みだしたのは、他ならぬ私たち人類（人）である。理由は後述するが、ノネコの発生源を辿ると行き着く先は大抵飼いネコか野良ネコであり、生存のために野生生物を捕食する以外の選択肢を奪ったのは人である。しかも、山に生きるノネコをいくら取り除いても、まるで放たれた水道の蛇口のようにノネコ予備軍のネコが山に次々と供給されるというような、「人為的な影響」が続いている。

第二に、ノネコの捕食から野生生物を守るという正義を振りかざしてはいるものの、この正義も眉唾である。もともと「ノネコ」を生みだしたのは私たち人間であり、ノネコを悪者扱いするのは筋違いだともいえる。しかも少し立ち止まって考えてみれば明白であるように、過去から現在に至るまで人類は（野生）生物を捕食して生命を永らえてきた。同じように生命をつなごうとするノネコの捕食行為はなぜ許されないのか。それだけではない。いまなお野生生物を捕りすぎたり、生息地を奪ったりすることで生物を絶滅に追いやっているのは私たち人類だ。ある特定の野生生物を救おうとする行為は、人類（人）の選択的行為であり、ここには時代の変化を伴った人間の価値判断が紛れ込んでいる。

第三に、エイリアンの根絶はSF映画であれば人類共通の敵という前提に基づき連帯できるが、「ノネコ」の場合は足並みをそろえるのが容易ではない。ノネコの襲撃（野生生物の捕食）は、人の目にほとんど触れることのない山奥で密かに進行している。たとえ長期にわたり秩序が守られてきた世界がノネコによって破壊されているとしても、ノネコの姿を目撃する者はごくわずかである。逆に大多数の人が目にするのは飼いネコや野良ネコの方である。愛らしい姿からは、再野生化したネコの凶暴性を想像することは難しい。ネコは本当にエイリアン化して悪さをしているのか、という疑念を抱いても無理はない。

このように「ノネコ問題」は、日常の暮らしの中で普段は隠されている私たちの言動の矛盾を浮き彫りにする問題である。しかも「ノネコ問題」は、たとえノネコが野生生物を捕食する問題だと言っても、ノネコが問題を自ら解決するはずもなく、結局人が問題を認識することによって初めて成立する問題である。つまり、「ノネコ問題」は、解決すべき問題をめぐって人々の共通理解を進めることと合意形成を前提とせざるを得ない問題である。

（二）狭義の「ノネコ問題」と広義の「ノネコ問題」

ここまでSF映画との相違点を論じてきたが、事態をさらに複雑にする決定的な違いがある。それは、人類（人）とノネコといった単純な二項対立で登場人物を特定できない点である。ノネコを生みだしたのは人間に違いないが、ではその当事者は具体的に誰か。それはあなたか、と問うても答えに窮する人が大方であろう。恐らくほとんどの人にとって「ノネコ問題」は、自分とは関係のない話なのである。

一方、ノネコではなく、ネコの問題とした場合はどうだろうか。これならネコ好きの人もネコ嫌いの人も一言したいことがあるはずだ。たとえば「野良ネコの鳴き声がうるさい」、「敷地内にフンや尿をする」、「子ネコが生まれて処分が大変」などだ。あるいは、純粋に「かわいい」という感情を抱くだけで、問題など考えられないと思うかもしれない。ネコは、あまりにも身近な動物であるため、誰もがかかわりの経験をもつし、各々の価値基準をもっているものだ。

先にノネコは、もともと飼いネコや野良ネコだったと述べた。この意味するところは、人によって運ばれて、山にネコが捨てられるケースがあるということだ。人間社会から切り離された捨てネコは、人に餌をねだることができない以上、新しい環境の中で自活する方法を必死で覚えるしかない。ノネコの予備軍とはこのようにつくり出されていく。山にネコを捨てに行く人は、ペットの終生飼育が飼い主の努力義務（動物の愛護及び管理に関する法律第七条）であることを知ってか知らぬかわからないが、ノネコ予備軍という不幸を生みだす当事者になっていることをどこまで自覚できているだろうか。

また、山里が近い地域では、放し飼いにされている飼いネコや野良ネコが、奥山と里を行き来するケースもあると推測されている。このような例は、ノネコと飼いネコや野良ネコとの識別が実際には難しいことを示している。いわゆる問題のグレーゾーンとして「ノネコ問題」を複雑にする要因である。「かわいいので、餌をあげた」というあなたの善意が、予期せぬ結果としてノネコ予備軍をつくり出しているかもしれない。

結局「ノネコ問題」は、自覚はせずとも誰もがノネコ問題をつくり出す側の当事者になりうるし、直接的か間接的かさえ問わなければ、逆にノネコ問題の改善に誰もが関与する側になれるという問題の広さをもつ。そこで本書では、混乱を避けて問題を焦点化するために「ノネコ問題」を狭義の「ノネコ問題」と広義の「ノネコ問題」に分けて整理する（図1-1）。

狭義の「ノネコ問題」とは、冒頭のあらすじで示したとおり、山の中でノネコが野生生物を捕食することで希少野生生物等の在来生物の数を減少させ、絶滅に追いやる危険性の高い問題として定義する。広義の「ノネコ問題」は、人為的な関わりによってノネコが山に供給される「入口」の問題と、ノネコを山で捕獲し、山から取り除いた後のノネコの扱い、すなわち、「出口」の問題までの一連の流れを一体的に捉える問題として定義する。広義の「ノネコ問題」には、野生生物の捕食者としてのノネコだけでなく、グレーゾーンとして懸念される飼いネコや野良ネコの関与についても含むものとしておく。

問題をこのように整理するのは、狭義の「ノネコ問題」だけを捉えても問題の解決には至らないからである。なお、次節以降で扱うように、「ノネコ問題」は狭義と広義にか

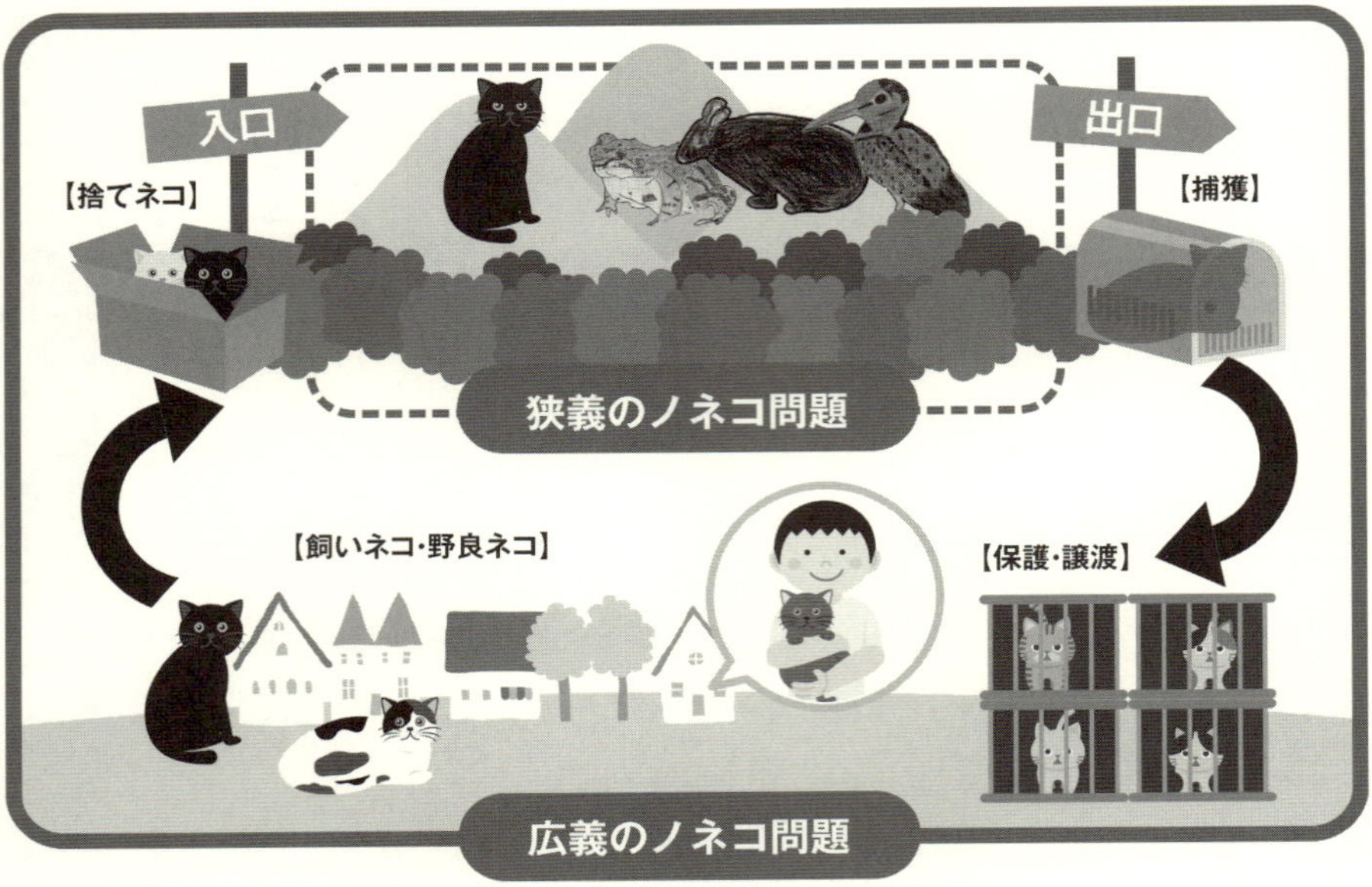

図 1-1　狭義の「ノネコ問題」と広義の「ノネコ問題」
（一部イラストは、龍郷町立大勝小学校５年生作成絵本「ネコはお外にいていいの？」より）

かわらず、現代の人と動物との関係のあり方を根本から見直し、日本とは異なる西欧文化との関わりも含めて、これからの両者のよりよい関係構築を共通目標にするものだという点を強調しておきたい。

第二節　イエネコの二つの顔と人との関係

（一）家畜としてのイエネコの特性

ここで、主役のノネコの概念と基本問題について整理しておく。ノネコ（feral cat）は、野良ネコ（stray cat）とも飼いネコ（pet cat）とも違い、再野生化したネコのことを指している。野良ネコと飼いネコの共通点は、いずれも人への依存度に濃淡はあるにしろ人の生活圏のなかで暮らし、餌をもらったり、ごみをあさったりなどをして生きている点にある。両者の違いは、特定の飼い主がいるかいないかにある。これに対してノネコは、人の生活圏から離れることでネコの元来もつ野生性を取り戻し、人に依存せず自力で食べ物を獲得して生きるようになった野生に回帰したネコ（再野生化したネコ）とみなされる。ただし、ここでいう「野生」への回帰という意味には少し注意が必要である。

野生のネコと言えば、日本ではツシマヤマネコやイリオモテヤマネコ（第六章第三節）が有名であるが、分子系統学的にみるとノネコ、野良ネコ、飼いネコが属する「イエネコ系統」と、ツシマヤマネコとイリオモテヤマネコが属する「ベンガルヤマネコ系統」とは異なる系統に分類される（黒瀬、二〇一六）。さらに、この二つの系統（生物の進化の歴史を著した系統樹）が属するネコ科には、ライオンやトラなど大型のネコを含め三六から三七種いる。これらの中で唯一、イエネコの祖先であるリビアヤマネコだけが、比較的警戒心が弱く、人になつく性質を持っていたため古代（最新の研究では九五〇〇万年前）より人の傍で暮らすようになった（黒瀬、二〇一六）。

つまり、私たちが日常的に目にするネコは、生物学的には「イエネコ」と呼ばれ、自然発生した野生種ではなく、野生種のリビアヤマネコを人が飼いならし改良した家畜である。ネコを家畜と呼ぶことに違和感があるかもしれないが、家畜には労働や食料を提供する産業動物だけでなく、伴侶動物（いわゆるペットや介助犬など）や展示・実験動物なども含まれる。

ただし、ネコには、ウシやブタなど他の家畜動物にはない特異な性質が見られ、「ノネコ問題」を複雑にする要因になっている。その特徴を象徴するのが、ネコは「自分から居着いた珍しい家畜」（黒瀬、二〇一六）という指摘であろう。

一般的に家畜は、人類が長い時間をかけて野生生物の馴化に努め、人に危害を加えることなく、また人の手によって繁殖の管理ができるようになって初めて社会に定着する。野生生物は、家畜化の過程でもともとの体形や生理的機能等を変化させていく（前田、二〇〇六）。人間の望む用途に適応するための変更であるが、昨今は、動物の元来もつ行動様式が過度に抑制されるとストレスにより、様々な場面で異常行動を現すことも確認されている（佐藤、二〇一三）。

これに対してネコの場合は、穀物などを荒らすネズミを捕らえるといったネコの能力に人間側が利用価値を見出したことは確かだが、かといって人間側でネコを囲ったり手綱をつけたりせずともネコは人間のそばを離れないし、危害も加えない。それどころか、むしろつい目を細めてしまうほどの愛らしさを天性のようにもっている。ネコは、この愛らしく人に懐きやすい特性を存分に発揮して、他の家畜動物にはない「行動の自由を許される」という特権を手にしながら、人と共生する地位を確固たるものにした。

だが、この愛らしさに惑わされて、野生元来のネコの特性を見逃してはならない。イエネコは、紛れもなく肉を食べるために特化した裂肉歯をもつ捕食者として高度に特殊化した食肉目ネコ科のグループに属している。この意味は、ネコは大型のライオンやトラなどと同じ肉食獣の仲間で、優秀なハンターとしての本性をもつということだ。また、ネコは繁殖力が旺盛なのも特徴で、妊娠期間は二カ月で多産（一回に三から六匹だが稀に二〇匹以上）である。環境への適応力も高く、立体的な構造の生息環境を利用し、街中から山奥の森林までを生息地にできる（林、二〇〇三）。

　これらネコの特性から考えれば、ネコが人の近くに住み着くようになったのは、餌や住まいの事情に柔軟に適応した結果にすぎない。ネコにしてみれば、自ら獲物を捕らえなくても人が代わりに処理した肉を与えてくれるため好都合である。飼い主でなくともネコに餌をやる人はいるし、たとえ飼い主であっても、ネコを放し飼いにして飼育する人もいる。ネコにとっては好条件がそろっている。

　人の側にしても、ネコの特性を理解して、いずれ戻ってくるからという心理なのだろうか、ネコが外で何をしようと与り知らぬことという通念がまかり通ってきた。しかし、人によるこのようなネコの接し方が、騒音や糞尿処理など街中のネコ問題を引き起こしているだけでなく、「ノネコ問題」をつくる温床にもなっていることは、理解しておかなければならない。

（二）外来種としてのイエネコと価値基準

　ところで、ネコ（イエネコ）は、家畜という側面に加えてもう一つ別の顔をもつ。それが、国際自然保護連合（IUCN）の種の保全委員会が二〇〇〇年に発表した「侵略的外来種ワースト１００」である。イエネコが世界で最もひどい侵略的外来種一〇〇種の中に選ばれた理由は、イエネコが細心の注意を要する捕食者だからだ。

　外来種とは、本来の生息地域以外から持ち込まれた生物種のことで、家畜であるイエネコは、人が意図的に持ち込んだ外来種である。イエネコが「侵略的」という汚名を着せられているのは、イエネコが在来鳥類や他の動物相の存続を脅かし、特に島のように他の捕食者から相対的に隔離された条件の下で進化した在来種を絶滅の脅威にさらすからだ。

　先に「ノネコ問題」には、狭義と広義があると整理したが、ここでいう侵略的外来種としてのイエネコは、狭義の「ノネコ問題」の側面に光を当てている。ただし、イエネコといった場合には、飼いネコや野良ネコも含まれており、完全に再野生化したノネコでなくとも野生生物の捕食者として世界的に危険視されている点は注意が必要だ。

外来種の問題は、イエネコの例のように移入された場所でもともと生息する生物たち（生物相）に与える影響を懸念する自然科学上の問題であり、人間にとっての有用性や実利という物差しでは必ずしも説明がつかない。様々な生物種の名前を示されて、これらが今絶滅の危機にさらされていると言われても、「それは重大な事件だ」と心底腑に落ちる人はどれほどいるだろうか。この分野の専門家ではない多くの人にとって、日常の外に置かれた価値基準を我が事として理解することは容易なことではない。

外来種への関心は、一九九三年に発効した生物多様性条約の目標である生物の多様性の保全、持続的な利用及び、利益配分を遂行する際の障害になっていることが背景にある。侵略的外来種の存在は、生息環境の破壊に次いで生物多様性の喪失を引き起こす第二の要因とみなされている。したがって、そもそも外来種の問題を問題として認識するためには、生物多様性を守ることの意味や価値を共有することが基本的な前提となる。

これまで専門家集団や政策当局の側からは、たとえば生態系サービスという概念を用いて、生物の種類をはじめとした生物多様性が、食料や水の供給といった私たちの暮らしにとっていかに大事な役割を担っているかの解説が試みられてきた。あるいは、近年ではヒアリのように人体にとって有害な外来種の話や、もしくは、危機に瀕している動植物の名前を挙げて人々の危機意識の喚起に努めてきた。しかし、いずれの試みも人間にとっての有用性や実利といった私たちにとってなじみ深い価値観に置換された情報提供に過ぎないものである。

他方、私たちの日常では意識の及ばない時間と空間の尺度に基づく説明の方法もある。それは、生命系（岩槻邦男）や生命誌（中村桂子）などの主張に象徴される。ようするに、三八億年前に海に誕生した細胞（生命）のＤＮＡが途絶えることなく、今日の人類をはじめすべての生命体につながっていることに価値を置く見方である。三八億年という想像もつかない時間の尺度を用いて、地球上のすべての生きものを一つの生命の環としてみる見方は、日常の生活から導きだせる視点ではない。これらは、科学的事実の積み上げによって人類が新たに創出した価値観に基づくものである。

ここに貫かれている価値観は、歴史や文化遺産の生物版といったらわかりやすいかもしれない。たとえば、縄文時代の三内丸山遺跡や近年の明治日本の産業革命遺産にしても、人の営みの歴史とその遺物は、存在そのものに価値があり、人の実利とは関係ない。たとえ個人にとっての愛着や意味という側面をもつとしても、科学的で学術的な価値が社会的合意を支える。外来種としてのイエネコの評価の場合も同様で、科学的で学術的な価値基準が優先され、ここではイエネコは駆除されるべき対象でしかなく、人の感情が入りこむ余地はない。

繰り返しになるが、科学的価値は日常との関わりが薄く、愛着も湧きにくい。この価値観は、人々の暮らしに溶け込んだ家畜としてのイエネコに対するものとは性質が異なる。「ノネコ問題」は、同じイエネコを対象とするものの、このように質の異なる価値基準が混在している。依って立つ価値基準が異なれば問題の捉え方や見え方も違ってくるので、「ノネコ問題」を考える際には、価値認識の違いをよくよく自覚することが必要となる。

第三節　奄美「ノネコ問題」を解く意味と価値

（一）世界的な社会実験としての奄美「ノネコ問題」の特徴

次に「ノネコ問題」の本書の取り組み姿勢について話を転じたい。本書は、「ノネコ問題」とその問題解決についての奄美群島の事例を中心にみていく。奄美群島のなかでも取り上げるのは、世界自然遺産登録の推薦区域を有する奄美大島と徳之島である（以下、奄美「ノネコ問題」という）。奄美群島を構成する他の三つの島である喜界島、沖永良部島、与論島との違いは、これらの島々がサンゴ礁の隆起によってできた標高の「低い島」に対して奄美大島と徳之島は、ユーラシア大陸からおよそ二〇〇万年前に切り離され、分離・独立を繰り返した標高の「高い島」であるということだ。六九四メートルの湯湾岳（奄美大島）や六四五メートルの井之川岳（徳之島）を主峰に山脈を形成し、これらの森の中には、太古より島で個別に進化した動植物が多く生息・生育している。

侵入的外来種との関係でいうと、奄美群島のような島嶼は侵入種に対してとくに脆弱であると指摘されている（川道ほか、二〇〇二）。その理由は、島という隔離された生態系には食物連鎖を支える植物、草食動物、肉食動物、分解者の数が少なく、侵入種に弱い生態系であるからといわれる（自然保護協会、二〇〇一）。奄美大島と徳之島の場合も、在来哺乳類といえばアマミノクロウサギやネズミなどの小動物に限られ、食物連鎖の頂点に君臨するのは毒蛇のハブと猛禽類であった。数千から数百万年の長い時間をかけて築かれた食物ピラミッドが、ノネコの登場によって脅かされている（図３‐１）。

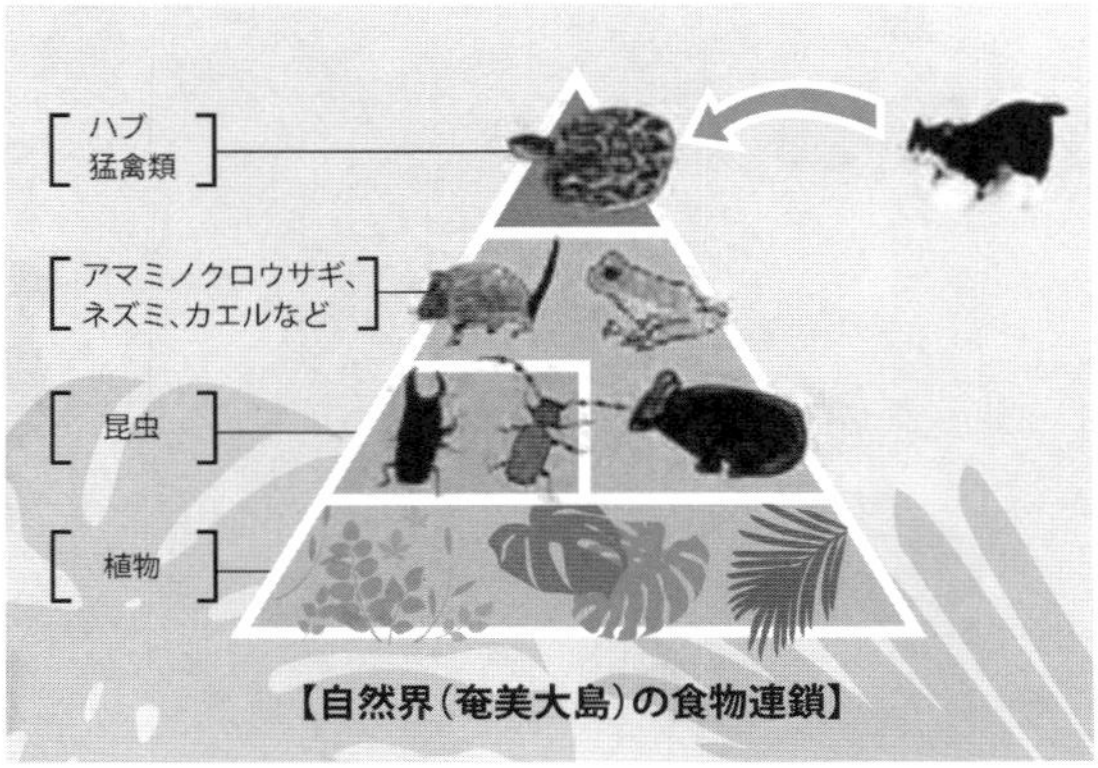

図 3-1　自然界（奄美大島）の食物連鎖
出典：鹿児島大学鹿児島環境学研究会編『人もネコも野生動物もすみよい島』

外来種としてのイエネコが世界的な脅威であることは既述のとおりだが、侵略的外来種の対応をめぐる世界的な指導原理も示されている。以下、生態学的知見に基づく主な内容を確認しておこう。

まず一つには、外来種の移入時には、その種が大きな被害を及ぼす侵略的外来種になるかどうかは予測しがたく、予防原則に立つことが重要であること、二つには、侵略的外来種は時間とともにその数や密度を増大させ、地理的範囲も拡大させ、増加率はしばしば指数関数的であること、三つには、ある侵略的外来種を根絶する方針を立てたとしても、その個体数や分布域をコントロールすることは技術的に困難であること、四つには、駆除・根絶・コントロールするコストは、その種が侵入してから時間がたてばたつほど増大していくことなどである（川道ほか、二〇〇二）。

これら指導原理の妥当性は、第二章で紹介する海外におけるノネコ対策や第三章で言及する奄美大島のマングース対策などからも裏付けられる。ことイエネコの場合、繁殖力は旺盛であり、優秀なハンターである。このような特性をもつノネコが、山の中で自己繁殖を始めたらどうなるか。これらのことを鑑みても、奄美「ノネコ問題」には早期に着手すべきというのが科学的見地からの判断であろう。ただし、奄美「ノネコ問題」の対応は、これまで世界に類を見ない社会実験を行うのに等しい。

世界を見渡せば、これまでに八三の島嶼部での「ノネコ問題」対策の実績が報告されている。だが、そのうち最大規模の島でも二九〇平方キロメートルであり、ほとんどは一〇平方キロメートルに満たない小さな島々である（K.J.Campbell et al. 2011）。これに対して奄美大島は、七一二平方キロメートルの面積に人口六万一〇〇〇人以上が暮らし、徳之島の場合は、二四七平方キロメートルの面積に人口二万三〇〇〇人以上が生活している。面積と人口の両方で最大規模を誇るのが奄美「ノネコ問題」の特徴なのである。

また、奄美大島と徳之島はいずれも、厳しい基準（学術上または保存上顕著な普遍的価値を有すること等）を登録の条件とする世界自然遺産候補地に選ばれている島でもある。世界自然遺産の価値は、先に言及した二つの価値基準に則せば、それは科学的で学術的な価値判断に基づくものだ。しかし、この基準に加えて二〇一七年三月に国内三四番目の国立公園の指定を受けて誕生した奄美群島国立公園は、保護管理の理念として新たに「生態系管理型」と「環境文化型」という二つの考え方を提起している。

前者が、自然科学的な価値基準に基づくのに対して後者の「環境文化型」の焦点は、奄美の自然景観だけを切り取るのではなく、人々の生業や遊び仕事（＝マイナーサブシステンス）など暮らしと深く結びついて形づくられてきた景観に価値を見出したことにある。人の手を加えない自然を守ることに価値を置く米国譲りの国立公園観ではなく、人と自然が関わりあう風景を国立公園の魅力に加えようとする試みは日本独自の発想である（国立公園研究会・自然公園財団編、二〇一七）。

「奄美沖縄四島世界自然遺産」として登録を目指す動きの中にも同様の企てがみられる。つまり、人々の暮らしと切り離された自然としてではなく、むしろ人々の営みとの関わりの中で普遍的価値を有する自然環境が守られてきたことを積極的に評価し、その固有の価値を訴えているのである。

したがって奄美「ノネコ問題」に取り組むことは、単に面積と人口規模が大きい島での世界的実験という意味合いを有するだけでなく、これまでの島の伝統がそうであったように、人々の暮らしと折り合いをつけながら自然とつきあってきた人々の知恵と精神を現代に生かす試みでもある。この意味は、次項以降で詳述するように、風土や歴史性の違いによって形成されてきた人々による動物への意識や態度の違いが、西欧と日本という文化的違いを超えて、これからの人と動物との新たな関わりを世界に範として示すための社会実験でもあるということだ。

（二）「ノネコ問題」と異なる文化

狭義の「ノネコ問題」は、外来種としてのイエネコと人の関係にみられるように、人々の感情を排除して比較的容易に望ましい動物と人の関係を示すことができる。それは、野生生物世界の秩序を乱す外来種としてのイエネコは、人が積極的に介入してイエネコ（ノネコ）を捕獲し、野生生物を含めて頭数を管理すべきという関係である。一方、広義の「ノネコ問題」は、家畜としてのイエネコと人の関係に投影されるように、人々の意識や感情を差し引いて考えることは難しい。

たとえば、ノネコの供給源となっている捨てネコについて考えてみると、山にネコを捨てに行く人の心理とはどのようなものだろうか。これ以上飼育できなくなったなど個別の事情があるにせよ、恐らく「殺すには忍びない、せめて山の中で生き延びてくれ」という思いが働いているのではなかろうか。あるいは、山から捕獲したノネコの扱いをどうするかをめぐっても、欧米諸国では比較的大きな論争に発展することなく殺処分される傾向にあるが、日本においては殺すことは忌避される。ノネコの殺処分ではなく、安楽死という言葉が日本では好まれ、殺処分の代わりに終生飼育に向けたネコの譲渡が選択肢として支持されるのも、動物の命を大事にしたいという心理の表れではないか。

ここで興味深いデータを取り上げてみたい。一九八九年に日本で講演したカナダ獣医師の実施したアンケート結果によると、イギリス人と日本人の動物の死後世界に対する認識や動物の安楽死に対する考え方がずいぶん違うという（佐藤、二〇一三）。結果では、健康な動物なのに飼い主の希望で安楽死させるという行為を肯定する人はイギリスで七四％に対して日本では三二％である。また、飼い主が望めば助かる見込みがあっても重症の動物を安楽死させる獣医師がイギリスで九一％に対して日本では四〇％という顕著な違いが示されている。詳細はこれ以上わからないが、二〇一八年にある日本人獣医師がインタビューに答えて「今の獣医師は安楽死について本当にいやがる」と話しており、獣医師であっても安楽死の忌避は日本では今でも根強いといえそうだ（山口、二〇一八）。

この傾向から言えることは、動物の命を奪うことに抵抗感の少ないイギリス人やイギリスの獣医は薄情だということでは全くない。むしろ重要なことは、イギリス人と日本人の動物の命をめぐる認識の違いは、風土に根ざした生業の歴史（佐藤、二〇一三）や宗教観の違い（中村、二〇〇六／中村、二〇一〇）に基づく西欧文明社会と日本文化の違いとして言及されるように、容易に変更し難い長い歴史上の産物であるということだ。したがって、違いに優劣をつけることは明らかに誤りであり、違いを直視してその意味を熟慮し、相互理解を深めることが必要となる。

ここで西欧世界の動物観についてみてみよう。キリスト教の教えでは、動物は魂をもたず、すべての生物は唯一絶対の神より人間に信託された存在、つまり、生物を人間の支配下におくことが正当化されている。この考え方が、一三世紀から一八世紀に及ぶ激しい動物虐待史を西欧諸国にもたらしたものの、一九六〇年代になると、魂をもたぬ動物でも苦痛を感受する感性を有する（意識ある存在）ことが次第に認められるようになる。この認識の延長で「動物福祉（アニマルウェルフェア）」という新たな倫理観（動物への配慮）が欧州で確立する。代表的な倫理の基準（動物福祉の基準）としては、①空腹と渇きからの自由、②不快からの自由、③痛みや傷、病気からの自由、④正常な行動を発現する自由、⑤恐怖や苦悩からの自由の五つを掲げている。

イギリス人の獣医に話を戻すと、安楽死を容認する理由は、ここに掲げる動物にとっての五つの自由を人間の義務として保障するためである。アニマルウェルフェアの観点に立てば、苦痛や恐怖を与えたまま命を長らえさせることの方がむしろ倫理に反するのである。つまり、この倫理的立場に立つと、飼いネコを山に捨てに行く行為こそがアニマルウェルフェアに反し、むしろ安楽死させることが飼い主としての責務を果たすことになる。

（三）日本と西欧の動物観の違い

このような西欧的動物観からいえば、日本は動物保護（愛護）後進国という批判対象となり、その批判が外圧となって一九七三年に動物保護管理法が成立している。ただし、第五章第一節で詳述するように一九九九年に改正された動物愛護及び管理に関する法では、第二条（基本原則）において「動物が命あるものであることにかんがみ、何人も、動物をみだりに殺し、傷つけ、又は苦しめることのないようにするのみでなく、人と動物の共生に配慮」することを明記し、第七条（動物の所有者又は占有者の責務等）では、動物の飼い主に終生飼育を努力義務とした。この一九九九年の法改正は、日本と西欧の違いを考える上で非常に興味深い。

まず、動物観をめぐる社会の推移とその合意が特徴的である。西欧諸国のキリスト教的動物観は、動物は人間が単に支配する対象から「意識ある存在」へと変化し、アニマルウェルフェアの基準へと社会の合意は到達したとみることが可能である。一方、日本では、動物は意識ではなく「命あるもの」として、人と動物の共生が法律を媒介にして社会の合意に達したといえる。佐藤（二〇一三）は、一九九九年の法改正に西欧にはない日本の特徴を読みとり、動物の「保護」が観念的な「愛護」という情動を含む用語に変化した点を指摘する。

もっとも、ここでいう日本の社会的合意は、動物の安楽死ではなく（たとえ五つの自由が保障されなくても）終生飼育を支持する日本人の多さからして、法律制定の結果の合意というよりもむしろ日本人の土着的な動物観（文化の古層）を表すものといえよう。この観点でいえば、日本人の動物観は、神話から律令国家成立以降の統治機構や仏教思想の影響など多層的に形成されてきたことが研究されてきている（中村、二〇〇六／中村、二〇一〇／佐藤、二〇一三）。本稿では詳述する余裕がないので結論だけを述べれば、日本人の動物観の特徴として「手なづけられた動物（動物種※挿入筆者）への特別な思い」（佐藤、二〇一三）が強いという点がある。

たとえば日本の場合、人が動物に与える肉体的ストレスや心理的ストレス、と殺の容認などの行為を許容する幅が、同じ家畜であっても「ペット」、「実験動物」、「肉食用の家畜」といった用途の違いによって異なるという調査結果が出ている（佐藤、二〇一三）。恐らく無自覚なのだろうが、ペットのネコはかわいいし、殺すのはかわいそうという感覚を持っても、ブタやウシなどの畜産動物がと殺されることについて格段意識を向けることをしない。ダブルバインド（二重拘束）ともいえる矛盾した価値観が社会に浸透している。

これは、肉食用の家畜にまでアニマルウェルフェアの適応を求める西欧的動物観とは対照的で、日本の畜産動物の飼育方法がアニマルウェルフェアの観点から批判される原因になっている。ただし、英語のアニマル（animal）は日本の動物よりも対象範囲を狭く捉えるのが一般的で、鳥類、魚類、爬虫類、昆虫を除く生物（いわゆる四足歩行の生物、哺乳類〈人間除く〉）として用いられる。このことは、日本で「命ある」動物として魚や蝶やヘビなどを前提にすることとずいぶん異なる。

いみじくも、奄美「ノネコ問題」を学習した奄美大島龍郷町大勝小学校五年生は、学習成果として作成した絵本（鹿児島大学鹿児島環境学ほか編、二〇一五）の中で、「ノネコの命」、「野生動物の命」、「餌の命」の三つの命を取り上げ、そのネコが、死ぬまで食べ続ける生きものたちの命はなくなっていいのか、かわいそうではないのかと悩み、私たち読者にも問いかける。仮に日本人の動物観に特徴的な「手なづけられた動物への特別な思い」が、私たちの動物の命を大切に思う範囲を限定するならば、畜産動物の命に思いを馳せられなくなったのは、現代社会の当然の帰結なのかもしれない。多くの日本人にとって畜産動物と思いを交わす機会は今日失われ、畜産動物は暮らしや日常から遠い存在になっている。

（四）人と動物の関係をめぐる現代的課題

日本のことを考えてみた場合、家畜としてのイエネコと人の関係史は、穀物や経典をネズミの食害から守ることが主な用途であった時代から、今では伴侶動物（ペット）としての用途が主流である。これは、ブタやウシなどの家畜と人の関係史も同様で、使役中心から食用へと大きく変容した。これらの関係が劇的に変化するのは、日本ではいずれも高度経済成長期以降のことである。これ以後、都市化や核家族化の進行に伴う人々の生活様式の変容と価値観の多様化が急速に進展した。背景には、商業主義的消費文化の浸透があることも看過できない。

文化の古層としての動物観は、人々の心の奥底に残存し、容易に変え難いと先に指摘した。だが、動物観にはもう一つ別の側面があり、古層の上に新たな意識や態度が重層的に形成されていく。西欧の場合は、アニマルウェルフェアという新たな動物倫理の創造に象徴的に表れている。日本では、とりわけ戦後になると殺生禁止意識や輪廻的世界観は影を潜めながら、共同体的意識から個人主義的意識が覚醒し、今では個人主義を加速させる商業主義的意識（消費者意識）が社会をすっかり支配している。

ペット関連産業は今や一兆円規模を超えるまでに成長した。餌として残飯を与えていた時代から一九七〇年のペットフードの登場などで、ネコの飼育を手軽なものにするだけでなく、個人主義的な楽しみや生きがいを新たに創出した。一方、その反作用としてマナーをめぐる近隣住民との摩擦や軽視される動物の命をめぐる社会問題も引き起こした。もちろん「ノネコ問題」もこの延長線上にある。

ネコをはじめとするペットは、「手なづけられた動物への特別な思い」をもつ現代を代表する動物である。もともと日本の社会は、土着的動物観として大切に思う動物の命を手なづけられた動物（種）に限定する傾向をもっていた。だが、今に比べて昔は、接する動物の数は多く、共同労働を支える使役動物や里山の生息動物など対象も広かった。現代は、対象が著しく狭くなっただけでなく、私たちの意識や選択行動の中に個人主義や商業主義が入り込む。その結果、人と動物の関係は昔に比べて変質し、ゆがんだものになっている。私たちと密接なかかわりがあるにもかかわらず、畜産動物に対する過度な無関心とペットに対する極端な思い入れのギャップは、このゆがみを象徴する現象であろう。

このように現代は、人と動物の関係をめぐって複雑な様相をみせるが、人と動物との関係だけでなく、動物を介した人と人の間にも深刻な摩擦をもたらしている。人と人との間で生じる摩擦は、国内にとどまらず国境を越える。たとえば、イルカ漁や捕鯨の問題は市民運動や外交上の積年の課題となっているし、昨今ではこれに加えて、特に畜産動物をめぐるアニマルウェルフェアの対応が貿易上の問題としても憂慮される。これらの問題では、異なる動物観をめぐる相互理解の努力が放棄される傾向にあるが、これを無視して根本的な解決は望めないだろう。

（五）人新世時代を代表する奄美「ノネコ問題」

地球上で人類が支配的地位に立ち、絶大なる自然改変力を振るう地質時代（人新世）にあって、人為の影響の少ない野生世界（岩田、二〇一七）は人と動物、人と人のこれからの関係を考える上で貴重な存在である。なぜならば、「自然を操作する人」が肥大化するなかで、「自然の一部としてのヒト」とは何であったのかを野生世界の中から学ぶことができるからである（鹿児島環境学宣言）。これらの諸点を踏まえると奄美「ノネコ問題」は、人（人間世界）と動物（野生世界）のせめぎあいに留まらず、国内外を巻き込んだ複数の動物観が交差する問題だといえる。この意味で、現代を象徴する問題でもある。

繰り返し確認しておくが、奄美大島と徳之島は、現在「奄美沖縄四島世界自然遺産」候補地として登録が目指されている地域である。地球上でここにしかいない動植物を含む希少野生動植物が生息するこれらの島々では、限られた空間の中で数千年にわたり人と野生動植物が密接に関わり生きてきた。しかも日本本土から遠く離れた島であるがゆえに、独自の歴史を刻み、島固有の文化を今も色濃く残す。これだけでも世界への発信力は十分である。だが、奄美「ノネコ問題」は、このような土台の上にさらに、本節（一）で論じた通り二つの世界実験に挑戦しようとしている。一つは、世界で最大規模の面積と人口規模をもつ「ノネコ問題」への挑戦であるということ、もう一つは、人新世時代における人と動物の新たな関係づくりへの挑戦であるということだ。そして、人と動物との新たな関係づくりに向けた社会実験は、すでに島内外の多様な関係者を巻き込みながら始まっている。

この動きの中でわかることとは、奄美「ノネコ問題」は、決して奄美の中だけでは完結しない問題であるということだ。ここには二重の意味がある。一つは現実的な対応としての意味である。

「ノネコ問題」を狭義で扱えば、ノネコを捕獲して処分することで完結するが、捕獲して処分することには社会の合意を必要とする。また、供給源としての入り口を止めなければ、狭義の「ノネコ問題」は永遠に解決されない。必然的に広義の「ノネコ問題」を抱え込まざるを得ない。だが、広義の「ノネコ問題」は、奄美大島や徳之島の島内だけに留まらない。人やモノ、情報などが自由に動く時代にあって、第一節（二）で指摘した通り誰もが問題をつくり出す側の当事者にも、改善する側にもなることになる。とりわけ安楽死を忌避する日本社会であればこそ、生活拠点を島に持たないとしてもノネコの処分方法に意見する人はいる。また、捕獲したネコの譲渡先として島内だけを想定してはとても対処しきれず、現実的な対応ではない。これが第一の現実的な対応としての意味である。

もう一つは、理念的な意味である。奄美「ノネコ問題」が直面する課題は、既述のとおり地域に特殊な問題ではなく、現代の日本社会や世界との関係を映し出す問題である。動物の命を大切にする日本の土着的な動物観は、西欧キリスト教文化の人にとって理解しがたいものである。そのためこの違いは表面化することも評価されることもなく、キリスト教的動物観の尺度のみに基づきながら、日本が価値づけられる傾向は否めない。これに対して、土着的動物観の本来の意味を問い直し、かつ、アニマルウェルフェア的観点も同時に配慮していくような試みが展開できれば、「世界自然遺産の島」というブランド力を生かして、日本の事情を丁寧に踏まえた説得的な情報発信を世界に向けてできるはずである。この発信力は、これからの人と動物の望ましい関係を日本社会に向けても発信するものともなろう。

そのためには、意識や価値観が少しずつ異なる者同士の対話と相互理解を推し進め、協働の姿を見せていくことが重要になる。意識や価値観の違いは、島内の都市住民と集落民（農村部）の間、島民と島外者（特に都市住民）の間、生活者と専門家の間、日本と海外の間などにみられる。したがって、住民、各種団体、行政、研究機関、事業者など様々な関係者・団体・機関が、立場や考えの違いを越えて、対話と協働を重ねる先に奄美「ノネコ問題」の創造的な解決が期待されよう。

第四節　本書について

（一）鹿児島環境学研究会と本図書について

本書を編集する鹿児島大学鹿児島環境学研究会では、鹿児島という地域に軸足を定め、「精緻な批評であるよりは、たとえ小さくても具体的な提案を目指す」ことを宣言している（鹿児島環境学宣言）。「ノネコ問題」は決して小さな問題ではないが、足元の日常生活のなかで起きている「ノネコ問題」に取り組むことが研究会として重要だと考えている。ここで苦悩しながら試行錯誤する人々の営みのなかにこそ、問題を解決するための手掛かりとこれから進むべき展望が拓けるものと確信している。

島では、安楽死に対する批判を受けながら奄美「ノネコ問題」に取り組む人たちがいる。批判する者と同じようにネコ一頭の命に心を痛めている。誰もネコを殺したいとは思っていない。ただ、人と動物のよりよい関係構築（人もネコも野生動物も幸せに暮らせる島）を今後実現するためには、行政等による管理の手を強める外科的療法も必要である。同時に、共通目標に向けて対話を進め、地道な活動を続ける漢方的療法も求められる。

本書は、奄美を舞台にすでに始まっているこれらの取り組みを、複数の当事者たちの言葉で書き記したものである。何が問題で、誰が利害関係者かもわからない状況から徐々に島の中で合意形成が図られ、仕組みや制度が確立していく様子をできるだけ忠実に記録に残すことを心掛けた。また、学外の専門家や環境省自然保護官の方々にも協力いただき、「ノネコ問題」をめぐる他地域の経験や問題を整理し、重要と思われる資料も収録している。

研究会としては、本書を通して関与した奄美「ノネコ問題」を断片的な問題から立体的な姿に描き直し、関係者と共有するとともに、同じように悩んでいる地域や広い読者に届けることを目指した。なお、鹿児島環境学研究会のように島外の人間は、島内の人と一緒に考え、提言することはできても、島の暮らしに直接責任は負えない。ここでいう暮らしとは、一人ひとりが生を全うするための生活という意味である。したがって、最終的には島の決断を尊重し、応援することが私たち研究会の基本姿勢である。

（二）本書の構成

第一章を終えるにあたって、本書の構成について紹介しておきたい。

第一章では、本書読者に対して、本書で登場する基本的な用語の説明や、何を目的にどのような問題を扱うために編集されたものなのかを解説することを狙いとした。本章は、本書を読み進める航路図のような役割を担う。

第二章では、日本の固有な事例に入る前に、視野を一度世界に向けてみようということを狙いとした。世界といってもその射程は広いため、国際的な自然保護機関およびノネコ問題では先進地として知られるニュージーランドの事例を取り上げる。ただし、世界の状況をそのまま日本に当てはめるわけにはいかないので、世界の動向から私たちが何を受けとめればよいのかについても言及する。

第三章は、本書の中心部にあたる。奄美大島において、「ノネコ問題」が発見される前と後に分けて、直接現場でかかわった関係者の方々が執筆している。「ノネコ問題」の発見には、前触れがあり突然現れた問題ではない。その予兆は、自然分野の専門家として、あるいは、一生活者として日常的に奄美の自然を見つめてきた人々たちに感知されてきた。問題を発見した時に、人はどう動き、組織はどう対応したのか。自明ではない未だ「点」としての問題が、次第に「ノネコ問題」として衆目の事実として立ちあがっていく過程を描き出すために、関与した各々の立場から当時見えていた風景を再現していただいた。

立場は多様である。個人や市民団体の立場から市町村・県・国の階層の異なる行政機関の立場まで、異なる場面で同時進行する様子が浮かび上がる。また、関係団体や機関が出会い、相互理解を図る過程で各々の役割と果たす責任が次第と明確になり、奄美「ノネコ」問題の解決に向けて大きく展開していく姿も読み取れる。関係者の想いもつづられている。なお、同時進行の複雑なプロセスが、読者にわかりやすく伝わるように全体の見取り図を盛り込んだ。

第四章は、本書のもう一つの中心部であり、奄美大島より は島の規模の小さい徳之島の事例を取り上げ、第三章と同一方針の下で現場の関係者に執筆してもらっている。徳之島と奄美大島は隣り合う島であり、同じ奄美「ノネコ問題」に取り組んでいるのだが、対応方法には違いがみられる。第三章と第四章を比較することで両島の特徴がつかめるはずだ。

第五章は、第三章と第四章を受けて、「ノネコ」問題を考える際の核心的な問題を焦点とし、その道の専門家による「ノネコ問題」の議論が展開されている。

第六章は、「ノネコ」問題をめぐる国内の他地域の事例が収集してある。「ノネコ」問題の発見でいえば、奄美は後発地域であり、先進地の状況についてそれぞれ詳述している。ただし、ここで取り上げる事例には、「ノネコ問題」とは性質が異なるイエネコ問題が含まれるため、章題としては、「ノネコ問題」ではなく「『ネコ』対策の概観」としてある。

第七章は、奄美の「ノネコ問題」に関与してきた鹿児島大学鹿児島環境学研究会の立場から、これまでの研究会の活動について振りかえり、学外者の力も借りながら大学が関与することの意味について改めて問い直すことを狙いとして構成した。

なお、第三章から第六章は、複数の執筆者の原稿を編集した関係から、各節の最後に執筆者の名前を明記した。

（小栗有子／鹿児島大学法文学部）

参考・引用文献

枝廣淳子「私たちの食べている卵と肉はどのようにつくられているのか―世界からおくれをとる日本」『世界』二〇一七年六月号（222）、岩波書店、二〇一七年、二一三―二二三頁

藤原英司『世界の自然を守る』岩波新書、一九七五年

フレッド・ピアス著、藤井留訳『外来種は本当に悪者か?』草思社、二〇一六年

林良博監修『イラストでみる猫学』講談社、二〇〇三年

石橋佳法「ペット産業と環境問題」『経済と経営38』（1）、二〇〇七年、三三―七五頁

岩田好宏「野生生物とその保護」『生物多様性保全と持続可能な消費・生産』認定NPO法人 野生生物保全論研究会（JWCS）、二〇一七年、七一―八三頁

岩槻邦男『生命系―生物多様性の新しい考え』岩波書店、一九九九年

鹿児島大学鹿児島環境学研究会・奄美哺乳類研究会編『ネコはお外にいていいの?』環境省那覇自然環境事務所、二〇一五年

川道美枝子、岩槻邦男、堂本暁子編『移入・外来・侵入種 生物多様性を脅かすもの』築地書館、二〇〇二年（二〇〇一年）

黒瀬奈緒子『ネコがこんなにかわいくなった理由』PHP新書、二〇一六年

前田芳實『畜産学ノート』鹿児島大学農学部家畜育種学研究室、二〇〇六年

前田芳實『家畜育種学概説』鹿児島大学農学部、二〇〇七年

中村桂子『自己創出する生命』哲学書房、一九九八年（一九九三年）

中村禎里『日本人の動物観』ビイング・ネット・プレス、二〇〇六年

中村生雄『日本人の宗教と動物』吉川弘文館、二〇一〇年

小野寺浩、阿部宗広「奄美国立公園」国立公園研究会、自然公園財団編『国立公園論―国立公園の80年を問う』南方新社、二〇一七年、六二―七四頁
佐藤衆介『アニマルウェルフェア』東京大学出版、二〇一三年（二〇〇五年）
ジェームズ・スタネスク、ケビン・カミングス編、井上太一訳『侵略者は誰か？　外来種・国境・排外主義』以文社、二〇一九年
自然保護協会「『世界の外来侵入種ワースト100』IUCN侵入種専門家グループが発表」『自然保護』№458、二〇〇一年、二二―二四頁
打越綾子『日本の動物政策』ナカニシヤ出版、二〇一七年（二〇一六年）
K.J.Campbell et al., "Review of feral cat eradications on islands In: Veitch, C.R.; Clout, M.N. and Towns, D.R. (eds). 2011,pp. 37-46. Island Invasives: eradication and management. IUCN, Gland, Switzerland.
山口拓美「犬猫の大量生産・大量消費・大量廃棄―公益社団法人日本動物福祉協会獣医師・調査員 町屋 奈さんに聞く―」『商経論叢』53（1―2）、二〇一八年、一八七―一九八頁
山根明弘『ねこの秘密』文春新書、二〇一五年（二〇一四年）

第二章　海外におけるノネコ対策の現状

本章では、ノネコが引き起こす問題に対して世界各国がどのような対策を講じてきたのかを概観し、日本との比較を行う。

世界各地で実施されたノネコ対策については、二〇一一年にIUCN（国際自然保護連合）が出版した「島嶼の侵略者：排除と管理」の中で詳しい報告がなされている。島嶼地域の自然環境保全活動を行っている国際NGO（アイランド・コンサベーション）のメンバーであるK・J・キャンベルらが共同執筆したノネコの駆除に関する論文である。第一節はこの論文の抄訳である（調査対象となった各島の状況を示した表と参照論文リストは省略したので、全文を確認される場合には、www.issg.org/pdf/publications/Island_Invasives/pdfwebview/1Campbell.pdf をご覧いただきたい）。

日本と同じ島国であるニュージーランドには大型鳥類のモアなど飛べない固有の鳥類が生息していたが、その多くが人間の活動により絶滅してしまった。このため、ニュージーランドは早い時期から希少種保護に熱心に取り組む国となった。ノネコについても世界で最初に駆除の取り組みが行われたのはニュージーランドだった。一九一二年のことである。

こうした事情から、鹿児島環境学研究会が二〇一五年一二月に奄美大島で開催した「奄美国際ノネコ・シンポジウム」に基調講演者としてニュージーランド保全研究所で外来種対策を研究・実践しているアル・グレン博士を招待した。グレン博士は翌一六年一〇月には日本学術振興会の招へい研究員として鹿児島に滞在し、奄美大島と徳之島でマングースとノネコ対策の現状を調査したほか、鹿児島市内開催の「かごしま国際ノネコ・シンポジウム」で講演を行った。第二節ではグレン博士が行った講演の概要を紹介する。第三節では、第一節と第二節の内容を日本と比較して、日本の「ノネコ問題」への対応の特徴と今後参考とすべき点を整理する。

第一節　世界で行われている侵略的外来種ノネコ駆除の取り組み（抄訳）

（一）はじめに

世界の陸地のわずかな面積を占めるに過ぎない島嶼地域は、絶滅危惧種を含む世界の生物多様性にとって比較的大きな役割を果たしている。しかし、外部から持ち込まれた哺乳動物により過去の生物種の絶滅の多くが島嶼地域で起こっている。多くの場合、外来のネズミ、ネコ、マングース、ヤギ、ブタなどが地域的または地球上からの生物種の絶滅を引き起こしてきた。

無脊椎動物から大型の海鳥まで多様な動物を餌としているノネコは、鳥類、哺乳類、爬虫類の絶滅の八％以上を引き起こし、絶滅のおそれが高い鳥類、哺乳類、爬虫類のほぼ一割の種について個体数を減少させる原因となっていることが知られている。

世界各地の八三の島でこれまでに八七の駆除事業が実施され、成果を上げた。面積五ヘクタールから二万九〇〇〇ヘクタールまでの島で、合計の面積は一一万四一七三ヘクタールに及ぶ。

また、一五の島で実施された一九の駆除事業は成果を得ることができなかった。

（二）駆除手法

駆除が成功した八七事業のうち手法が確認できた六六事業（七六％）で平均して二・七手法が用いられた。足罠（六八％）と狩猟（五九％）を用いた事業が多く、毒餌（三二％）、籠罠（二九％）、探査犬と続く。

面積二五〇〇ヘクタール以上の島で手法が確認できた成功事例九事業のうち、七事業では毒餌が使用された。一方、失敗事例については、面積の大きい五島（四〇〇ヘクタール以上）の七事業ではいずれも毒は使用されなかった。四〇〇ヘクタール以下の四島で行われた五事業では毒餌が使用されたが、駆除は成功していない。このことから、毒の使用は駆除事業の成功を保証するものでないことがわかる。

手法がわかっている成功事例の一七％に相当する一一事業では二次的な毒使用（毒を摂取したげっ歯類を使用）が行われたが、ノネコの死亡率は事業により異なる。ニュージーランドでは、トゥフア（メイヤー）島（一二七七ヘクタール）で二種のネズミ（ラット）の駆除を通じた二次的な毒使用によりすべてのノネコが駆除された一方、モトゥイヘ島（一七九ヘクタール）ではウサギが共存していたためにネズミ（ラットとハツカネズミ）の毒がノネコに十分には伝わらず、ノネコの数は二一％減少にとどまった。

罠はノネコ捕獲に有効でないとの報告がいくつか出されている。しかし、有人離島でネコ（野良ネコ）を捕獲し不妊去勢することに優先的に取り組んでいる場合や飼いネコは捕獲対象でなく、混獲した動物の放獣を必要とする場合には、籠罠は有効である。緩衝材付き生け捕り用足罠などは捕獲後の放獣が可能なため、ノネコ捕獲に有効だ。

いくつかの事例では、飼い猫の登録、マイクロチップ挿入、ネコの持ち込み制限や禁止を目的とする法制化または協定締結と組み合わせて、不妊去勢手術が実施されている。ガラパゴス諸島のバルトラ島（二六二〇ヘクタール）の事例などでは、ネコの飼育や飼いネコ持ち込みを禁止する協定を活用して飼いネコを島外に持ち出したり、安楽殺している。

比較的新しい手法として穴の中での燻蒸がある。アルミニウムリン酸塩またはマグネシウムリン酸塩の錠剤を用いてホスフィンガスを発生させ、穴の中でノネコを窒息死させるもの。ネコはホスフィンガスの感受性が高く、三〇分以内の致死濃度がウサギでは二四〇〇ｐｐｍなのに対してネコでは八〇ｐｐｍである。

捕獲し不妊化し再放獣するＴＮＲにより最終的にネコの個体群を消滅させることができるとＴＮＲ活動提案者は主張するが、この手法を用いたどの島においてもノネコは根絶していない。ノネコの駆除に失敗した一九事例のうちエクアドルのプラタ島（一四二〇ヘクタール）の駆除事業ではＴＮＲ手法が用いられた。不妊去勢された飼いネコと同様に、不妊去勢されたノネコが存在することにより、根絶を確認するための生存個体検知手法が制限されることになる。

駆除の経費がわかっているのは成功事例の一割弱であるが、二〇〇九年時点の米ドルに換算して経費の幅は四ドル／ヘクタール～四三一ドル／ヘクタールである。四ドル／ヘクタールの島はオーストラリアのフォール島（五二四一ヘクタール）で、地上と空から行った毒餌の散布で二〇〇一年に駆除が完了した。四三一ドル／ヘクタールの島は米国のサン・ニコラス島（五八九六ヘクタール）で、足罠、狩猟そして探査犬が用いられ、二〇一〇年に駆除が完了した。

ノネコ駆除活動の失敗率は二二％。失敗の原因は、組織的な活動支援の欠如、不適切な手法の採用、不適切な時期の実施である。成功事例の半数以上が二〇〇ヘクタール未満の島。大きな島に比べて小さな島でのノネコの排除は通常容易であるが、失敗の半分以上が二〇〇ヘクタール未満の島で起こっている。小さな島での失敗は、計画性がないことと財政的組織的支援が不十分であることによる。計画性がないことで実施時期と手法が不適切なものになるので、計画性がないことは失敗の最も重要な原因の一つである。

（三）生存個体検知手法と根絶の確認

生存個体検知手法は根絶したことを確定するために重要

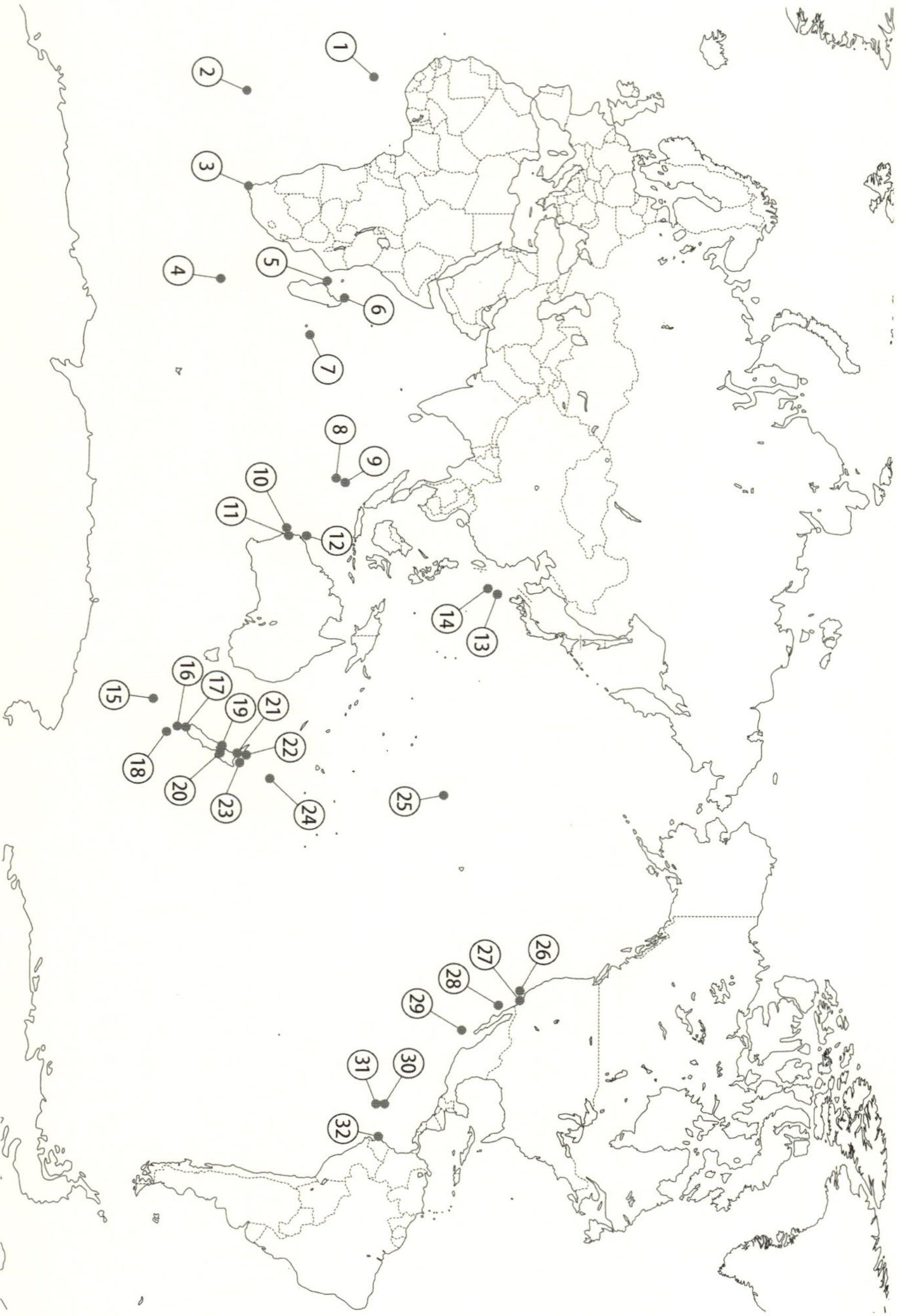

図 1-1　本章で取り上げた侵略的外来種ノネコ駆除に取り組んでいる世界の島嶼地域

本章で取り上げた侵略的外来種ノネコ駆除に取り組んでいる世界の島嶼地域

（注）ノネコ駆除に取り組んでいるすべての島ではないことに留意。（図1-1参照）

① アセンション島
② トリスタン・ダ・クーニャ島
③ ロベン島
④ マリオン島
⑤ ファン・デ・ノヴァ島
⑥ グランド・グロリウーズ島
⑦ モーリシャス島
⑧ ウェスト島
⑨ ホーム島
⑩ ダーク・ハートッグ島
⑪ フォール島
⑫ セルーリエ島
⑬ 奄美大島
⑭ 徳之島
⑮ マッコーリー島
⑯ オークランド島
⑰ スチュワート（ラキウラ）島
⑱ キャンベル島
⑲ ンガヒティ島
⑳ スティーブン島
㉑ モトゥイヘ島
㉒ リトルバリア島
㉓ トゥフア（メイヤー）島
㉔ ラウール島
㉕ ウェイク島
㉖ サン・ニコラス島
㉗ サンタ・カタリナ島
㉘ グアダルーペ島
㉙ ソコロ島
㉚ バルトラ島
㉛ サンタ・マリア（フロレアーナ）島
㉜ プラタ島

（鹿児島環境学研究会作成）

であるにもかかわらず、これまで十分には注目されてこなかった。生存個体検知手法は管理者が管理手法修正の必要性を判断する際に助けになる。根絶手法の変更、生存個体駆除のための特定地域への労力集中、最後の個体駆除の時期の推定などである。また、生存個体検知手法により、駆除手法の効率性を判定する際に有効な個体数指標を得ることができる。理想的には生存個体検知手法のいくつかは駆除手法と独立したものであるべき。そうすれば、動物の回避行動による影響を受けないからである。事業管理者は根絶の確実性を高めるために生存確認情報とともに単位努力量当たりの捕獲数データも使用することになる。このアプローチは生存可能性を定量化するための検出可能性分析により公式なものとなる。

生存個体検知手法は四九事例（全成功事例の四六％）で、低密度個体の発見と根絶確認のために用いられている。通常の手法は、痕跡探査（足跡、排せつ場所、糞、食べ跡）（九四％）、捕獲（七一％）、投光器（四九％）、獣道足跡検知板（四三％）、探査犬（四三％）である。このほかに、餌誘因、音声・嗅覚誘因、分子技術、繁殖状況、体毛採取、地域住民の目撃情報が用いられる。平均すると三・八の手法が用いられている。

一般的に数多く用いられている生存個体検知手法は、痕跡探査と罠での無捕獲の組み合わせである。痕跡が発見されやすい条件にあり、痕跡を消失させるヤギ、キツネ、海鳥などがいない場合に有効である。こうした条件下では痕跡検出可能性が高まり、罠の設置が促進され、非対象動物の捕獲が少なく罠がネコに対して有効に働く。痕跡が残りにくい地表条件や非対象動物が痕跡を混乱させる場合には他の手法が必要となる。捕獲者はネコが利用するルート沿いに足跡検知板を設置して、推定年齢を読み取り、罠の設置を促進させる。しかし、足跡検知板は非公式なもの（基盤を直ちに平らにならしてしまうため）であり、報告されないことが多い。捕獲や発見のために犬が使われることも多い。ネコ発見のために特別に訓練された専門の犬は有望である。カメラトラップ（自動撮影カメラ）は適切な密度で設置される場合に発見可能性が高く、他の手法に比べて費用対効果が高い。特に地表が痕跡検出に適さない場合やネコの密度が低い場合には。

　バルトラ島（二六二〇ヘクタール・エクアドル）、ラウール島（二九三八ヘクタール・ニュージーランド）、サンタ・カタリナ島（三八九〇ヘクタール・メキシコ）、ウェイク島（六九六ヘクタール・米）そしてセルーリエ島（三三九ヘクタール・豪）で明らかなように、最後のネコを発見することは難しく、発見したとしてもその捕獲または殺処分は極めて困難である。このことから、個体が逃走したり、学習しないためには適切な技術と経験ある職員に裏打ちされた駆除の倫理の重要性が浮き彫りになる。

　ノネコがいないことの確認には駆除活動と同額の経費が必要である。少数のネコを探す能力は根絶確認経費を決める重要な要素であり、応用研究が必要な分野である。

（四）実施中のノネコ駆除事業

　近い将来にネコを根絶することを目標として、ネコの駆除事業が行われている島は、ロベン島（五〇七ヘクタール・南ア）、ファン・デ・ノヴァ島（四四〇ヘクタール・仏）、グランド・グロリウーズ島（七〇〇ヘクタール・仏）、ホーム島（九五ヘクタール・豪）、ウェスト島（六二三ヘクタール・豪）などである。また、過去一〇年の間にノネコの根絶が提案された大面積の島には、ソコロ島（一万三二〇〇ヘクタール・メキシコ）、グアダルーペ島（二万六四六九ヘクタール・メキシコ）、サンタ・マリア（フロレアーナ）島（一万七二五三ヘクタール・エクアドル）、オークランド島（四万五九七五ヘクタール・ニュージーランド）、スチュワート（ラキウラ）島（一六万九四六四ヘクタール・ニュージーランド）、ダーク・ハートッグ島（六万二〇〇〇ヘクタール・豪）が含まれる。

（五）最近の進展事例

全地球測位システム（GPS）や地理情報システム（GIS）とともに毒餌の広域散布や空中射撃を行う航空技術は広範囲で複雑な地形をした地域におけるげっ歯類（ネズミ、ウサギ、リスなど）やヤギの駆除に極めて有益である。第二世代の抗凝血剤はげっ歯類駆除の実現可能性を高めた。同様に、ネコに対する毒餌空中散布技術は広範囲で複雑な地形を有する地域におけるネコ個体群に迅速な大打撃を与えるための手法である。この手法は毒成分が選択的に効き、数週間嗜好される毒餌の開発により有効になった。ネコ個体群の九〇％以上を迅速かつ経済的に死亡させることにより、数年ではなく数週間での根絶が可能となる。これらのネコ根絶手法は対象としない動物に影響を及ぼすかもしれないし、餌が食べられることにより効き目が減少するかもしれない。対象でない動物の存在は駆除の複雑さを増し、課題となる。毒物とその使用に関する近年の進展は対象としない動物に対する影響を最小限化し、手法の人道性を向上させるものだ。PAPPなどの代替毒物、毒物のカプセル封入、対象でない動物とは異なるネコの生理学的特性の探査などにより、他の動物への影響を軽減させるべきである。熱帯の島では、カニによる餌の消費やアリが群がり餌の食べやすさを減じることが問題となる。残留性のある殺虫剤の使用（現在は餌に含まれている）はネコにとっての食べやすさに影響しないでアリの襲撃を減らすことができる。対象でない動物による餌の消費を減らすために、ネコは餌を食べることができるがカニ、げっ歯類などの対象でない動物を排除する器具（ガントリー装置）が開発された。カニの捕食と捕獲を減少させるために、餌と足罠は砂を入れたバケツの上に置かれている。食物試験の暫定結果によれば、アニスの実がヤドカリの抑止に効果があるかもしれない。毒餌を食べたカニはカニを食べる人にとっても危険だ。カニによる餌の捕食を減らすための今後の研究が熱帯の島におけるネコ（とげっ歯類）の駆除事業の実現可能性を高めることになるだろう。

緩衝材付き足罠は島におけるネコの駆除に最も普通に使用されている手法だ。罠を適切に配置すればノネコの捕獲を効果的に行うことができる。しかし、頻繁に確認しなければならないとする倫理的要件や時には法的要件が欠点である。二つの進展により、事業の費用対効果を高めつつ、倫理的基準に適合する可能性が出てきた。サン・ニコラス島では見回り基準を満たすために近年、テレメトリーを使用した罠監視システムが用いられた。罠監視システムにより見回りのために必要な努力量（人・時間）が一〇分の一になった一方で、動物を迅速に罠から外すことができるようになり動物福祉基準が向上した。罠監視システムは生け捕り罠と致死罠の両方に利用できる。小規模な事業の場合には、サン・ニコラス島で行われたように携帯用アンテナを用いることで経費を削減できる効果的な手法となるだろう。罠タブは小さなゴム製またはプラスチック製で中に鎮静剤が充填されており、罠の挟む部分に装着される。イヌが捕獲される場合には、イヌは挟む部分にかみつき、タブに穴を置けるので落ち着き、けがをする確率が減少する。一方で罠にかかったネコはかみつくことはない。ノネコ用に捕獲器に装着する毒物（ＰＡＰＰなど）や鎮静剤を含む罠タブの開発が行われている。この装置の開発が成功すれば、捕獲後の動物を迅速にかつ人道的に殺すことができ、見回り要件の減少につながる。

ノネコ探査犬はサン・ニコラス島での使用で示されたように、ノネコ発見に有望な手法である。必要な場合には忌避訓練を行えば、探査犬は対象以外の動物にとって脅威とならない。また、毒物を忌避させるための犬の訓練も存在する。誘引餌中の毒性化合物の分解率がその地域で犬を使用することが安全か否かの判断に利用される。ＧＰＳによる犬の追跡は野外で有益であり、事業管理者がハンターと犬が地域をどの程度カバーしているかを判断する際に助けになる。宇宙空間ＧＰＳ犬追跡ユニットはこれらの事業を経済的なものにするが、発信機とハンドラーの間に遮るものがある場合にはデータは頻繁に失われる。データ保存用首輪でこの問題が解決される。

採用した手法の有効性を測るために、寿命を考慮したうえで無線テレメトリーやＧＰＳ用首輪を装着した標識ネコを使うことができる。標識用のネコの捕獲手法が結果をゆがめることはない。例えば、誘引餌を使って捕獲したネコはあらかじめ毒餌を食べるようにさせる。獣道に見えないように配置する足罠は標識動物の捕獲方法として多くの場合推奨される。ＧＰＳ首輪は動物の移動に関する追加的な情報を提供するとともに、事業管理者が生存動物の忌避戦略を警戒するのに役立つ可能性がある。

ネコの生存個体を発見し、根絶を確認することは経費がかかる作業であるため、今後行われる事業の管理者が事業停止ルールを決定する際には、発見確率の手法が有用になる。さらに、単位努力量当たりの経費を既存データを用いた最大発見（排除）確率の予測と組み合わせることにより、事業管理者は最終生存個体の発見排除のための各手法の費用対効果をモデル化することができる。事業の初期段階か排除前に標識を付け不妊去勢化したネコを個体群に投入することは発見排除可能性の推定を改善する。発見装置のデータは個体群推定に活用でき、事業実施期間中リアルタイムで活用し、データが得られた際に改良される。こうした管理手法は、利用頻度が高まるまでは中～大規模の事業にのみ費用対効果が高いものである。

非対象生物の存在は手法の選択に影響するが、捕獲技術は同じような大きさの捕食動物が存在する地域用に開発されている。例えば、サン・ニコラス島の在来キツネの激しい損傷は減少した。それは、緩衝材付き足罠が非対象動物の大きさに合い、追加した旋回装置が適合し、固定アンカーをできるだけ短くし、旋回装置に絡まる草を除去した場合である。罠で捕獲した在来キツネに罠の周辺を歩かせ、においを付けをさせることにより、条件付け回避訓練として罠の認識と回避行動を促進させる。二〇日間の試験期間中にキツネの捕獲は初期と終期の五日間を比べると九五％減少した。その間のネコの捕獲率は変化なし。このことは、罠がうまく設置されていない場合には罠から逃げた個体が罠を忌避することになるリスクを示している。サン・ニコラス島では在来キツネの存在により手法の選択肢が狭められて経費が増加した。一方、同規模のフォール島には、手法の選択を制限し、影響緩和を必要とする非対象動物が存在しない。このため、フォール島ではサン・ニコラス島の一％未満のコストでネコを根絶することができた。

多くの駆除事業を制限する主要な要因は財源と社会問題であり、ネコに関しても事実である。駆除の効果向上、根絶の確認、複数種の根絶事業の実施は重要な技術的な課題である。法律、不妊去勢、マイクロチップによる個体識別、ペットの登録、持ち込みの禁止または制限は、有人離島においてペットや家畜として飼われている動物の野生化個体群を駆除する場合に今後より一層活用される手法となる。地域社会と連携した活動が有人離島からネコを根絶する際の重要な要素となる。島内への生物の導入や再導入の阻止を目的としたバイオセキュリティもまた島嶼管理戦略上の重要な要素に違いない。

（六）根絶後の影響

ネコが駆除された場合に小型哺乳類、爬虫類及び鳥類の個体群が正の反応を示すことが報告されている。現存個体群が増加するとともに外来捕食動物が排除された生息地が形成され、そこは再導入に適した地域となる。例えば、ネコが根絶されたフォール島ではネコにより絶滅してしまった四種の在来の絶滅危惧種が成功裏に再導入された。鳥類については絶滅後に自然に再定着することが稀ではなく、ネコの根絶後直ちに始まることが多い。食物連鎖の動態やいくつかの場合にはモデル間の相互作用を考慮することが、保全対象への影響予測に役立つ。ラッセルら（二〇〇九）はげっ歯類とネコが存在する場合とネコを駆除した場合について、寿命の長い小型海鳥のいる島への影響をモデル化した。モデルによれば、上位捕食動物の駆除が島での長寿動物の生存にとって重要であることが示されている。マッコーリー島でのネコの駆除による負の影響に関する報告が大衆紙により数多く報道されているが、それにはいくつかの要因が関係しており、ネコがいないことは他の要因に比べて影響が小さいかもしれない。

ネコの駆除が計画される前に、正負両方の影響について実現可能性分析により検討されるべきである。ほかの導入生物の排除など影響緩和策を講ずることが計画される必要があるだろう。駆除による複合的な生態系反応はネコに限定されない。保全価値に与える潜在的な負の影響を考慮することに加えて、事業管理者は侵略的な生物の排除の順序についても考慮する必要があり、ある生物種の排除が他の生物の将来的な排除を複雑化させたり、妨げることのないように計画を立てるべきである。

（K・J・キャンベル他、抄訳：星野一昭）

第二節　ニュージーランドにおける侵略的外来種に対する取り組みの歴史と現状（アル・グレン博士の講演概要）

（一）はじめに

ニュージーランドで外来種が初めて駆除されたのは一九一二年にさかのぼる。対象はヨーロッパから持ち込まれた普通種のウサギで面積わずか五ヘクタールの小さな島（ンガヒティ島）での駆除だった。これ以降しばらくの間、駆除実績はあまり伸びていなかったが、一九九〇年代からは駆除技術や駆除用具が格段に進歩したことにより駆除件数は急速に増加するようになった。ニュージーランドの島々では二〇種の侵略的外来種についてこれまでに四六一件の駆除事業が実施され、成功している。これは世界の駆除成功事例の三分の一以上に相当する。駆除された侵略的外来種には、クマネズミやハツカネズミなどのネズミ類、ポッサムのような有袋類、ヤギなどの大型有蹄類、そしてネコなどの捕食動物が含まれる。

一九九〇年代までにげっ歯類（ネズミやウサギなど）の駆除が行われた島はいずれもとても小さな島で、面積数ヘクタールか数十ヘクタールの島であった。一九九〇年代の半ばには駆除の処理能力が向上し、ニュージーランド沖合の面積一一三平方キロメートルのキャンベル島でも駆除ができるようになった。

島嶼の保全を行っている国際NGO（アイランド・コンサベーション）のデータベース（http://diise.islandconservation.org/）には、世界中の島嶼で行われたノネコの駆除の成功事例一〇一件が掲載されているが、ほとんどはオーストラリア、ニュージーランド、メキシコの島々だ。世界的に見てもノネコの駆除が成功した島の大きさは年を追うごとに増大している。世界で最初にノネコの駆除が行われたのは一九二五年で、ニュージーランドのスティーブン島、面積は一・五平方キロメートルだった。一九九一年にノネコが駆除された南アフリカのマリオン島の面積は二九三平方キロメートルだ。

(二) ノネコ駆除の成果

ノネコ駆除による環境面の成果は、在来の希少種である鳥類、哺乳類、爬虫類が飛躍的に増加することだ。また、絶滅してしまった種を再導入することに成功した事例もある。オーストラリアの島ではノネコ駆除の結果、絶滅の危機にあった有袋類が復活した。また、何十年のもの間、姿を消していた鳥類がノネコ駆除の二〜三年後には島に戻り、繁殖を始めたことも報告されている。

社会面、経済面でもノネコ駆除の成果が見られる。最も顕著なのがエコツーリズムだ。奄美大島が世界自然遺産に登録された際にはエコツーリズムは非常に大きな影響をもたらすことになる。また、駆除作業が地域住民に雇用の機会を創出することも重要だ。メキシコではヤギを島から駆除するために地元のハンターを雇用しており、地元にとっての重要な雇用創出源になっている。奄美大島でもマングースバスターズが活躍している。三つ目には、ネコによる有害な病気の感染である。野生動物や家畜だけでなく、人間にも感染することがある。野生動物とヒトに感染するトキソプラズマ症はネコがいなければ存在しないので、ネコの駆除はこの病気の根絶につながるものだ。

(三) 有人離島でのノネコ駆除

比較的面積の大きな有人離島で行われたネコの駆除は世界で四例報告されている。大西洋のアセンション島（九七平方キロメートル）とトリスタン・ダ・クーニャ島（一一四平方キロメートル）、インド洋のマリオン島（二九三平方キロメートル)、そして南氷洋のマッコーリー島(一二九平方キロメートル)だ。これらの島はいずれも人口が一〇〇〇人前後の島だ。記録が残っていないトリスタン・ダ・クーニャ島を除いて、罠、銃、毒物使用等の手法の組み合わせで駆除が行われた。

アセンション島は一〇〇〇人近い住人がいる面積約一〇〇平方キロメートルの島で、多くの人がペットとしてネコを飼っている。地元ではネコを飼うには不妊去勢が義務となる規制を決定したが、たった一人だけ、この規則を守らずに隠れてネコを繁殖させ続けた人がいた。このことは地域社会がノネコの駆除にしっかりと関わることの重要性を示している。住民の支持がない限り、駆除の努力が失敗するリスクは大きいまま残ってしまう。

ノネコを駆除する島に人が住んでいることは有利な条件も含む。道路が整備され、商店があることなどにより、駆除作業を非常に短期間で効果的に行うことができた。一方で教訓もある。駆除作業は島外から来た人が行ったために島内に雇用の機会が創出されず、地元で不満の声が上がったことだ。計画、実行、結果のモニタリングのすべての段階で駆除作業に多くの地元の人を活用することが非常に重要だ。また、地元に経済的社会的投資としてインフラを整備したり、雇用を創出して、エコツーリズムの機会を進めることが重要だ。

(四) 考慮すべきリスクと課題

駆除の実施前に考慮すべきリスクや課題もある。中位捕食動物の問題だ。ある捕食者を取り除くことにより、より小さな捕食動物の数が増加し、分布を広げ、より大きな被害をもたらすことだ。ニュージーランドのリトルバリア島でネコを駆除した後、希少鳥類のヒメシロハラミズナギドリの繁殖成功率が低下した。これはネコが駆除されたことにより、ネズミの数が増加したためである。ネコよりネズミの方が鳥の捕食動物としてより強力だったからだ。このため、ネズミも島から駆除された。ネズミの駆除により、この鳥の繁殖率は格段に向上することになった。中位捕食動物増加効果(メソプリデーター・リリース)により悲劇が起こる寸前だったといえる。

駆除作業を行う際のもう一つの問題は島の大きさだ。大きな島では対象動物を島全域から確実に排除することが極めて難しいし、また、人の居住も駆除を難しくしている。銃や毒餌を用いた駆除ができず、駆除の妥当性についての意見が分かれることもある。したがって、駆除の前に地域社会の人々が有害動物の駆除についての結論を納得して支持していることが重要だ。

こうしたリスクや課題があるので、現在では駆除作業の前に実行可能性評価を行うことが一般的に合意されている。過去二〇～三〇年間の駆除活動の成功と失敗の原因から学んだもので、経費が多額になる失敗も避けることができる。

奄美大島のノネコ駆除の取り組みは、島の大きさと地形の複雑さによる困難が伴う。これまでノネコの駆除が成功した最大の島はマリオン島だが、面積は奄美大島の半分程度。現在、奄美大島とほぼ同じ大きさ、六二七平方キロメートルのオーストラリアのダーク・ハートッグ島（定住人口は不明）でノネコの駆除活動が行われている。

（五）代替案の検討

より困難なのは法的、社会的な問題だ。駆除技術の安全性であり社会的な受容である。駆除を進めるためには地域社会が駆除活動を支持する立場をとらなければならない。

実行可能性評価の結果、駆除が適切な手法でないと評価される場合もある。その場合には、侵略的外来種を囲い込む手法がある。南米の島に材木用に植えられた侵略的外来樹木は伐採する代わりに島の一部に囲い込むことが行われた。

二つ目の代替案は局所的な管理で、対象となる生物種を島全体から取り除く代わりに優先的に駆除する地区を選択するという方法だ。この方法の欠点は管理区域の外から多くのネコが入り込むので区域内での駆除を継続しなくてはならないことだ。

三つ目は、捕食動物から在来生物が避難できる場所を確保する方法だ。モーリシャス島で成功事例がある。外来種のサルが絶滅危惧種である多くの種類の鳥を捕食していたが、日本のスギを植えることで鳥類にとっての新たな生息地ができ、サルからの捕食がかなり減少した。

奄美大島のネコがいなくなるとクマネズミが増える可能性がある。これに対しては罠を仕掛けてクマネズミの数を制御することだ。

（六）奄美大島にとって大切なこと

奄美大島での取り組みの目的は単にノネコを駆除することではなく、在来の希少で貴重な動植物を絶滅させないように守り、奄美の生態系の機能を健全な状態に回復させることだ。そして、もっと大切なことは、奄美大島島民の社会的経済的な暮らしの豊かさを向上させることだと考える。

（アル・グレン、翻訳：星野一昭）

第三節　日本との比較

（一）居住地と対策地の距離

世界の生物多様性保全上重要な役割を果たしている島嶼地域はノネコにより生物種の絶滅や個体数減少などの影響を受けており、そうした状況に対して、二〇一一年までに実に八三の島でノネコの駆除事業が実施され成果を上げていることが分かった。世界では二〇世紀の初めからノネコ駆除の取り組みが開始されたが、無人島または人口の少ない島での事業が多かった。

二〇世紀の終わりころからノネコ対策が検討され始めた日本では、ノネコ問題が生じている島の人口は多く、希少生物の生息地と居住地が比較的近いため、ノネコの供給源である飼いネコや野良ネコ対策を同時に行わなければならないことが特徴である。奄美大島と徳之島を調査で訪問したグレン博士は、両島で行われている飼いネコや野良ネコの対策について、居住地に近い希少野生生物の保護を今後ニュージーランドが進めるにあたって参考にすべき取り組みだと述べている。六万人の人口を抱える奄美大島におけるノネコ駆除の取り組みは、根絶が視野に入ったマングース駆除事業とともに世界から注目される取り組みである。

（二）十分な体制構築

一五の島で行われた一九駆除事業は失敗している。約二割の駆除事業が失敗していることになる。失敗の主な原因は、組織的な活動支援の欠如、不適切な手法の採用、不適切な時期の実施である。一番の課題は「組織的な活動支援の欠如」、すなわち、担当機関内での優先順位が高くないために、十分な予算と人員が措置されていないことだった。

この観点からいえば、奄美大島のマングース駆除事業が根絶真近な状況に至ったことの最大の理由は、環境省の希少野生生物保護対策におけるマングース駆除事業の優先順位が高く、比較的多くの予算がつぎ込まれ、マングースバスターズを含め充実した駆除体制が構築されたことにあるといえよう。逆に言えば、十分な資金と体制を整えずに開始した侵略的外来種の駆除は失敗する可能性が高いことを世界の失敗事例から学ぶことができる。ノネコ対策についても、マングース駆除の体制を活用しながら必要な予算を確保して手を緩めることなく事業を進めることが必要である。

（三）駆除手法

ノネコの駆除には各事業平均して二・七の手法が用いられていることが分かった。特に、足を挟み込むタイプの足罠（いわゆるトラバサミ）の使用と銃猟が多かった。そのほかに毒餌、籠罠、探査犬が使用されている。日本でノネコ対策に用いられているのは、籠罠だけである。この点は、愛玩動物であり、伴侶動物ともなっているネコ（生物種としての和名はイエネコ）に対する日本人の感情によるところが大きい。

欧米では、動物に苦痛を与えないことが何よりも重要視される。グレン博士によれば、ニュージーランドで捕獲されたノネコは飼いネコでないことが分かると即座に射殺される。これは、動物に最も苦痛を与えない殺処分方法だからである。農場が近くにある場合など飼いネコが捕獲される可能性がある場合にだけ籠罠が使われるが、通常は致死的な罠が使用されている。

一方、日本ではノネコといえどもネコ（イエネコ）に変わりなく、殺処分するのはかわいそうだということになる。そのため、これまで日本国内で行われてきたノネコの捕獲事業では、捕獲したノネコは殺処分されずに譲渡のための努力が続けられてきている。しかし、譲渡できる数には限界があり、そのことがノネコの捕獲を制限することになっては本来の目的である希少野生生物の保護が果たせないことになってしまう。奄美大島で二〇一八年三月に決定されたノネコ管理計画は殺処分も念頭に入れた内容であり、希少野生生物保護を動物愛護の観点に配慮して進める現実的な管理計画といえよう。また、現在問題になりつつある罠にかからないノネコの捕獲については、致死的な罠を含め海外で行われている様々な駆除手法を参考に、効果的な方法を見つける必要がある。

（星野一昭／鹿児島大学産学・地域共創センター）

第二章　引用・参考文献

鹿児島大学鹿児島環境学研究会編『「奄美の明日を考える奄美国際ノネコ・シンポジウム」記録集』二〇一六年三月（http://kankyo.rdc.kagoshima-u.ac.jp/book/5327/：二〇一八年一〇月二六日最終閲覧）

鹿児島大学鹿児島環境学研究会編『「ネコで決まる!?　奄美の世界自然遺産！　かごしま国際ノネコ・シンポジウム」記録集』二〇一七年三月（http://kankyo.rdc.kagoshima-u.ac.jp/

book/7380/：二〇一八年一〇月二六日最終閲覧）
“Review of feral cat eradications on islands（K.J.Campbell et al, 2011）” Pages 37-46 In: Veitch, C.R.; Clout, M.N. and Towns, D.R.（eds）. 2011. Island Invasives: eradication and management. IUCN, Gland, Switzerland. www.issg.org/pdf/publications/Island_Invasives/pdfwebview/1Campbell.pdf
（二〇一八年一〇月二六日最終閲覧）
Database of Island Invasive Species Eradications http://diise.islandconservation.org/

第三章　奄美大島におけるノネコ問題

第一節　奄美大島における取り組みの概観

奄美大島は、本島に加えて加計呂麻島、請島、与路島の属島から成り、面積は七一二平方キロメートルで、佐渡島に継ぐ日本第二位（離島関係特別法適応）の大きさの島である。全島の八四％以上が森林で、湯湾岳（六九四メートル）を最高峰に四〇〇メートル以上の山岳が島の中央部をやや西よりにかけて連なっている。奄美大島の森林は、過去に薪炭や枕木、パルプ材などの用途で切り出され、原生林は少なく多くが二次林だと言われる。人の手が入ってきた山であるにもかかわらず、自然度の高い地域特有の森が残されており、多くの固有植物が自生している。ただし、固有種の多さだけでは森の価値は語れない。複雑な地形や地質、気象条件等に加えて、進化や有史以来の人為的な影響等により、さまざまなタイプの植物が高密度に小面積に入り込んでいることが、奄美大島の森の特徴である（宮本、二〇一〇）。この多様性に富む森林環境の中で毒蛇のハブを食物連鎖の頂点にして、天然記念物のアマミノクロウサギやアマミトゲネズミなど希少在来哺乳類や鳥類、爬虫類などが多く生息する。

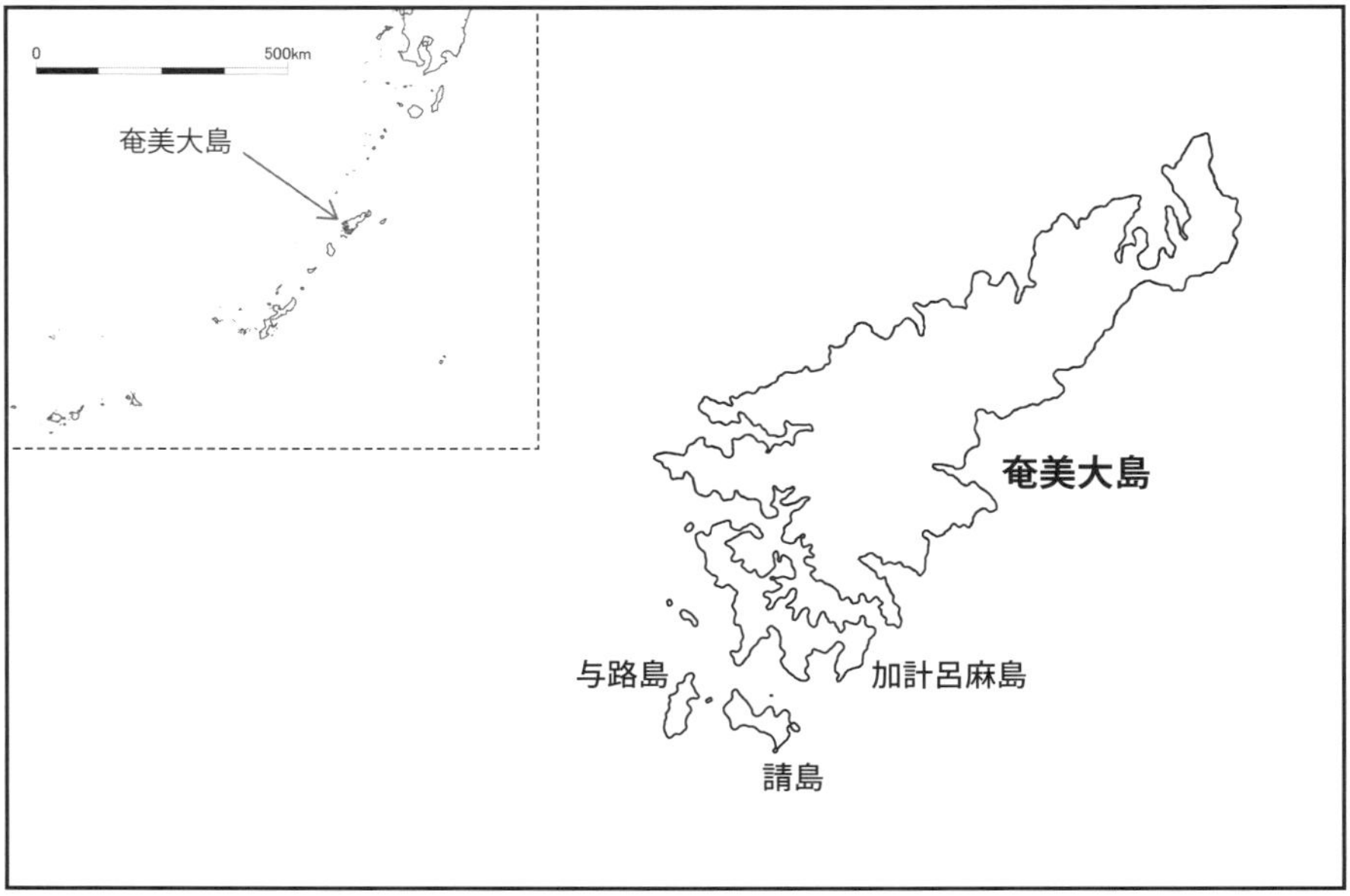

図 1-1　奄美大島

一市二町二村で構成する奄美大島の人口は約六万一〇〇〇人（二〇一七）で、人口の半数以上が旧名瀬市（現奄美市）に集中する。伝統的な集落は、入り組んだ海岸部に点在し、平地の少ない集落では生活に必要な物資は海、里、山に至る資源の垂直利用が行われてきた（中山、二〇一二）。昔の里と山は、物理的にも精神的にも近かった。しかし、インフラ整備や生活の利便性の向上に伴い山に入る必要もなくなり、人々が暮らす里と山の距離は遠くなった。日頃から森に入っていれば変化に気づくことができるが、そうでなければ難しい。奄美大島では、マングースの放獣と駆除という

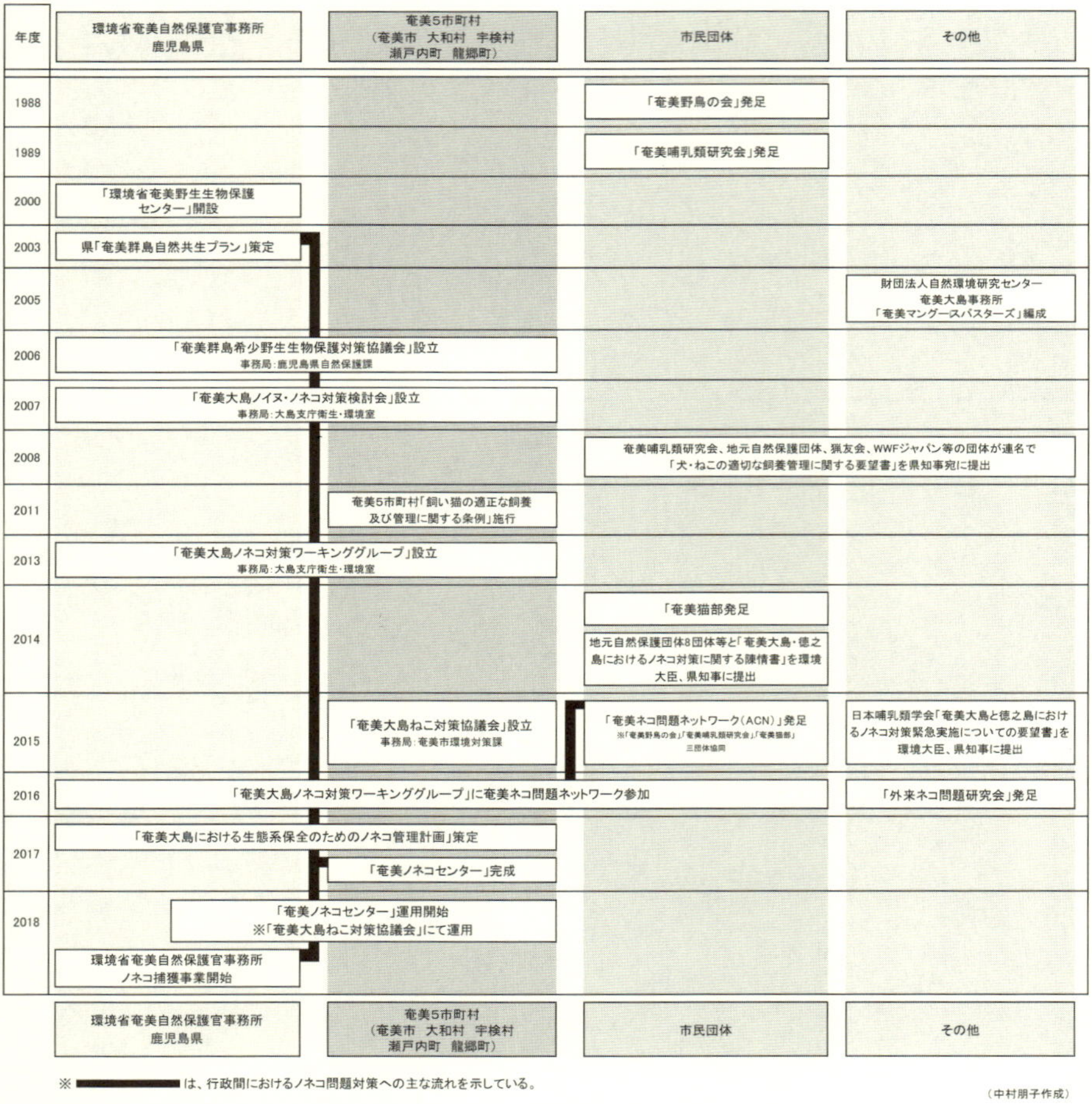

図 1-2　奄美大島ノネコ問題対策ステークホルダー関係図

事件に対応する過程でノネコ問題を発見することになる。

本章は、ノネコ問題が奄美大島でどのように発見され、発見後に関係機関や団体・個人が何を考え、何に悩み、どのように対応してきたかを立体的に描き出すことを目的とする。執筆者は、奄美大島のノネコ対策において中心的な役割を担っている関係機関と団体の関係者であり、それぞれの立場で過去の経緯を振りかえり、課題と展望を語ってもらった。行政機関の立場では、国（環境省奄美自然保護官事務所）、鹿児島県自然保護課、鹿児島県大島支庁、地元自治体（一市二町二村を代表して奄美市）、民間の立場では、奄美哺乳類研究会と一般社団法人奄美猫部である。奄美大島のノネコ対策の全体像については、奄美大島ノネコ問題対策ステークホルダー関係図に示しておいたので、本章を読む際の一助にして頂きたい（図1-2）。

奄美大島のノネコ問題は、鹿児島県が二〇〇三年に策定した「奄美群島自然共生プラン」に端緒がみられる。ただし、第四節で羽井佐氏が指摘しているように、この段階ではまだ飼いネコの適正飼養に主眼がある。希少野生生物の保護の観点からノネコを捕獲するための対策へと移行するのは、二〇一四年に入ってからである。

第一章でも論じたとおり、狭義の「ノネコ問題」の対策は、希少野生生物を捕食するノネコを山から除くことである。しかし、ノネコの発生源は、自活するノネコの自然繁殖に留まらず、捨てネコを含む野良ネコや室内飼育しない飼いネコにある。また、日本において捕獲したノネコを殺処分することには、マングースなどの他の外来生物の駆除と異なり、心情的にも社会的にも抵抗感が極めて高い。これらの理由から広義の「ノネコ問題」の対策には、「適正飼育→ノネコの捕獲→保護・収容→譲渡」という一連の仕組みを構築することが求められた。

この仕組みを異なる視点でみると、広義の「ノネコ問題」対策には、奄美群島の島民に関わるだけでなく、譲渡先となる島外の人々も巻き込まざるを得ない。ノネコ問題に関する経験、知識、理解、価値観は人それぞれであり、その分、仕組みづくりとその運用は困難を極めるといってよい。

さらには、法律上の問題も決して小さくない。詳細は第五章第一・二節に譲るが、行政が公権力を発動して動けるのは、法的根拠と科学的裏づけがある場合である。個人である前に組織人であるという（法的）拘束力は行政側に強く働き、行政機関と市民団体との大きな違いはここにある。

奄美大島におけるノネコ問題の対策は、国、県、地元自治体、市民団体が複数の協議会を立ちあげ、相互理解と検討を重ね、協働で進めている点に最大の特徴がある。この特徴を主な協議会の動きを中心に概観しておく。

まず、先述の奄美群島自然共生プランの策定を受けて、県自然保護課を事務局に二〇〇六年に「奄美群島希少野生生物保護対策協議会」が設立され、ノネコ問題が顕在化するなかで二〇〇八年に「奄美大島ノイヌ・ノネコ対策検討会」（以下、「ノネコ対策検討会」）が立ちあがっている。メンバーは、国（環境省）、県（自然保護課、生活衛生課、大島支庁、大島教育事務所）、奄美大島五市町村、大島地区獣医師会である。また、同じ二〇〇八年に奄美哺乳類研究会が他の団体と共に県に対して「犬・ねこの適正な飼養管理に関する要望書」を提出しているが、この段階ではまだ検討会のメンバーには加わっていない。ノネコ対策検討会では、飼いネコの適正飼育の問題が取り上げられており、奄美大島五市町村が二〇一一年に公布した「飼い猫の適正な飼養及び管理に関する条例」に結実している。

その後、ノネコの捕獲と保護・収容の問題に対策の焦点が移り、二〇一三年にノネコ対策検討会の下部組織として設置された「奄美大島ノネコ対策ワーキンググループ」（以下、「奄美ノネコ対策WG」）の中で協議が進められた。二〇一六年には、奄美大島の民間三団体（奄美野鳥の会、奄美哺乳類研究会、一般社団法人奄美猫部）で構成する「奄美ネコ問題ネットワーク（ACN）」がノネコ対策WGのメンバーに加わり、丁寧な議論を経て二〇一七年に「奄美大島における生態系保全のためのノネコ管理計画」（以下、「ノネコ管理計画」）が決定された。この計画により、「適正飼育→ノネコの捕獲→保護・収容→譲渡」までの一連の流れが確立されるのと同時に、やむを得ない場合は安楽死することが盛り込まれた。このことにより広義の「ノネコ問題」対策の仕組みづくりの青写真が公表され、各関係機関等の役割分担も明確になった。

二〇一五年に奄美大島五市町村によって設立された「奄美大島ねこ対策協議会」（以下、「ねこ対策協議会」、事務局は奄美市）は、ノネコ管理計画の策定過程でその活動を活発化させ、重要な役割を担うことになった。ノネコ管理計画策定後は、ねこ対策協議会において「ノネコ譲渡実施要領」を定め、市町村が一丸となって取り組める条件を敷いた。

奄美大島のノネコ対策の概況は、事後的にいえばこのように簡潔に総括できる。ただし、当事者として道なき道をゼロから対策を作り上げるのは、試行錯誤と苦悩の連続であったに違いない。いや、未だ試行の途上というべきであろう。繰り返しになるが、奄美大島のノネコ問題の対策は、行政区域を超えて関係機関と民間団体が密な連携により課題を共有しながら進めている。本章には登場しない個人・団体、研究機関等にも支えられていることは強調しておきたい。なお、奄美大島のノネコ対策において重要な「奄美大島における生態系保全のためのノネコ管理計画」は巻末資料として掲載したので確認いただきたい。

ところで、本節（奄美大島）と次節（徳之島）では、ノイヌのことも言及されている。鹿児島県が二〇〇八年に設置した「ノイヌ・ノネコ対策検討会」にもノイヌは登場する。そこで、ここで少し補足しておきたい。まず、ノイヌは、ノネコと同様に希少野生生物の捕食・捕殺が問題となっている。法令上もノイヌは、ノネコと同様に狩猟鳥獣として位置付けられている（第五章第一節参照）。一方、野良イヌは狂犬病予防法により保健所により捕獲することが義務付けられており、この点が野良ネコと大きく違う。つまり、奄美大島や徳之島で野良イヌを見かけることはない。また、動物愛護管理法の基準により、イヌの放し飼いは禁止されている点もネコの場合とは異なる。ノイヌは回収できなかった猟犬や放置された猟犬に由来すると言われている。

（小栗有子／鹿児島大学法文学部）

第一節　引用・参考文献

宮本旬子「奄美群島の植物」『鹿児島環境学Ⅱ』南方新社、二〇一〇年、六五―八三頁

中山清美「奄美歴史遺産データベースによる地域歴史文化遺産の活用と保全」『研究報告人文科学とコンピュータ』一般社団法人情報処理学会、二〇一二年、一―七頁

第二節　行政機関・市民団体の「ノネコ問題」前史

奄美大島のノネコ問題に関わる行政機関・市民団体は、ノネコ問題が顕在化する以前より活動している。本節では、その行政機関・市民団体のうち、ノネコ問題への取り組みに直接関わりのある活動を行っていた機関・団体に限り、「ノネコ問題」前史として各々の歴史を明らかにする。

（一）国（環境省奄美自然保護官事務所）の場合
——マングース防除事業

奄美大島は、九州本土の南に連なるトカラ列島と沖縄諸島の間にある奄美群島のうちの一つの島である。奄美大島は、亜熱帯性気候に属しているものの、暖かい黒潮と季節風のおかげで同緯度の地域としては珍しく、年間を通じて温暖で湿度が高い。また奄美大島は、約一〇〇〇万年前にはユーラシア大陸や日本列島と地続きであったが、地殻変

動や海水面の上昇・下降により、離れたりくっついたりを繰り返し、今の島々の形になったという地史をもつ。こうした気候や地史により、奄美大島には非常に高い生物多様性を有する生態系が形成されている。主にスダジイを優占種とする照葉樹林やマングローブ林、豊かなサンゴ礁など、様々な環境の中で今日も多種多様でユニークな動植物がはぐくまれている。

筆者が勤務した奄美野生生物保護センター（奄美自然保護官事務所）は、奄美群島の生きものや自然環境を保全するために二〇〇〇年に奄美大島の大和村に開設された。当センターの主な業務としては、アマミノクロウサギ等の希少な野生動物の生息状況を把握するための調査や、マングースなどの外来生物対策、展示物や自然観察会等を通じた普及啓発活動、奄美群島国立公園の管理、そして奄美大島・徳之島・沖縄島北部・西表島の四地域にわたる世界自然遺産登録に向けた取り組みがある。

一九七九年に奄美大島の名瀬市（現奄美市名瀬）に三〇頭のマングースが持ち込まれた。市街地周辺のハブ対策になるだろうと期待されてのことだった。しかし、人々の期待とは裏腹に、マングースは、ハブ以外の在来種（その地域にもともと生息している種）を捕食した。なぜなら、ハブは夜行性であり、マングースは昼行性というように二種の活動時間が異なっていたことに加え、奄美大島にはイタチ等の肉食性哺乳類が元々いなかったため、在来種はハブから身を守る術は身に付けていても、マングースのように俊敏なハンターから身を守る術を持たなかったためだと言われている。マングースが持ち込まれた当時から、マングースによる生態系への影響を危惧していた人々の一部は、マングースの脅威に警鐘を鳴らしたが、マングースはその後もどんどん個体数を増やし、生息域を広げていき、一九八九年ころには、農業被害が顕在化し、名瀬市（同上）の金作原など、自然環境が豊かな地域で在来の野生動物が見かけられなくなった。危機感をもった複数の島民が立ち上げた奄美ほ乳類研究会が、マングースの胃内容などを調べ、マングースが在来種に及ぼしている影響について明らかにし、広く発信した。

一九九三年に地元自治体により、農業被害対策のための有害鳥獣駆除によるマングースの捕獲が開始され、一九九六年には、当時の環境庁が実態の把握と対策の検討を目的としてモデル事業を開始した。その後、マングースによる在来種への影響が深刻であることが明らかになったことをうけ、環境庁野生生物保護対策検討会移入種対策分科会では、早急な対策が必要であるとして、一九九九年度に予定より一年早くモデル事業を終了するとともに、二〇〇〇年から本格的な捕獲による防除を実施することとなった。しかし、マングース一頭につき、いくらという報奨金制度のもと一般島民の有志によって捕獲作業が行われていたため、捕獲作業は、名瀬市周辺など作業が比較的行いやすい地域に偏ってしまった。そのため、森林域で作業を行う従事者が雇用され、一般有志の捕獲作業を補完する形がとられたが、より計画的かつ継続的な防除を行うために、報奨金制度を廃止した。その後、二〇〇五年六月に外来生物法が施行され、マングースが特定外来生物に指定された。同法に基づき「奄美大島におけるジャワマングース防除実施計画」が立てられ、マングース防除のプロ集団として奄美マングースバスターズが結成された。奄美マングースバスターズは、結成当時一二人という小さなチームだったが、その後メンバーを増やし、現在では、四〇人体制となっている。

マングース防除事業実施計画の前期五年で、マングース分布域が縮小しだし、二〇一一年には集中的に捕獲圧をかける「重点区域」と、重点区域を経た後に取りこぼしがないか確認するための「モニタリング区域」を設定し、それぞれの目的に応じた防除作業をすることで全島根絶に至る過程として有効であることが示された。それを受け、二〇一二年には、その作業方針をベースとした「第二期奄美大島におけるフイリマングース防除実施計画」(学術分類の変更に従いジャワマングースから名称の変更を行った)を策定し、二〇一三年から第二期防除計画に沿って、防除が進められている。

マングースの捕獲作業は、塩ビ管製の捕殺式の筒わなと、生きたまま捕獲する金網製のかごわなを使用している。ルリカケスやアマミトゲネズミ、ケナガネズミといった島の天然記念物や、希少種の混獲を防ぐために、たくさんの試行錯誤をして混獲防止策が施されたわなが開発されてきた。例えば、希少ネズミ類のアマミトゲネズミの混獲を防ぐために、アマミトゲネズミとマングースの頭胴長の差を利用した、延長筒わなが考案された。さらに、希少ネズミ類の回復が顕著な地域は、コアエリアを設定し、希少ネズミ類のケナガネズミが樹上から地上に降りてきやすくなる冬場には、コアエリア内ではかごわなを使用するといった工夫も行っている。現在、奄美大島には約三万個のわなが設置され、奄美マングースバスターズがすべてのわなを定期的に見回っている。

マングース防除事業の目的は、マングースを根絶させ、奄美島の元の生態系を回復させることである。そのため、奄美マングースバスターズの仕事は、マングースの捕獲だけにとどまらない。マングースの残存状況や在来種の回復状況を把握するために、モニタリング作業も行っている。主なツールは、動物の熱に反応する自動撮影カメラと、誘引餌に寄ってきた動物の毛が粘着性のテープに付着する仕組みになっているヘアトラップを使用している。

わなによるマングースの捕獲が進み、マングースの減少に伴い、徐々にわなでの捕獲が難しくなってきた。そのため二〇〇八年から、マングースを見つけ出すための訓練を積んだ探索犬が導入され、二〇一〇年から本格的に活動している。導入開始から徐々に成績を伸ばし、二〇一四年にはわなでの捕獲とほぼ同数のマングースの捕獲に貢献し、探索犬の効果をしめした（マングース探索犬の活動が目覚ましいのは、これまでわなによる捕獲が着実に進められて来たためであることに留意すべきである）。さらに、マングースの糞など痕跡を見つけるための糞探索犬は二〇一五年から導入され、マングースが捕獲されなくなったり、目撃されなくなった地域での根絶確認に貢献している。とても悲しく残念なことに、二〇一六年夏に相次いで探索犬二頭がハブ咬傷にあい、そのうち一頭は死亡してしまった。一時期探索活動を休止したが、ハブ対策と応急処置の体制が見直され、探索活動を再開した。今では訓練中の候補犬も含めて一三頭の探索犬がおり、日々ハンドラーとともにマングース防除事業にとって重要な働きをしている。

二〇〇〇年当時、わなで年間四〇〇〇頭弱が捕獲されるほどだったが、二〇〇七年には一〇〇〇頭を切り、二〇一七年度は一〇頭となった。一方で、捕獲努力量は、これまでおおよそ右肩上がりであることから、マングースの個体数が着実に減少していることが示されている（図2・1）。現在では、生息頭数は、約五〇頭以下と推定されている。また捕獲場所をみても、地域的に分断され、限られた場所でしか捕獲されていない（図2・2）。さらに、マングースの減少が進むにつれ、在来種が回復してきていることが確認されている。奄美大島の背骨のように通っている奄美中央林道では、アマミノクロウサギや、アマミイシカワガエルといった希少カエル類の目撃数が増加した（Watari et al. 2013）。また、今では混獲対策が取られ混獲数は減少しているが、それより前に希少ネズミ類の混獲数が増加したということは、希少ネズミ類が回復を示している（Fukasawa et al. 2013）。そのほかにも、マングースが放たれた後は生きものが減少してしまった金作原や湯湾岳の周辺でも、対策の進捗に伴い在来の生きものたちが回復してきている。

名瀬から同心円を描くように島内に広がり、一万頭にまで増えたマングースをここまで減少させてきたことは、世界的に見ても素晴らしい先進事例である。マングースは沖

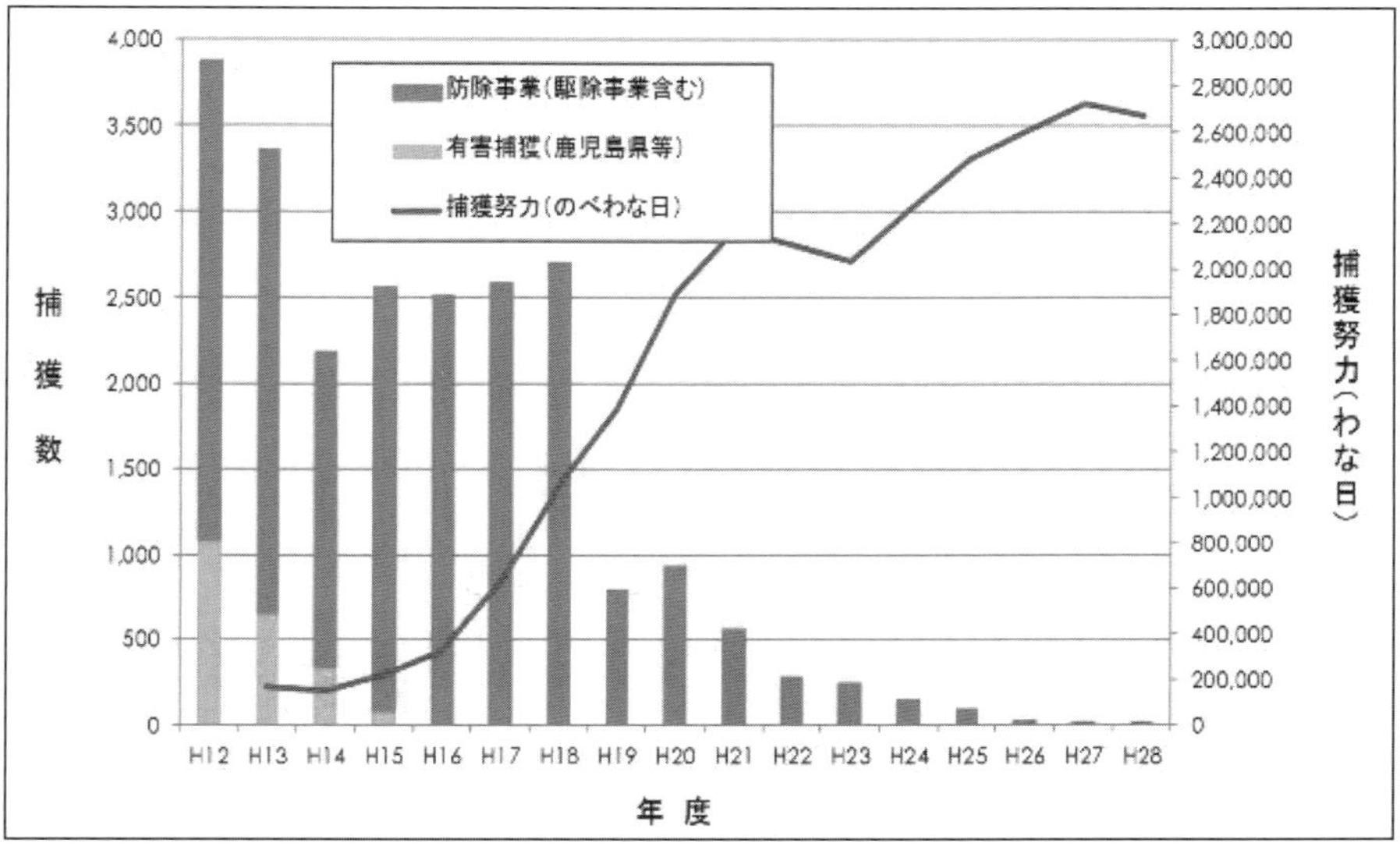

図 2-1　わなによるマングース捕獲頭数の経緯

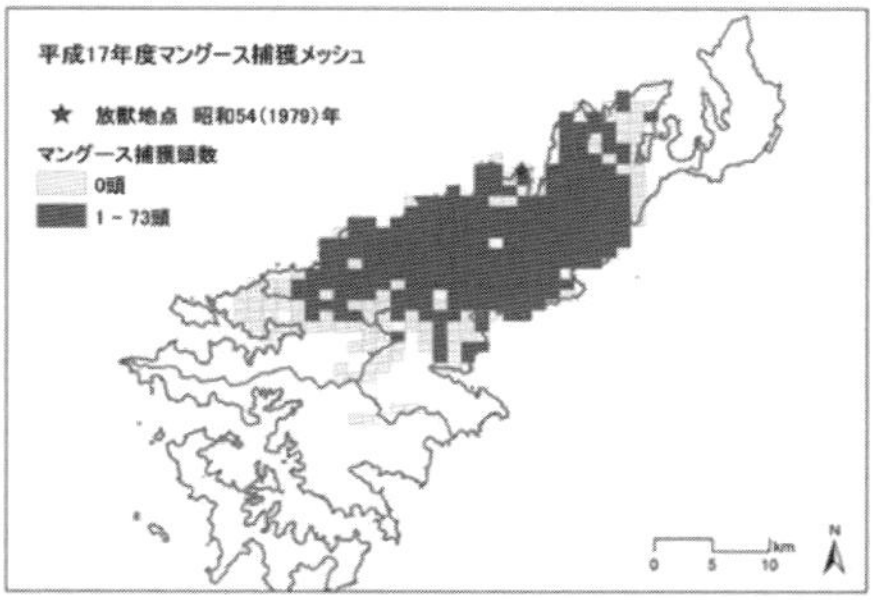

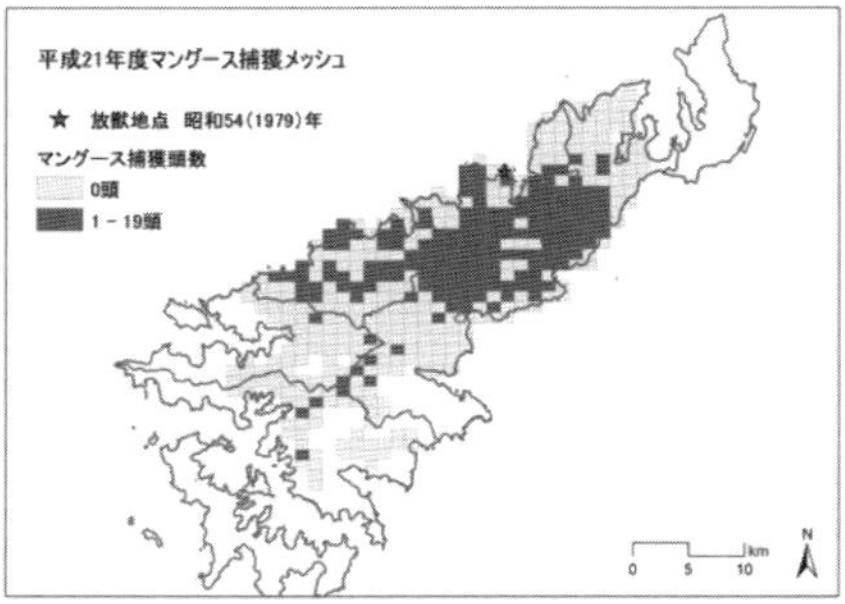

図 2-2　マングースの捕獲メッシュの経緯（左上：2005 年、右上：2009 年、左下：2016 年）

縄と奄美大島以外にも、ハワイ諸島やカリブ海の島しょ地域など計七六地域に持ち込まれ、在来の生態系に影響を及ぼし、防除作業が行われている。これまで、根絶を達成した事例は七件あるが、そのうち一番大きな島で四平方キロメートルであり（池田・山田、二〇一一）、奄美大島はその約一七八倍と規模の違いは大きい。一方、根絶に失敗した事例では、根絶が達成されたとして、捕獲作業が終了した数カ月後、幼獣が確認された。ここから学ぶべきは、捕獲されなくなった後もしばらくは、しっかりとモニタリングを行い、残存個体がいないことを確認することが重要であるということである。

奄美大島におけるマングース防除事業の今後の課題は、いかに残存個体を捕獲し、根絶したことを確認していくかである。地域の方々の理解と協力のもと、奄美マングースバスターズをはじめ多くの関係者が、労力と時間をおしまずマングース防除を進め得てきた大きな成果を決して無駄にしないように。そして、これまで蓄積してきた情報とスキル、ここに至るまでのプロセスについて情報発信していくことで、他地域や別の外来種の防除にも役立てられていくものと思う。

（岩本千鶴／元・環境省奄美自然保護官事務所）

第二節（一）引用・参考文献

Fukasawa K, Miyashita T, Tatara M, Abe S(2013) Differential population response of native and alien rodents to an invasive predator, habitat alteration and plant masting. Proceedings of the Royal Society B-Biological Science, 280:20132075（在来及び外来ネズミ類の侵略的外来捕食者・ハビタット改変・堅果の豊凶に対する異なる反応）

池田透、山田文雄「海外の外来哺乳類対策先進国に学ぶ」山田文雄、池田透、小倉剛編『日本の外来哺乳類』東京大学出版会、二〇一一年、五九―一〇一頁

一般社団法人ペットフード協会「平成二九年全国犬猫飼育実態調査」二〇一七年

Shionosaki, K., F. Yamada, T. Ishikawa and S. Shibata(2015) Feral cat diet and predation on endangered endemic mammals on a biodiversity hot spot (Amami-Ohshima Island, Japan). Wildlife Research, 42: 343-352.

Watari Y, Nishijima S, Fukasawa M, Yamada F, Abe S, Miyashita T(2013) Evaluating the "recovery level" of endangered species without prior information before alien invasion. Ecology and Evolution,3: 4711-4721（外来種侵入以前の情報がなくても絶滅危惧種の回復度を評価する）

（二）奄美哺乳類研究会の場合
——きっかけはマングース

奄美哺乳類研究会（私たちは自ら「あほけん」と略称で呼んでいる）は一九八九年、元々はいない肉食獣のマングース（フイリマングース）が奄美大島に生息していることに危機感を持った三人（阿部愼太郎氏、高槻義隆氏、半田ゆかり氏）のメンバーが出会って発足した。発足から三〇年間、あほけんは外来哺乳類と向き合ってきた。当時は誰もマングースについて調査しておらず、何もかもが手探りの状態だった。調査資金を得るためにWWFジャパンに助成金を申請し、一九九〇年、手作りのわなで捕獲調査を開始した。生息分布、分類（種の特定）、食性、農業被害等を調査し、それらの結果を会誌「チリモス」（図２‐３）や学会、シンポジウム、記者会見等で精力的に発表した。また、地元の自然保護団体と共に、マングースが捕食することによる在来種の危機について警鐘を鳴らし、在来種保護のためのマングース駆除を環境庁（当時）に要望した。

一九九三年から名瀬市（現奄美市名瀬）で、一九九五年から大和村で、一九九八年から住用村（現奄美市住用町）でマングースの有害鳥獣捕獲が開始されたが、農作物

図 2-3　奄美哺乳類研究会の会誌「チリモス」

や養鶏への被害低減が目的であり、在来種保護の観点からではなかった。実際、農地周辺での捕獲がほとんどであり、農業被害が減ったらマングースが増えていようが減っていようが駆除がストップする可能性さえあった。行政がマングース駆除に乗り出したことは大きな前進であったが、私たちとしては一〇〇％納得のいくものではなかった。一九九六年からは環境庁（当時）が「島嶼地域の移入種駆除・制御モデル事業（マングース）」として調査を開始した。マングースの生態や分類、分布域や生息数推定等についての調査だが、これも私たちにとっては正直はがゆかった。「調査よりも大規模な捕獲をしてほしい」というのが一番の願いだったからだ。「これから五年間（当初事業は五カ年計画だった）また調査に時間をかけているうちにマングースはさらに分布を広げ、在来の動物たちはその餌食となってしまうではないか。私たちあほけんのこれまでの調査で全てが明らかになったわけではないけれど、早急な捕獲が必要という認識で動いてほしい」というのが当時の思いだった。しかし、この事業で希少種がマングースに捕食されている状況が明らかになり、当初の五カ年計画を一年前倒しで調査を終了し、二〇〇〇年から環境庁による「マングース駆除事業」がついに始まった。あほけんの発足から一一年目にして、ようやく在来種保護を目的とする駆除が始まったのである。

マングースは森林域での捕獲が不可欠

それまでの有害鳥獣での捕獲体制は、被害のある農地やその周辺での捕獲場所の選定や捕獲時期は、許可の期間内で狩猟従事者が自由に決め、獲れた頭数分、地元自治体と県が報奨金を支払うというものであった。二〇〇〇年からのマングース駆除事業では、狩猟免許を持たない人も駆除に参加できるよう、マングース限定の捕獲従事者制度による従事者数の増加、捕獲区域の拡大が図られたが、報奨金支払い方式は変わらず、結果的にマングースが高密度に生息する耕作地やアクセスしやすい道路沿い周辺など、捕りやすい場所での捕獲作業が集中していた。一方で、アクセスが困難な山岳地域の森林、すなわち希少種・在来種の生息地での捕獲作業は少ないものになってしまった。捕獲が集中した耕作地周辺ではマングースの低密度化が進み、農業被害低減のための地方自治体による有害鳥獣捕獲は二〇〇三年に終了、人間の生活圏の中に侵入してきていたマングースは見かける頻度が減り、マングースは減った、いなくなったと思った人もいたかもしれない。しかし、森林域のマングースに対しては大きな捕獲努力は投じられていなかったというのが事実であろう。

そのような状況で、「マングース駆除は成功している、もう大丈夫」と間違った風潮が浸透していくことを私たちは危惧した。今、マングース捕獲の手を緩めてはならない。根絶を目指さなければ、またマングースは個体数を増やしてしまうだろう（奄美大島のマングースは名瀬赤崎地区で放されたわずか数十頭が起源と言われている）。そこで、森林域での効率的な捕獲方法や、マングース駆除の成果を評価するための希少種や在来種の生息状況のモニタリング等について調査研究すること、また、行政主体の駆除事業の問題点を明らかにし、改善策を要望、実現化させること、さらに、島内外の一般の人たちに現状を知ってもらい、支援の輪を広げることの必要性を感じ、二〇〇一年、あまみんでは「奄美・マングース・プロジェクト」を立ち上げた。当初は奄美のマングース問題に協力したいという熱意を持った島外の若者の受け入れ窓口となったり（現在マングースバスターズとして活躍している人もいる）、マングース捕獲従事者のメンバーを中心にマングース捕獲ツアーを企画したり、啓発のためのポスターやハガキを作成したりした。

その後、二〇〇五年になって、ようやく外来生物法（特定外来生物による生態系等に係る被害の防止に関する法律）が施行された。奄美大島・沖縄島のマングースは特定外来生物に指定され、環境省では予算規模を拡大したマングース防除事業が始まった。これまでと大きく違うのは、報奨金制度による取れ高制ではなく、防除作業を専門に行うスタッフを雇用した点である。「奄美マングースバスターズ」の誕生である。ようやく森林域での捕獲作業を組織的に行える体制が整った。その後の奄美マングースバスターズの目覚ましい活躍は言うまでもない。彼らの地道な捕獲努力、加えて、問題解決のための行政担当者や研究者等との密な連携体制によってマングースは減り、根絶も夢ではないところまで来ている。と同時に、アマミノクロウサギ、ケナガネズミ、アマミトゲネズミといった希少哺乳類や大型カエル類等希少種・在来種の生息状況は回復傾向が確認されている。実際、以前はたまにしか見かけなかった林道で、アマミノクロウサギやトゲネズミ等の姿を見る機会が増え、希少種・在来種の回復を実感している。

（阿部優子／奄美哺乳類研究会）

第二節（二）　引用・参考文献

阿部愼太郎、半田ゆかり、高槻義隆「奄美大島におけるマングースの捕獲結果—I　一九九〇年一月〜一九九一年一月」『チリモス 2』一九九一年、二七—五九頁
阿部愼太郎、半田ゆかり、富岡静樹、阿部優子、高槻義隆「奄

美大島におけるマングースの捕獲結果—Ⅲ　総括・マングースの駆除実現へ向けて」『チリモス 3』一九九二年、四九—五五頁
阿部愼太郎「マングース駆除へ半歩前進なるか?」『チリモス 4』一九九三年、一—四頁
阿部愼太郎「マングース駆除へ一歩前進なるか?—マングースの命と引き換えにわたしたちが学ばなければいけないこと—」『チリモス 6』一九九五年、七—九頁
奄美哺乳類研究会「『奄美・マングース・プロジェクト』の設立」『チリモス 9』二〇〇二年、五七—五八頁
高槻義隆「マングースをどう見、どうつき合うか」『チリモス 5』一九九四年、二九—三一頁
鑪雅哉「マングースと外来生物問題」鹿児島大学鹿児島環境学研究会編『鹿児島環境学Ⅱ』南方新社、二〇一〇年、八四—一一一頁
山田文雄「『奄美・マングース・プロジェクト』の設立に寄せて」『チリモス 9』二〇〇二年、五九—六一頁
山下亮「マングース駆除から根絶へ」『チリモス 9』二〇〇二年、二一—三〇頁

（三）奄美猫部の場合——きっかけは野良ネコ

現在、奄美猫部事務局として運営している café COVO TANA が開業したのが、今から約一二年前の二〇〇七年六月である。奄美市の「飼い猫の適正な飼養及び管理に関する条例」（猫条例）が施行されたのは二〇一一年なので、条例制定の四年前になる。その当時の、奄美のネコをとりまく状況を思い返してみる。

まずは COVO TANA 周辺の実際のエピソードを交えながらその当時の状況をお伝えする。

実は、店の建設途中からすでにネコに関わっていた。建設現場すぐ横の草むらで、一匹の子ネコを工務店社長が見つけ、どうするか悩んだ挙句、その社長自ら飼ってくれることになり、その時はことなきを得た。COVO TANA はネコエピソードから始まっていたのである。

そして、建設中は気づかなかったが、六月のオープン後、店の窓から見える光景にギョッとしたのを今でも覚えている。店は、漁港と緑豊かな公園に隣接し、見晴らしの良い空き地も広がっている。お昼時になれば、大型ダンプや運送業者・外回りの会社員たちの休憩所になっていたりする。車が一台止まったとする。そうすると、どこからともなく

二〇～三〇匹ほどのネコたちが集まり、その一台を取り囲んでいた。一昔前のハトやスズメのように、ネコが群がっているのだ。見ていると、運転席の窓から何やらネコたちに向かってほおり投げている。自分のお弁当のおすそ分けだったのだろう。そういう車が何台もいた。ベンチでお昼ご飯を食べている人達から、おこぼれをもらっているネコたちもいた。それが毎日繰り返されていた。もちろん、定期的にエサを与えにくる人もいたのだろうが、その時は観察する余裕や意識もなかったので気付くこともなかった。

子ネコがたくさん産まれては、カラスに襲われ無残な姿になっていたり、交通事故や病気で行き倒れている子ネコも多く目にした。店の中や、駐車している車のボンネットなどにも迷い込んでくることもあった。子ネコの鳴き声というのは、凄まじいものだ。必死で母ネコを呼び泣き叫んでいる様は、やはり感情に訴えてくるものがあるのは事実だ。その鳴き声に二、三日必死に聞かないふりをしてやり過ごそうと思ったこともあったが、耐えられず保護したり、貰い手を見つけるために張り紙をして歩き回ったりした。

このように、飲食店オープン直後のかなり忙しい毎日にもかかわらず、次から次へと迷い込んでくるネコたちに心底悩まされていた。

店前の港は、海上作業船も多く泊まっており、プレハブ作りの簡易事務所が立つことも多い。作業員の中にはやはりネコ好きの人がいるのだろう。餌をあげる人もいたりする。ネコは実は人を覚える。人というか、環境や音・匂いという環境全般で覚えるのかもしれないが、餌がもらえる場所、餌をくれる人だと認識すれば、健気に待つのである。土日は作業も休みで、もちろん作業員も留守だ。そんな日も、健気に餌がもらえるいつもの場所で待っているのだ。入口ドアを見上げたり、車がやって来る方向をずっと見つめていたり。そしてまた、周辺を一通り見回って、また戻って来てひたすらじっと待つ。そんなネコの姿を、餌をあげている当人は見ることはない。こちらはというと、窓の外を見るたびに目に入ってしまう。餌を求めてひたすらさまよい続ける野良ネコは、果たして幸せなのだろうかと、今思い出してもつくづく思ってしまう。

見かねて、「せめて不妊手術はしましょう」と、作業員事務所へ費用捻出の協力をお願いに行った。ほんの少し出してくれたものの、残りはこちらの自腹だ。もちろん数万円もする正規料金だ。病院への送迎ももちろん私が行った。その後、作業員の方へ「餌をあげてかわいがるのなら自宅で飼ってもらえないだろうか？」とお願いもした。だが、たしか福岡県からの出稼ぎの方だった。福岡までは連れて帰れないと首を振った。やがて、工期も終わり事務所も撤去された。残されたネコは、プレハブ小屋が撤去された後も、その場所から数週間は離れなかったように記憶している。やはり見かねて、店にポスターを貼ったりSNSでも飼い主探しをはじめ、なんとか飼ってくれる人は見つかった。

このエピソードの頃には猫条例も施行されていたと思うが、申し訳ないが、全くと言っていいほど周知はされていない印象だった。ましてや島外から来る人にまで周知が追いつくはずもなかったと思う。

私個人の友人・知人の、ここでは犬も含めたペット（犬猫）との関わり方についての話に移る。

年代にもよるかもしれないが、残念ながら室内で不妊手術までしてきちんと飼っている方は少なかったように思う。なんとか頑張ってメスは手術してくれていても、オスは「オスだから増えない」という理由でしていなかったり。犬についてはいまだにそうだが、不妊手術は浸透していなかった。ネコ好きの方は、屋外のネコ、いわゆる野良ネコすらもむげにできず、エサやりを肯定する雰囲気さえあった。「食べないと死んでしまうじゃないか」と。その先を想像できていればよかったのだろうが、そのうちいなくなるからと、迷信めいたことを信じ切っている方さえいた。反対に、ネコが嫌いな方も多く、視界に入るのも嫌という方も実は多い。なぜ、早く処分しないんだという方々も多くいるのも事実だ。

私自身、今から一五年ほど前にUターンするまで奄美大島を離れていた。関東で仕事をしていた頃、ネコを一匹飼った経験をしていた。大都市では、不妊手術・室内飼育は当たり前、その認識で奄美へ戻ってきていた。ところが、Uターンした当時の奄美は、私が幼少期を過ごした頃とさほど変わってはいなかったのだ。

その幼少期だが、約三〇～四〇年前の奄美は、動物病院は一件しかなく、私の記憶している限りこれといった適正飼育の普及啓発の動きもなく、犬やネコの飼い方については全く無頓着だった。狂犬病予防法の運用が厳しくなり、ノライヌは一気に減ったが、犬の飼い方が適正になった訳ではなく、保健所が捕獲して回っただけのことに過ぎない。ネコに関しては、ネコを飼うといった感覚ではなく、近所のネコへのエサやりの延長で家の中と外を自由に行き来するネコがいる、という程度だったように思う。その頃はまだペットフードも普及しておらず、人間の残飯がネコのエサになっていたので、ネコに塩分は好ましくないこともあって寿命も短く爆発的に増えることはなかったのだろう。

それから何十年と経った、Uターンした当時の約一五年前でさえも、悲しいかな変化はあまり見えなかったのである。いまだ外飼いが主流で、おまけに不妊手術を進んで行う飼い主もまれだったように思う。ただし、変わったところもあった。経済の成長とともに、安価なペットフードが簡単に手に入るようになり、おまけにインターネットや交通の便も向上し、島外からも簡単に血統種のイヌやネコが手に入るようにもなっていた。見るからに洋猫・洋犬の血を引いている個体も多いことの見当がついてしまう。ペットブームの波も押し寄せ、イヌもネコも簡単に飼えてしまう時代にいつの間にかなってしまっていた。適正飼育の啓発だけが取り残されてしまっていたという印象が強い。

こういう状況は奄美に限ったことではなく、全国の地方都市や離島でも同じ状況であることは想像できる。もっと言えば、全国各地、いや世界中のネコ問題に直結している問題だ。奄美は、希少生物のいる森林が身近にあるため、大きな問題として取り上げられているだけのことに過ぎない。

このように、啓発の遅れがこの現状を招いていることだけは、よく理解できていたように思う。奄美出身者として、この現状はあまりにも悔しく、「良い島になってほしい」その思いだけで、私個人のネコ問題への取り組みはスタートしたのである。そして、二〇一四年七月、奄美猫部発足へとつながった。

（久野優子／一般社団法人奄美猫部）

第三節　国（環境省奄美自然保護官事務所）の関わり

（一）ノネコ対策の始まり

二〇〇〇年から本格化したマングース防除事業が進む一方で、ノネコもまた在来種にとって脅威となっていることが明らかになった。ノネコ問題も人間が島の外から持ち込んだ種が、在来種に影響を及ぼしているという点で問題の構造はマングース問題と同じだが、ネコはペットとして飼育されているという点でマングース問題よりも複雑であり、その対策の検討には長い時間を要した。

奄美野生生物保護センターが開所した二〇〇〇年以降、当センターでは、アマミノクロウサギ等の保護に役立てるため、道路上等で発見された野生動物の死体を回収し、状態が比較的良いものは、死因を推定している。回収された死体の多くは、すでに腐敗が進み死因がわからないものが多いが、中には、交通事故で死亡したと推定される死体や、咬み跡が首にあるなどノネコやノイヌに捕殺されたと推定される死体が確認されていた。また、森林内に設置された自動撮影カメラでノネコが撮影されることがあり、ノネコが在来種に影響を及ぼしていることが懸念された。そのため、環境省は、二〇〇七年四月から鳥獣保護法（現：鳥獣保護管理法）に基づき学術研究（食性分析）目的で捕獲許可を得て、ノネコの捕獲を開始した。捕獲されたノネコの糞を分析したところ、アマミノクロウサギやケナガネズミなど希少種の毛や骨が検出され、ノネコが在来種を捕食していることが裏付けられた。

このような状況を受け、二〇〇八年二月には、鹿児島県主催で第一回奄美大島ノイヌ・ノネコ対策検討会が開催された。環境省、鹿児島県、奄美大島五市町村の間で、ノネコについて問題意識が共有され、今後のノネコ対策の在り方や、これ以上ノネコを増やさないために飼い猫の適正飼養や野良ネコ対策を検討していくことが話し合われた。二〇〇九年度以降も継続してノイヌ・ノネコ対策検討会が開催され、後に、より議論を深める場として奄美大島ノネコ対策ワーキンググループが設置され、ノネコ対策について議論が重ねられることとなる。

関係行政がノネコ問題について話し合いを始めた矢先、二〇〇八年六月に森林内に野生生物の調査のために設置された自動撮影カメラで、アマミノクロウサギをくわえたノネコの写真がはっきりと撮影され、関係者にショックを与えた（図３－１）。環境省では、ノネコの捕獲を行いつつ同時に、アマミノクロウサギのノネコ・ノイヌによる捕殺の問題や交通事故について広く啓発するために、講演会や企画展を開催したり、学会でポスター発表をしたりなどした。また、同年一二月からは、ペット（ネコとイヌ）の個体管理と適正飼養を推進し、遺棄されて野生化するペットの減少を図るために、マイクロチップ装着支援モデル事業を開始した。これは、鹿児島県獣医師会のご協力のもと、奄美大島と徳之島に年間計二〇〇本のマイクロチップを配備し、飼い主が動物病院に飼いネコや飼いイヌを連れて行けば、無料で装着できるというものである。

図 3-1　アマミノクロウサギをくわえるノネコ

このモデル事業により、二〇一七年度までに、奄美大島で一三〇〇頭、徳之島で一一六頭の飼いネコにマイクロチップが装着された。

ノネコの捕獲をしつつ、二〇一一年度から譲渡を本格化させ、譲渡に関するポスターを掲示したり、譲渡会を開催したりなどした。また、幸いなことに鹿児島県獣医師会や地元のフェリー会社等からもご協力を得て、鹿児島県の本土へも譲渡を行った。譲渡を本格化させてから二年間で島内外合わせて二七頭を譲渡したが、その一方でやはりノネコの譲渡の難しさが感じられた。

（二）奄美ノネコ対策のための仕組みづくり

環境省は、ノネコの生息状況をより詳しく把握し、ノネコ対策の体制をよりしっかりしたものにするために、一度ノネコの捕獲を停止し、モニタリング調査等に力を入れた。二〇一四年に自動撮影カメラのデータからノネコの個体数推定を行ったところ、奄美大島の森林域には六〇〇～一二〇〇頭のノネコが、また徳之島には一五〇～二〇〇頭が生息すると推定された。また Shionosaki et al.（2015）により、ノネコの糞からは約二～四割の頻度でアマミノクロウサギやアマミトゲネズミ、ケナガネズミといった希少種が出現し、中でもケナガネズミがもっとも高かったと発表された。個体数推定の結果や学術論文等を受け、関係者等からノネコの捕獲が強く求められた。環境省は、ノネコ対策について関係機関と議論を進めつつ、対策を進めるには地域住民等から理解を得ることが必要だとして、ノネコ問題について周知し、ノネコ対策と飼いネコの適正飼養の必要性を呼びかけるために島内での普及啓発活動を行い、また東京や福岡でもシンポジウムなどを開催した。

ノネコ対策の流れは、山中からノネコを捕獲し、一時収容し、譲渡等を行っていく。言葉では簡単に言えても一筋縄ではいかない課題が多く、議論には時間を要したが、環境省、鹿児島県、奄美大島五市町村と民間関係者で話し合いを続け、少しずつ前に進んでいった。

まずネックとなっていた一時収容所については、廃校やすでに使われていない建物など関係者であちこち探したが、住宅との距離や、ある程度の広さを要すること、動物を扱う事業に使えるかなどクリアすべき条件に見合うところがなかなか見つからなかった。だが、幸いなことに、改修すれば使用できそうだとして一つの建物が候補に挙がり、奄美大島ねこ対策協議会（奄美大島五市町村で構成）と鹿児島県が調整し、一時収容施設として改修し、使用できることとなった。

次に、ノネコは鳥獣保護管理法で狩猟鳥獣になっており、生態系被害の防止を目的に捕獲し安楽死させることについて法律上の問題はないが、安楽死については特に慎重に議論が重ねられた。例えば、捕獲したノネコを譲渡するにしても、鹿児島県での野良ネコの譲渡率をみると、人の近くで住んでいて、人なれしている個体もいるだろう野良ネコでもとても低く一〇％程度であり、ノネコの譲渡はより難しいと思われる。また、飼いネコ一頭を終生飼育するには、一〇〇万円以上はかかるとされており（一般社団法人ペットフード協会、二〇一七）、すべてのノネコを捕獲し飼育するとなると莫大な費用と労力がかかることになり、現実的ではない。様々な観点から検討され、結果として、捕獲後は、譲渡に努めるが、やむをえず譲渡がかなわなかった個体は安楽死させることとした。

議論を深める中で、関係機関が連携して迅速にノネコ対策を進めていけるように、環境省、鹿児島県、五市町村が共同で「奄美大島における生態系保全のためのノネコ管理計画」を作ることとなり、ノネコ対策の議論とともに当該計画の作成が進められた。当該計画では、ノネコ対策の必要性と当該計画の目的、環境省、鹿児島県、五市町村のそれぞれの役割、ノネコ対策の進め方、ノネコ発生源対策等について書かれている。環境省はノネコの捕獲とモニタリングを、鹿児島県は一時収容施設の改修支援、五市町村で構成する「奄美大島ねこ対策協議会」は、一時収容施設の改修と捕獲後のノネコの一時収容等をするという役割分担となっている。

二〇一七年九月に、環境省、鹿児島県、五市町村がそろって出席する会議があり、会議の中での質問への回答の中で、やむを得ない場合の安楽死を含む当該計画を作成中であることを表明した。その後も細かな調整を重ねて、計画案を作成し、二〇一八年二月に島内住民に向けて意見照会を行った。ノネコ対策は、その地域によって問題の状況やとるべき対策が異なるために地域ごとの対策が必要であり、島内住民の合意が不可欠であるからだ。結果は、七人から意見等が寄せられた。寄せられた意見には、安楽死を含むことを批判する意見もあった一方で、ノネコ対策を早急に実施してほしいとノネコ管理計画に賛同する意見もあった。この意見照会を経て、同年三月に当該計画を策定、公開した。

ノネコ管理計画を作成する一方で、環境省はノネコの捕獲方法を検討した。捕獲作業は、希少種の生息密度が高く、かつノネコの生息密度も高い地域を優先して作業を行うこととした。加えて、効果的効率的にノネコを捕獲するために、捕獲作業の前後と作業中に自動撮影カメラでモニタリングを行うこととした。また、五市町村においては、飼い猫条例を改正し、策定当時から義務だった飼い猫登録に加え、マイクロチップの装着、やむを得ず放し飼いにする場合の不妊去勢（室内飼育は努力義務）を義務化するなど飼いネコの適正飼養をより推進した。また、ＴＮＲ事業や飼いネコの不妊去勢助成事業も同時に進め、ノネコ発生源対策に力を入れた。

ノネコの譲渡体制についても環境省、鹿児島県、五市町村、民間関係者で議論を重ねた。譲渡については、山中で生息してきたノネコは、警戒心が強く、またどのような病気を持っているかわからない。またネコの性質を正しく理解し、脱走防止策などをしっかりできる人でないとネコを飼うことは難しい。さらに、せっかく譲渡できても、そのあとに遺棄されてしまっては元も子もない。そのため検討の結果、譲渡する人をあらかじめ選定する事前登録制をとることとなった。これは、ノネコを引き取りたい人があらかじめ協議会に申し込み、審査を受けて認定されれば、収容されているノネコとマッチングの機会を得られるというものである。ノネコの捕獲が開始された後、スムーズに譲渡ができるように、捕獲開始の一カ月前にあたる二〇一八年六月から譲渡希望者の募集が始まった。環境省では、ノネコ管理計画についてより周知し、捕獲したノネコの譲渡希望者を募るためにパンフレットを作成し、島内全戸に配布した。

そして、同年七月に環境省はノネコの捕獲を開始し、ノネコ対策がようやく一歩動き出した。ノネコの捕獲作業も作業を進めながら改良されていくものだと思うが、山中からノネコが排除され、飼いネコはちゃんと室内飼いされて、屋外には放し飼いのネコも野良ネコはいないという環境に一日も早くなることを願うばかりである。

（三）ノネコ対策に関わって思うこと

七月に捕獲を開始するまでに多くの批判も受けた。よく受けた批判は、「世界遺産のためにネコを殺すなんて最低だ」というものである。これは、ノネコ対策を根本的に勘違いされたクレームである。ノネコ対策もノネコ発生源対策も世界自然遺産登録のためにしているものでは決してない。どちらも、奄美大島の唯一無二の生態系を守るために行っているものであり、世界自然遺産登録の話に関係なく必要な対策なのである。またそして、こうして批判にさらされながら、それでも耐えて議論を重ね、日々対策に動いているのは、島と生きものが大好きで、島のこれからを一所懸命考えている人たちである。だれも好き好んで外来種を捕まえたりするのではない。

貴重な島の在来種もノネコも命に変わりはない。しかし、ノネコは、国際自然保護連合（ＩＵＣＮ）の種の保存委員会が外来種の脅威について注意喚起するために作成した「世界の侵略的外来種ワースト１００（100 of the world's worst invasive alien species）」にも選ばれているほどの生きもので、世界のあちこちで在来種を脅かし問題になっている。今一度、ネコとはどういう生きものなのか、飼いネコの正しい飼い方とはどういうものなのか、見直されるべきであろう。ノネコ問題を引き起こした私たち人間の意識が変わっていくことこそが、ノネコ問題を解決し、再発させないことに一番不可欠なことなのだから。

（岩本千鶴／元・環境省奄美自然保護官事務所）

第四節　鹿児島県の関わり

（一）鹿児島県の自然保護行政におけるノネコの問題の位置づけ

二〇〇三年五月、環境省と林野庁が設置した「世界自然遺産候補地に関する検討会」において、奄美群島を含む琉球諸島が世界自然遺産の候補地の一つとして選定された。その四カ月後、鹿児島県は「奄美群島自然共生プラン」を策定し、公表した。同プランの巻頭にて、当時の鹿児島県知事は、奄美群島を「他の地域に先がけて現代社会の『転換』を主導する可能性を有する地域と位置付け」、基本理念として、「共生への転換」、「地域多様性への転換」及び「地域主体性への転換」を掲げたと述べている。

それから一五年が経過した二〇一八年五月、「奄美大島、徳之島、沖縄島北部及び西表島」の世界自然遺産への推薦に関し、その審査を担う国際自然保護連合の評価報告書が公表された。この報告書においては、推薦資産の自然環境の価値について一定の評価をしつつ、その保全管理についても登録の要件を満たすと評価している。様々な保全管理の取り組みの中で、特に事例を挙げて評価されたのが、ノネコの管理であった。以下に評価書の該当部分を引用する。

奄美大島ノネコ管理計画の採択及び実施予定等、侵略的外来種（ＩＡＳ）の駆除管理の取組を評価し、既存のＩＡＳ対策を、推薦地の生物多様性に負の影響を与える他のすべての種を対象に拡大すること。

（出典：平成三〇年五月四日付け環境省報道発表資料「奄美大島、徳之島、沖縄島北部及び西表島の世界遺

産一覧表への記載推薦に関する国際自然保護連合（IUCN）の評価結果及び勧告について（第二報）」）

このノネコの管理に対する評価は、一五年前からの関係者の継続的な努力が結実したものであり、奄美群島自然共生プランの基本理念である「他の地域に先がけた地域主体性への転換」の一つの好例と考える。

奄美群島自然共生プラン

鹿児島県が二〇〇三年九月に策定した「奄美群島自然共生プラン」は、人と自然との共生を図るために、前述の三つの基本理念を掲げ、基本方針、県としての具体的な施策、奄美群島を構成するそれぞれの島における具体的な施策の例などをまとめたものであり、地域の「宝」を、自ら再発見し、持続的に活用していくという考え方が示されている。

この地域の「宝」の一つとして、希少な野生動植物が挙げられており、これに対して、生息・生育地の保護や種の指定による捕獲・採取の規制だけでなく、外来種による影響などにも対処するとされている。該当部分を以下に引用する。

> 奄美群島の一部では、移入種等の生息・生育が確認されており、希少な野生動植物を含む在来の生態系に対して重大な影響を及ぼしています。
>
> 奄美群島のマングースをはじめとして、ノイヌ、ノネコ、イタチなどの移入種等の捕食によって、在来の希少野生動物種が減少することが懸念されています。
>
> （中略）
>
> 希少な野生動植物の生息・生育場所へと侵入することを予防するため、イヌ、ネコ、ヤギなどについては飼養管理の徹底を図るとともに、移入種の不用意な放獣や放流などへの対策を検討します。

このように、鹿児島県及び奄美群島を構成する市町村は、二〇〇三年から、すでにノネコの生態系に与える影響を認識しており、この共生プランに基づいて、自治体の連携により、飼い猫の適正飼養条例の制定などが進んできたところである。その取り組みの詳細については、桑原氏が報告している次々項「（三）鹿児島県のノネコ対策における具体的な取り組み」を参照していただきたい。

生物多様性鹿児島県戦略

二〇一四年三月、鹿児島県は、新たな「自然と共生する社会の実現」を目指すため、生物多様性基本法第一三条に基づく地域戦略として、「生物多様性鹿児島県戦略」を策定した。本県の自然との共生への強い意志を再確認する内容となっており、具体的な行動計画として、五つの基本テーマを設定し、その一つとして、科学的に生態系を管理するための取り組み（外来種への対応を含む）が掲げられた。外来種への対応の主な取り組みの一つとして、島嶼部においては、ペットである飼いネコが野生化してノネコとなり、希少種の捕食など、深刻な生態系被害をもたらしていることから、新たなノネコを生み出さないよう、市町村等による適正飼養の取り組みを促進・支援するとしている。

ここで注意したいのは、本戦略においては、まだ森林内に生息するノネコの捕獲等について実施することとしておらず、あくまでも適正飼養の推進に主眼を置いていたという点である。三項の桑原氏が報告しているように、二〇一三年度末がノネコ管理における大きな節目であり、それまで、適正飼養条例の制定や、野良ネコのＴＮＲ対策に主眼を置いて進められてきた関係者の議論が、ここを起点に捕獲対策の方に移っていくこととなる。

小笠原諸島におけるノネコ対策

ここで他地域のノネコ対策に目を移してみよう。著者が推薦に関わった小笠原諸島においては、海鳥の繁殖地に壊滅的な被害を与えるノネコが問題となっていた。父島には、小笠原自然文化研究所というＮＰＯ法人があり、海鳥の調査活動から保全活動まで、幅広く活躍していた。調査活動を通じてオナガミズナギドリやカツオドリがノネコに捕食されていることが明らかとなった時、同研究所の職員が、東京獣医師会に対し「猫の安楽殺の方法を教えてくれ」という旨の電話をしたことから、小笠原村、東京獣医師会、小笠原海運、島民等を巻き込んだノネコの捕獲・譲渡のプロジェクトが進みはじめたと聞いている。所属する機関や立場やネコに対する考え方によって、事象のとらえ方に多少の差は生じるであろうが、結果として、他の様々な関係主体の尽力もあり、海鳥の生息環境は保全された。

そして、このことは、小笠原諸島の自然遺産の評価にきたＩＵＣＮに対しても説明され、日本ならではのノネコの管理の進め方の一例として、関心を持たれたように記憶している。

海外のノネコ対策

次に、海外のノネコ対策に目を向けてみたい。世界自然遺産の審査機関であるＩＵＣＮの二〇一一年の報告書に掲載されたReview of feral cat eradications on islandsでは、八三の島々におけるノネコの防除の取り組みの概要がまとめられており、八七の取り組みが完遂していると報告されている。これら八七の取り組みのうち、防除方法が明らかとなっているのが六六であり、足罠、狩猟、毒餌、かご罠、犬が用いられているとされている。また、二つの例外を除いては、これら全てで毒餌による防除方法が採用されているとされる。日本国内で採用されることの多いかご罠については、非常に非効率的であるとの報告もあるが、飼いネコの存在する有人島における取り組みでは有益であると記述されている。さらに、ガラパゴスのバルトラ島では、飼いネコを禁止する約束がなされ、飼いネコは島外搬出されるか、安楽殺されたと報告されている。

地域に適した取り組み

小笠原諸島における取り組みや海外の海洋島において実施されている取り組みを紹介したのは、ノネコを巡る状況は場所毎に異なるため、それぞれの場所で適した方法を探求しなければならないとの考えからである。

例えば、小笠原諸島において採用された方法は、三〇〇〇万規模の人口を有する大東京圏が背景にあって初めて成立する方法であろう。また、いわゆるネコ全般に対して抱く感情も、地域によって異なっていると感じる。次に、海外の海洋島で採用されているような毒餌の空中散布と探知犬による追及といった手法については、現実問題として、奄美大島や徳之島は有人島であり、飼いネコが山中に迷い込む可能性を否定できないことから、そのような手法の採用は困難であろう。さらに、対策に使える予算の規模や、協力を得られる機関・団体の有無によっても、取り得る方法は変わる。

大事なことは、地域が、主体的に、その方法を探求し、選ぶことであり、これこそが自然共生プランに謳われた基本理念である。

（二）鹿児島県行政としての取り組み概要

同じ奄美群島の島でありながら、また、同じ世界自然遺産の構成要素となる島でありながら、奄美大島と徳之島は、ノネコ管理について異なる手法を採用した。以下にその概要をまとめたので参考として頂きたい（表4-1）。なお、それぞれの取り組みの詳細説明は、他の著者に譲ることとしたい。

鹿児島県の役割

「奄美大島における生態系保全のためのノネコ管理計画（以下、「ノネコ管理計画」という）」の策定過程においては、

表 4-1　奄美大島と徳之島のノネコ管理手法

		奄美大島	徳之島
ノネコ対策	推定頭数	600～1,200頭	150～200頭
	体　制	・奄美大島ノイヌ・ノネコ対策検討会設置(H19～) ・H30年7月から，国，県，奄美大島ねこ対策協議会（奄美大島5市町村），獣医師会，民間団体等が連携し，本格的なノネコ対策を開始	・徳之島ノイヌ・ノネコ対策検討会設置(H21～) ・H26年1月から，国，徳之島3町，県獣医師会等が連携し，本格的なノネコ対策を開始
	捕　獲	・環境省事業 （H30.9月17日現在：15頭）	・環境省事業 （H30.8月末現在：250頭）
	収容・飼育	・旧大島工業高校施設を改修 （奄美大島ねこ対策協議会が運営）	・旧天城町クリーンセンターを改修 （徳之島3町ネコ対策協議会が運営）
	不妊・去勢	・奄美大島ねこ対策協議会	・環境省
	譲　渡	・HP等で島内外から譲渡希望者を募集 ・譲渡実績：15頭（H30.9月17日現在）	・徳之島3町の広報誌等での周知や県獣医師会との連携により飼い主を確保（当該搬送はフェリー会社が協力） ・譲渡実績：76頭（H30.8月末現在）
	安楽殺	・実施（譲渡できなかった個体）	・未実施
野良猫・飼い猫対策	体制等	・奄美大島野良猫対策ワーキンググループ設置（H25.7～） ・H23.10月，市町村が飼い猫適正飼養条例を施行し，管理を強化 （H29.3月,6月条例改正:マイクロチップ装着義務化等） ・環境省が飼い猫のマイクロチップ装着支援	・H26.4月，町が飼い猫適正飼養条例を施行し，管理を強化 （H29.6月　条例改正:多頭飼育の制限 等） ・環境省が飼い猫のマイクロチップ装着支援
	TNR	H25～	H26～
	TNR 捕獲・放獣	・市町村	・町
	TNR 不妊・去勢	・H25～H27：鹿児島県獣医師会が協力 ・H28～　市町村で実施	・H26～H27：民間団体が協力 ・H28～：町で実施
	収容・飼育（保健所）	・野良猫 野良猫の引き取りは行っていない（負傷猫等に限って収容） ・飼い猫 所有者からの申し出により，有料で引き取り	（同左）
	譲　渡	全県的には，県動物愛護センターHPで公開	（同左）

関係機関の役割が整理され、捕獲は環境省、捕獲後の譲渡等は市町村、一時収容施設の設置補助は鹿児島県という役割が整理された。このことから、両島におけるノネコ対策の具体的な取り組みにおいて、鹿児島県が主体として表に出てくる機会はあまりないが、国と市町村との間に立つ行政機関として、様々な調整に努めてきた。

次項の桑原氏の報告にあるとおり、奄美群島自然共生プランにおいてノネコの問題を位置付けたその三年後に、鹿児島県は奄美群島希少野生生物保護対策協議会を設置（事務局：自然保護課）し、二〇〇八年には部会として奄美大島ノイヌ・ノネコ対策検討会を立ち上げた（事務局：大島支庁）。

鹿児島県は、これらの検討会の事務局という立場で、県庁内の調整、関係団体・専門家との調整、関係機関・自治体との調整、市町村への助言、鳥獣保護管理法の手続き等に関する調整といった様々な調整を行ってきた。

ノネコ管理計画には、一時収容施設の整備補助という役割しか規定されていないが、だからこそ、一歩離れた立場から、関係機関の間の調整に一定の役割を果たすことができたと考えている。

ノネコ管理計画の策定とＩＵＣＮ評価

二〇〇三年に奄美群島自然共生プランを策定して以降、一五年間の関係者のたゆまぬ努力があり、世界遺産への登録については記載延期という内容のＩＵＣＮ評価ではあったが、ノネコの取り組みについての高い評価につながった。ここではあまり触れていないが、ノネコの安楽死を含む計画を策定し、計画を進めることに対して、多くの反対意見を頂いたことも事実である。しかしながら、冒頭に述べたとおり、この取り組みは、地域が主体的に考え、実施されている日本のノネコ対策の先駆けとなる取り組みである。引き続き、地域外の多様な意見にも傾聴しつつ、関係機関・団体と連携し、奄美大島と徳之島の生態系の保全を図ってまいりたい。

（羽井佐幸宏／鹿児島県環境林務部自然保護課）

（三）鹿児島県行政におけるノネコ対策の具体的取り組み

ノネコ問題に係る協議会等の設置

鹿児島県は、奄美群島の世界自然遺産への登録を念頭におき、奄美群島における世界自然遺産候補地としての価値の維持及び改善を図るため、希少野生生物の保護に関し必要な対策について関係機関において調整・協議することを目的に、奄美群島希少野生生物保護対策協議会（以下、「当協議会」という）（事務局：自然保護課）を二〇〇六年五月に設置した。

　また、アマミノクロウサギやトゲネズミなどの希少種を捕食するなど、生態系へ大きな影響を及ぼしていることが問題となっていたノネコに関して、希少種を捕食するノネコだけでなく、ノネコの供給源となる飼いネコ・野良ネコの対策も併せて総合的に行うことが重要であることから、当協議会の部会として「奄美大島における希少野生生物保護に関し必要なノイヌ及びノネコの対策について、関係機関と協議・連携し取り組むこと」を目的に、鹿児島県大島支庁保健福祉環境部衛生・環境室（以下、「当室」という）が事務局となり、環境省、地元市町村、獣医師会、教育事務所で構成する「奄美大島ノイヌ・ノネコ対策検討会（以下、「奄美ノネコ対策検討会」という）を二〇〇八年二月一五日に立ち上げた。また、二〇一三年度には、奄美ノネコ対策検討会内にノネコ対策検討に特化したワーキンググループである「奄美大島ノネコ対策ワーキンググループ（以下「奄美ノネコ対策ＷＧ」という）」が設立され、当室が事務局となりこれまでネコ対策全般に係る協議を重ねてきた。

　参考までに協議会等の体系（図４‐１）とノネコ対策検討会、奄美ノネコ対策ＷＧの開催状況（表４‐２、表４‐４）及び構成メンバー（表４‐３、表４‐５）を示す。

ノネコ問題に関わる主な事業

　奄美ノネコ対策検討会が設立されるまでは、ノイヌ及びノネコの対策については関係機関がそれぞれ取り組んでいたため、設立当初はノネコ問題等に係る課題の洗い出し及び当該課題を関係機関で共有し、連携して取り組むことに重点を置いた。設立当初の奄美ノネコ対策検討会における具体的な協議事項は、①ノネコの捕獲及び保護・収容の枠組みの検討、②ねこの適正飼養に係る市町村条例の検討、③ペットの遺棄防止に係る啓発の実施、④ペットへのマイクロチップ装着の実施であった。

　このうち①ノネコの捕獲及び保護・収容の枠組みの検討については、課題がとても多く、引き続き協議すべき事項であったため、取り急ぎノネコを増やさない発生源対策から優先的に協議を行うこととし、②ねこの適正飼養に係る市町村条例の検討や普及啓発の実施に取り組んだ。住民に対する普及啓発等については、市町村が主体となって行う事業であるため、県としては、各市町村の取り組みの足並みが揃うよう、とりまとめを行った。

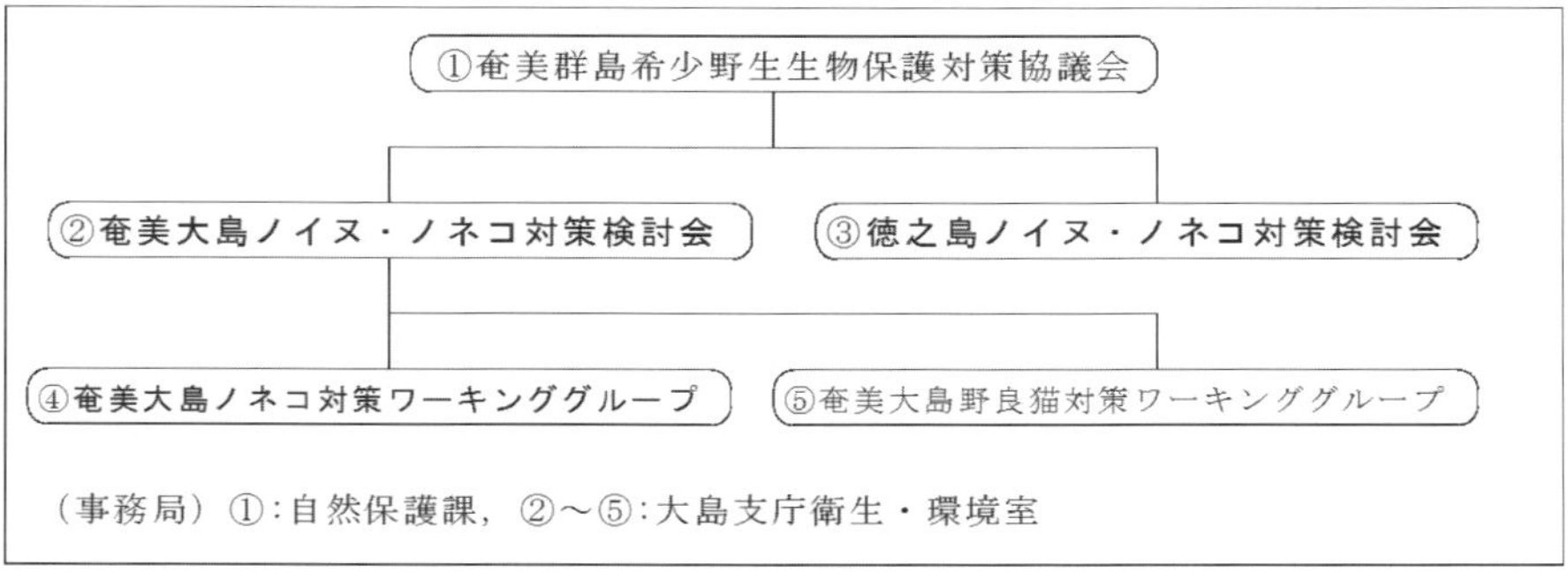

図 4-1　希少野生動物植物保護対策に関わる協議会等の体系

表 4-2　奄美大島ノイヌ・ノネコ対策検討会の開催状況

2007年度:1回	2008年度:3回	2009年度:3回
2010年度:3回	2011年度:1回	2012年度:1回
2013年度:2回	2014年度:1回	2015年度:1回

表 4-3　奄美大島ノイヌ・ノネコ対策検討会構成メンバー

1	環境省奄美自然保護官事務所	2	鹿児島県自然保護課
3	鹿児島県生活衛生課	4	鹿児島県大島支庁林務水産課
5	鹿児島県大島教育事務所	6	奄美市環境対策課
7	大和村企画観光課	8	大和村住民税務課
9	宇検村住民税務課	10	瀬戸内町生活環境課
11	龍郷町生活環境課	12	大島地区獣医師会
13	鹿児島県大島支庁衛生・環境室		

表 4-4　奄美大島ノネコ対策ワーキンググループの開催状況（2018 年 9 月末現在）

2014年度:1回	2015年度:4回	2016年度:7回
2017年度:3回	2018年度:3回	

表 4-5　奄美大島ノネコ対策ワーキンググループ構成メンバー

1	環境省奄美自然保護官事務所	2	鹿児島県自然保護課
3	鹿児島県生活衛生課	4	奄美市環境対策課
5	大和村企画観光課	6	大和村住民税務課
7	宇検村住民税務課	8	瀬戸内町生活環境課
9	龍郷町生活環境課	10	大島地区獣医師会
11	鹿児島県大島支庁衛生・環境室	12	奄美ネコ問題ネットワーク(2016年度より参加)

市町村条例の検討については、その後別途条例検討会も経て、奄美大島五市町村同時に二〇一一年一〇月一日に施行されることになり、普及啓発の実施についても毎年度行われることとなった。県は市町村条例施行以降も、専門家を招いて条例改正に係る勉強会を実施し、より実効性のある条例になるよう取り組んだ。

条例制定後は、ノネコの捕獲及び保護・収容の枠組みの検討に加え、野良ネコのTNR対策が協議され、TNRについては、二〇一三年度から奄美市を筆頭に段階的に実施されたところである。

環境省はモデル事業により二〇〇九年度からノネコの捕獲を実施したが、当該事業が二〇一三年度に終了したこともあり、今後の本格的なノネコ対策実施に向けて、二〇一四年度からの奄美ノネコ対策検討会、奄美ノネコ対策WGにおいて、集中的にノネコの捕獲及び保護・収容の枠組みの検討を行うようになった。

特に、二〇一五年度からは、より実務に携わるメンバーのみを参集した奄美ノネコ対策WGでの協議が多くなり、二〇一六年度からは、民間団体である「NPO法人奄美野鳥の会」、「奄美哺乳類研究会」、「一般社団法人奄美猫部」の三者で構成する「奄美ネコ問題ネットワーク」がメンバーに加わり、捕獲後のネコの取り扱いについてより具体的に検討をしていくこととなる。

二〇一五年度以降の具体的なノネコ対策の検討において、県は、円滑にノネコ対策に着手できるよう、課題解決のため各機関の意見調整に努めるとともに、ノネコの一時収容施設の選定に力を入れた。その結果、捕獲したノネコについては、最大限譲渡の努力を行い、譲渡先がないノネコについては安楽殺することをノネコ対策WGで合意した。また、ノネコの一時収容施設については旧大島工業高校の職員住宅を改修し利用することが決定した。

二〇一七年度の奄美ノネコ対策WGでは、ノネコ対策全般を盛り込んだノネコ管理計画の策定について協議を行い、二〇一七年度末に環境省・鹿児島県・奄美大島五市町村の連名で策定した。

また、同年度には鹿児島県地域振興推進事業（県半額補助、残りは奄美大島五市町村負担）により、ノネコ一時収容施設の整備を行った。

二〇一八年度は、捕獲されたノネコの譲渡に係る検討を重ね、譲渡体制等が整備された。その後の七月中旬から環境省によるノネコの捕獲が開始され、八月上旬に捕獲個体の譲渡が行われた。

（桑原庸輔／鹿児島県大島支庁衛生・環境室環境係）

第五節　地元自治体（一市二町二村を代表して奄美市）の関わり

奄美市は、ノネコ問題への対応を地元五市町村が協力して行うために設置された「奄美大島ねこ対策協議会」（二〇一五年四月設立）の事務局を担当している。本節では、奄美大島全体の動きを押さえつつ、奄美市を中心に地元自治体のノネコ対策の取り組み概要を紹介する。取り組み内容は、年度ごとに整理をして提示したい。

（一）二〇一六年度の取り組み

二〇一六年度は、鹿児島県大島支庁を事務局とする奄美大島ノネコ対策ワーキンググループ（以下、奄美ノネコ対策WGという）の活動と「飼い猫の適正な飼養及び管理に関する条例」の改正強化を主に行った。

奄美ノネコ対策WGの活動

前者の奄美ノネコ対策WGは、奄美大島ノイヌ・ノネコ対策検討会（二〇〇八年二月設置）の中の下部組織で、環境省、鹿児島県、奄美大島五市町村、大島地区獣医師会、奄美大島猫問題ネットワーク（構成三団体）等で組織されている。二〇一六年度は、四月の第一回会合以降、全七回開催された。主な協議内容は、①ノネコ対策に係るスケジュール、②奄美大島におけるノネコ対策フロー、③奄美大島ノネコ対策の課題である。詳細は、以下に示す。スケジュールに関しては、第一回の会合で次のとおり決定され、取り組むこととなった。

・二〇一六年四月～六月　ノネコ対策のフロー・役割分担等の検討、対策経費の積算
・二〇一六年七月　関係団体等との調整
・二〇一六年夏　ノネコ対策フロー・役割分担等の決定
・二〇一六年秋　二〇一七年ノネコ対策予算要求
・二〇一七年夏　ノネコ捕獲、一時収容、譲渡等開始

ノネコ対策のフローについては、大きく①捕獲、②一時収容、③譲渡（譲渡先確保→マッチング→飼い主への譲渡）、④譲渡先が決まらない個体の取り扱いについて検討することが決定され、二〇一七年度夏頃のノネコ対策の運用を目指す事を確認した。

奄美大島ノネコ対策の課題として、①対策全般、②ノネコ捕獲、③一時収容・飼育、④所有者確認、⑤譲渡、⑥譲渡先確保、⑦譲渡作業、⑧譲渡先が見つからない個体の検討を抽出し、協議を行っていくことが決定された。課題の概要は、表5‐1に示す。

奄美大島ノネコ対策の一番の課題は、収容施設をどこに整備するかとの点にあった。この課題は、二〇一六年度以前から奄美ノネコ対策WGの構成機関で公共施設、民間飼育施設など既存の施設が使用できないか検討を進めてきたが、二〇一六年四月の時点で候補地が見つからない状況にあった。捕獲については環境省が行い、一時収容施設の運営、譲渡等については奄美大島五市町村で構成される「奄美大島ねこ対策協議会」で行うことが、奄美ノネコ対策WGの中で検討された。ノネコ一時収容施設設置場所及び各役割分担計画については、二〇一六年一〇月に決定された。決定された内容は、以下のとおりである。

・捕獲は環境省が実施
・施設設置場所は、鹿児島県が所有する旧大島工業高校敷地内職員住宅
・施設改修・備品購入は、奄美大島ねこ対策協議会（鹿児島県地域振興推進事業二分の一補助を活用）
・一時収容施設運用・経費負担は、奄美大島ねこ対策協議会が行う

この役割分担計画に沿って、施設改修の設計積算費用、施設改修・備品購入費用、一時収容施設運用経費を二〇一七年度奄美大島ねこ対策協議会の事業として計上するため、奄美大島五市町村が予算要求を行うことになった。

「飼い猫の適正な飼養及び管理に関する条例」の改正

奄美大島五市町村では、二〇一一年に「飼い猫の適正な飼養及び管理に関する条例」を制定している。「この条例は、飼い猫の適正な飼養及び管理に関する事項を定めることにより、市民の動物愛護の意識を高めるとともに飼い猫の野生化及び放し飼いによるアマミノクロウサギその他の野生生物への被害を防止し、地域生活環境の向上並びに自然環境及び生態系の保全を図ることを目的」にしている。この条例の内容が努力規定に留まり実効性に乏しいとの意見が寄せられていたため、ノネコ対策と並行して奄美大島ねこ対策協議会の中で条例改正の協議を行った。

その結果、二〇一七年三月に各市町村の議会において条例改正が行われた。その内容は、①飼い猫のマイクロチップ装着の義務化、②屋外飼養での繁殖制限の措置の義務化、

表 5-1　奄美大島ノネコ対策の課題

対策全般	対策全般責任体制（役割分担）、運営方法・事務局体制・構成団体、鳥獣保護管理法・動物愛護管理法の解釈の中でのスキームの検討、対策総経費の試算（施設整備経費、運営経費など）、奄美大島におけるネコ対策の将来目標
ノネコ捕獲	捕獲計画の作成、捕獲方法の検証、捕獲する際の留意点
一時収容・飼育	施設設置場所の検討、施設規模・必要設備、収容期間の検討、施設の整備費・施設運用経費等の経費の検討、受託者・協力関係機関の確保
所有者確認	所有者確認の方法、周知方法、所有者への引き渡し方法
譲渡	譲渡基準の作成、協力機関の確保、経費の検討、スケジュール管理
譲渡先確保	譲渡等の経費の検討、引受者の適正確認方法、島外の協力機関・団体等の体制構築
譲渡作業	譲渡する個体への不妊去勢手術・マイクロチップ等の施術等、当該譲渡者への輸送方法
譲渡先が見つからない個体の検討	鳥獣保護管理法、動物愛護管理法の法解釈

③餌やり禁止条項の対象を市民だけでなく観光客や市内を通過する者も含めるとすること、④新たに多頭飼養の制限として、五匹以上飼育する場合は許可を必要とする内容の条例改正であった。また、三カ月後の二〇一七年六月議会において更なる条例の改正を行い、実効性を担保するために過料規定を盛り込むことになった。

この二回の条例改正をするにあたり、専門家の方々、奄美大島のネコ対策に係る団体の方々、市民の皆様、議会からも多くの意見をもらったことで、短い期間で実効性のある条例に改正することができた。

条例改正とともにネコ対策を推進する事業として、奄美市においては飼い猫の避妊去勢手術の助成事業（メス一万円／頭、オス五〇〇〇円／頭の助成）や、マイクロチップ装着費用の助成（一頭あたり四〇〇〇〜五〇〇〇円）を二〇一七年度に行うこととした。また、ノラネコ対策としては、奄美大島五市町村でTNR事業を行い、ノネコの予備軍の発生源対策も行うこととした。

（二）二〇一七年度の取り組み

二〇一七年度は、前年度に決定したスケジュールに沿ってノネコの一時収容施設の整備・運用等を開始するため関係団体と設計等の協議を進めたが、新たな手続きが必要となった。施設整備は、鹿児島県所有の旧県立大島工業高校跡地の職員住宅を改修し利用する計画であったが、ここは都市計画の用途地域指定があったため、事務所及び畜舎であるノネコ一時収容施設を建築するには建築基準法四八条第三項のただし書の規定に基づく建築許可申請が必要だということが判明した。また、許可申請をするにあたり、地域住民への説明、同意、関係機関との調整が必要であった。以上の手続きを進めるのに日数を要し、当初の計画より施設の完成が遅れることになった。その結果、施設完成予定は、二〇一七年九月末（当初）から二〇一八年三月末に変更となった。旧県立大島工業高校職員宿舎跡地の改修工事は、二〇一八年三月三〇日に終了し、「奄美ノネコセンター」が完成した。総事業費は、一六三六万六〇〇〇円（内訳：施設改修費一二六一万四〇〇〇円、備品購入費二二五万二四〇〇円、設計委託、事務費一四九万九六〇〇円）であった。

施設整備と並行し奄美ノネコ対策WGでは、「奄美大島における希少種保護のためのノネコ管理計画（仮称）」（のちに「奄美大島における生態系保全のためのノネコ管理計画」。以下、「ノネコ管理計画」という）の検討を行った。そこで検討を行ったノネコ管理計画の策定方針は、二〇一七年九月奄美大島で開催された「世界自然遺産候補地科学委員会奄美WG」で公表した。その内容には、山で捕獲したノネコを最大限譲渡できるよう関係機関で努力を行い、最終的に譲渡先が決まらない場合には、やむを得ない措置として捕獲したノネコを安楽死させることが盛り込まれた。

管理計画策定スケジュールは、以下のとおりである。

・二〇一七年九月一九日「奄美世界自然遺産候補地科学委員会WG」におけるノネコ管理計画策定方針の公表
・二〇一七年九月二五日　ノネコ対策WGにおけるノネコ管理計画（案）検討・確認
・二〇一八年一月中旬　ノネコ管理計画（案）修正
・二〇一八年二月二〇日～三月五日　ノネコ管理計画（案）の島民向け意見照会（意見照会提出者七人、結果は表5 - 2に示す）
・二〇一八年三月二八日　ノネコ管理計画決定、公表

表 5-2 奄美大島における生態系保全のためのノネコ管理計画（案）意見照会結果

1 意見照会期間：平成30年２月20日～３月５日（14日間）

2 意見提出者：７名

3 主な意見の概要等

意見の概要	意見に対する考え方
・このノネコ管理計画に基づき取り組みをすすめることを支持する。（類似意見含め４件）	・奄美大島独自の生態系の保全のため，ノネコ管理計画に基づき，環境省，鹿児島県，奄美大島５市町村が連携して発生源対策を含むノネコ対策に取り組むこととしています。
・ノネコの捕獲，発生源対策を推進するとともに，飼い猫適正飼養の普及啓発活動も積極的に行ってもらいたい。（類似意見含め３件）	
・殺処分は避けるべき。不妊手術をして一代限りの地域猫として生きていけば自然と個体数は減る。（類似意見含め２件）	・不妊手術をして野外に戻してもその時点でのノネコ総数は減らず、野外に戻した個体が希少種等を捕殺して在来生態系へ影響を及ぼすことが懸念されます。なお，捕獲した個体については，可能な限り譲渡に努めることとしています。
・ノラネコＴＮＲ事業は捕獲したらリリース（野外に戻すこと）すべきではない。ＴＮＲ事業は成果が期待される場所のみとして他は廃止し，捕獲・処分や適正飼養の普及啓発等に注力すべき。（類似意見含め２件）	・ノネコの発生源対策としてノラネコのＴＮＲを進めつつ，その効果について検証し，順応的に対策を見直すこととしています。
・7－1－(4)の譲渡できなかった個体の安楽死に関し「できる限り苦痛を与えない方法を用いて」の記述を追加してほしい。	・ご意見を踏まえ，譲渡できなかった個体の安楽死に関する記述を修正します。（ノネコ管理計画５ページ １行目）
・計画の目標として「ノネコを根絶」と明記すべき。	・奄美大島の生態系に対してノネコが及ぼす影響を取り除くことを優先して対策を実施しつつ，必要に応じて，実現可能な目標設定のあり方を含め，ノネコ対策の実施方法等を見直すこととしています。
・効果的効率的な捕獲を進めるため，7－1－(3)に探索犬の項目を追加してほしい。	・定期的にノネコの捕獲状況や排除の達成状況等について評価を行い，専門家の意見を踏まえ，捕獲実施方法等について見直しを行うこととしています。
・飼い猫条例について，1～3年後をメドに完全室内飼育を義務化した条例に改正してほしい	・飼い猫の飼養状況等を見ながら，必要に応じて条例の改正について検討していきます。
・譲渡を行うための条件や基準について獣医師と協議の上作成してほしい。	・現在、獣医師も含め関係者で譲渡方法を検討しています。
・ノネコの捕獲は大和村の山を優先させるべき。	・ノネコと在来種（特に希少種）の生息域等を踏まえ、捕獲すべき場所に優先順位をつけて対応していく予定です。

（三）二〇一八年度の取り組みと今後の展望

ノネコの対策

二〇一八年度は、前年度末に策定したノネコ管理計画（二〇一八年四月からの一〇年計画）及び、奄美大島ねこ対策協議会（以下、協議会という）が鹿児島県の「二〇一七年度地域振興推進事業」を活用して整備したノネコの一時収容施設「奄美ノネコセンター」を用いて、次の取り組みを行った。

まず、ノネコ管理計画に基づく取り組みを四月から実施する予定であったが、ノネコ管理計画に記載されている「森林内で捕獲したネコは飼養を希望する者への譲渡に努める」ための譲渡要領・譲渡体制の整備の遅れにより予定通りに開始することができなかった。協議会は、環境省や鹿児島県、外部有識者等と数回にわたり協議を行い「ノネコ譲渡実施要領」を六月に策定し、譲渡希望者の募集・認定を行うこととした。これにより譲渡要領・譲渡体制が整い、管理計画を始めることができるようになった。これに至るまでに三カ月半を要し、管理計画の本格的なスタートは七月中旬となった。

捕獲したノネコの安楽死も視野に入れた計画の本格的スタートの前に、奄美ノネコセンターの運用開始の報道発表（二〇一八年六月一四日）を行ったため、発表直後から様々な個人・団体から管理計画への反対意見や要請、クレームが協議会事務局に寄せられ、職員が対応に追われることになる。協議会の事務局はある程度想定していたが、時には長時間の対応により、業務に支障を来すこともあった。これらは、ほとんどが島外からであり、一方的で感情的に話す人もおり、事務局の説明は全く受け入れてもらえなかった。しかし、中にはノネコ管理計画を理解し、譲渡申請を検討する人もいた。

環境省の捕獲事業は、一カ月三〇頭の捕獲を目標としていたが、九月末の段階では一六頭の捕獲に留まっていた。捕獲が計画的に進まない要因としては、ノネコのトラップへの警戒や設置個所、夏場のエサの状況等が指摘されており、捕獲率を上げていくためにこれらの要因を検証し、改良することが予定されている。

捕獲されたノネコは「ノネコ譲渡実施要領」に基づき、正式に認定された個人・団体に限り譲渡を受けることができる。これは適正にネコを飼育できる個人・団体を譲渡対象者とするための仕組みである。正式な認定を受けるためには、次の手続きが必要である。①ノネコ譲渡希望者は協議会へ譲渡申請書、並びに、その他の書類を提出し、②協議会の審査会で認定を受けたのち、③協議会主催の講習会を受講することにより正式な譲渡対象者となる。九月末の段階では、譲渡対象者に一個人三団体が認定されている。

譲渡手続きについては、「譲渡のハードルが高く、申請をあきらめる人が大勢いるため、申請手続きの簡略化を求める。結局、協議会は殺処分が目的だ！」との意見も寄せられた。しかし、申請に関する問い合わせをする人のなかには納得する人も多く、あきらめる人が大勢いるとは思われない協議会の方針は以下の通りであるため、方針を変えることはない。

奄美大島ねこ対策協議会の方針

・ノネコは一般的にノラネコよりも警戒心や攻撃性が高いこと、感染症などの病気を持っている可能性があることなどを理解し、責任を持って譲渡したノネコを適正に飼養してもらう。

・譲渡したノネコが譲渡先で近隣住民とのトラブルや多頭飼育崩壊トラブルとならないようにする。

・譲渡したノネコが虐待を受けないようにする。

「ノラネコ」と「飼い猫」の対策

ノネコ管理計画に基づき、協議会はノネコの対策だけでなく、ノネコの発生源対策のための活動も同時に取り組んでいる。ノネコの発生源となりうるノラネコ及び不適切に飼養されている飼い猫に対し、ノラネコの増加抑制や飼い猫の適正飼養等の取り組みを推進している。

まずノラネコ対策であるが、奄美大島には五〇〇〇～一万頭のノラネコが生息していると推定されている。このノラネコの増加を抑制するため、五市町村はTNR事業を行っている。二〇一三年に奄美市、二〇一四年に大和村、二〇一六年に瀬戸内町・宇検村・龍郷町が事業を開始した。二〇一七年度末には二三八二頭を施術し、二〇一八年度末には累計で三四一二頭施術予定である。しかし、事業方法が五市町村で異なっているため、二〇一九年度からは五市町村を統一し、協議会がTNR事業を行うこととした。これまで、龍郷町だけが実施していたモニタリング調査を取り入れ、事業を実施する集落における事業効果やノラネコの生息数の把握を行う。また、事業を実施する集落については優先順位を決め、希少野生生物の生息密度が高い地域に近い集落を選定する。

このほか奄美市では、市街地におけるTNRの加速化を図るため鹿児島大学と連携し、単独で事業を行っている。二〇一八年度から二〇二〇年度の三年間で一〇四〇頭の施術を予定している。

次に飼い猫の適正飼養については、二〇一一年一〇月に五市町村で「飼い猫の適正な飼養及び管理に関する条例」を制定し、その後二回改正を行い、飼い主の責務や罰則規定等が定められた。条例では、屋外飼養における繁殖制限の措置やマイクロチップ装着を義務化しているが、五市町村の不妊去勢手術率平均は四七％、マイクロチップ装着率平均は二〇％となっている。今後も、手術・マイクロチップの必要性について継続して啓発活動を行い、飼い猫の適正飼養を促進させていく。

また、条例は飼い猫に関することが主であるが、飼い猫以外へのみだりな餌やり禁止条項もあり、罰則対象となっている。餌を大量にやり、そのまま放置する等、みだりな餌やり行為をする者に対して指導、勧告等を行う必要があるが、そこまで手が回らないのが現状である。今後は体制を整え、条例の啓発、遵守を徹底していく方針である。

二〇一八年度は、ノネコ管理計画が始まったばかりである。しかし、今後一〇年の間には本計画の問題点や改善点について検討がなされ、見直しが行われかるもしれないが、関係機関と連携強化を図り、ノネコ及びノネコ発生源の対策を行い、ノネコ管理計画の目標である奄美大島在来の生態系の保全を目指したい。

（藤江俊生／奄美市総務部プロジェクト推進課・山下克蔵／奄美市環境対策課自然環境係）

第六節　奄美哺乳類研究会の関わり

（一）マングースに続き、さらなる捕食者の脅威

第二節（二）で詳述したようにマングース防除事業の成果が表れてきた一方で、新たな動物の存在がクローズアップされるようになってきた。野生化したイヌやネコである。イヌやネコは人とのかかわりが古く、その長い歴史の中で、家畜化されてきた動物だ。ネコは生活スタイルの違いによって飼いネコ、野良ネコ、ノネコの三つに分類される（イヌも同様）。飼いネコは特定の飼い主によって飼育管理されているネコ、野良ネコは人間生活に依存しているが、特定の飼い主はいないネコ、ノネコは人の手を離れて自然環境下で自活しているネコを指す。

彼らはマングースよりも昔から奄美大島にいた動物なので、新たな存在と言うと語弊があるかもしれない。といっても野生動物ではなく、人が持ち込んだ、本来は人の生活圏で生きるべき、家畜化動物である。奄美大島の生態系には本来肉食獣は生息しておらず、ハブなどのヘビ類がその頂点を占めていた。そのように限られた捕食圧の中で生息してきた在来種にとっては、マングース同様にイヌやネコも大きな脅威であることに変わりはない。

あほけん（奄美哺乳研究会）が調査でマングースを捕獲していた頃にも、ネコは時々捕獲されていた。しかし、当時、捕獲していたのは主にマングースが放獣された奄美市名瀬赤崎地区からそう遠くないエリアで、アマミノクロウサギ等の希少哺乳類をまず見ることはなく、出会う生き物も少なかった。また、捕まったネコの中には子ネコも含まれ、それらは誰かが山に捨てたか、近隣の畑などで飼われているネコが産んだものだろう。この先、山で自活し、在来の動物たちをエサにしてもらっては困るという気持ちから、周辺集落の方には申し訳なかったが、山の麓まで下ろし、放獣することもあった。このように当時からネコは時々ワナにかかり、マングース同様捕食者として脅威に感じてはいたが、当時はマングースをどうにかしなくてはという気持ちの方がずっと強かった。

しかし、二〇〇〇年代後半に入ると、野生化したイヌ、

ネコによる希少種の捕食の証拠が次々に明らかになってきた。二〇〇七年一一月には奄美市住用町と瀬戸内町を結ぶ一つの林道沿いで、一晩でアマミノクロウサギ一一頭の死体が発見されるというショッキングな事件が起きた（大島新聞、二〇〇七）。その後の調査で犯人は人の管理下を離れたイヌによるものとわかった。さらに、二〇〇八年には奄美大島・徳之島両島でイヌ・ネコによるアマミノクロウサギの捕食の事例が複数報告された。また、二〇〇〇～二〇〇六年に採集したノイヌのフン分析調査の結果でも、出現頻度としてアマミノクロウサギ 四五％、アマミトゲネズミ 二四％、ケナガネズミ 二〇％と希少哺乳類が多くを占めていたことが報告されている（亘ほか、二〇〇七）。こうした野生化したイヌ、ネコによる捕食の実態を危惧し、二〇〇八年にあほけんは地元自然保護団体や猟友会、ＷＷＦジャパンと連名で「犬・ねこの適切な飼養管理に関する要望書」を県知事宛に提出した。要望内容としては、犬・ねこへのマイクロチップ装着の義務化、マイクロチップ装着率の定期的な調査および未装着個体所有者への行政指導の制度化などだ。そもそもイヌは係留が義務付けられており、きちんと飼っていれば山へ行くことはない。しかし、リュウキュウイノシシの猟で山に放たれた猟犬については、飼い主の元に帰れずに迷子になって山を徘徊することもある。優秀な猟犬でなければ飼い主がきちんと回収しないこともあるようだ。一方、ネコについては当時、適正飼養に関する条例はなかった。もし、マイクロチップが装着されていれば、山でイヌ・ネコを保護するようなことがあれば、飼い主を特定して飼い主に戻すこともできるし、イヌやネコが希少種・在来種を捕食する可能性について、飼い主に注意喚起することもできる。また、故意に放し飼いしているイヌの飼い主等に対しては、一定の足かせとなり、適正飼育につながるだろう。このように地域の人たちと野生生物がうまく共存していく上では最低限のルールが必要で、そのような内容を要望書とした。同年、環境省による「ペット登録支援モデル事業」として、マイクロチップを動物診療施設に配備し、希望する飼い主の飼い犬・飼いネコにマイクロチップを装着する事業が始まった。

（二）ネコを森林域からいなくするために

その後もノイヌ、ノネコによる捕食の証拠は積み重ねられていった。二〇〇八年に環境省奄美野生生物保護センターによって撮影された、今やあまりにも有名になったアマミノクロウサギをくわえたネコの写真（第三節の図３-1参照）を筆頭に、自動撮影カメラではケナガネズミやオーストンオオアカゲラをくわえたネコも撮影された。また、ノネコのフン分析も行われ、二〇〇九年以降の分析では、ケナガネズミ、アマミトゲネズミ、アマミノクロウサギの希少哺乳類三種が捕食数全体の約六割に上るという結果も示された（Shionosaki et al. 2015）。

あほけんの発足のきっかけとなったマングースの調査を始めた当時から、イヌやネコに対し脅威を感じてはいたが、その危惧は二〇年前よりかなり大きくなってきている。しかも、イヌやネコはマングースのように昆虫から獣まで何でも食べる訳ではない。上述したように奄美では希少哺乳類にかなり偏った食性だ。森林域でその数を増やしていったら、多くの希少哺乳類は絶滅しかねない。頻繁に調査で山に入っていた川口秀美氏が旗振り役となって、あほけんの地元組メンバーを中心に有志が集まり、アマミノクロウサギなどの希少種を捕食している現状を改善するために何をすべきか、何ができるか等話し合った結果、ノネコの早急な捕獲を行政に要望しようということになった。あほけんのブレーンになってくれる研究者にも相談しながら、文面を作り上げていった。そして、二〇一四年一一月に森林に生息するノネコの早急な捕獲を求めた「奄美大島・徳之島におけるノネコ対策に関する陳情書」を、地元自然保護団体八団体と三人の研究者の連名で環境大臣および県知事宛てに提出した。その後、二〇一五年一月に日本哺乳類学会からの「奄美大島、徳之島におけるノネコ対策緊急実施についての要望書」の提出もあった。

この頃から島外にも奄美大島・徳之島のノネコ問題がマスメディア等に取り上げられるようになったと思う。また、希少野生動植物、世界自然遺産関連の会議では、ノネコ問題が大きな議題として取り上げられるようになり、行政担当者、奄美をフィールドにしている研究者、私たち地元自然保護団体の間で議論する機会が増えてきた。さらに、奄美大島で野良ネコの保護活動を開始した奄美猫部とも交流するようになり、二〇一五年一一月、奄美野鳥の会、奄美猫部、奄美哺乳類研究会の三団体が中心となって「奄美ネコ問題ネットワーク（ＡＣＮ）」を立ち上げた。それまで行政だけで構成されていたノネコ対策ワーキンググループにも参加するようになり、より具体的かつ踏み込んだ意見交換ができるようになった。

（三）ＴＮＲのこと

一方、陳情書提出に向けて動き始めた二〇一三年から、奄美市で野良ネコに対してＴＮＲ事業がスタートした。ＴＮＲとは、捕獲（Trap）した個体に不妊手術（Neuter）

をして、捕獲した場所に戻す（Return）ことで、多くの個体に施術できれば、繁殖のペースを落とすことによって、将来的には個体数の減少を目指すものだ。現在は奄美大島五市町村全てでこの事業が行われており、一部のあほけんメンバーは野良ネコの捕獲や不妊手術等に携わっている。

しかし、私たちはＴＮＲがノネコ問題を解決する最善の策だとは思っていない。森林域と隣接する集落では野良ネコや放し飼いネコが山に行かない保証はなく、ノネコ同様、彼らが森の動物たちを捕食する（あるいは、食べはしなくても襲ってしまう）可能性があるからだ。ＴＮＲは個体数の減少までに時間を要し、速効性のある対策ではない。その間にも森の動物たちは脅威にさらされるのだ。

ＴＮＲは長期的にはノネコ予備軍を減らし、なくしていく効果はあるかもしれない。だが、それも、各地域の野良ネコの頭数をきちんと把握し、できるだけ多くの個体をできるだけ短期間に不妊化しなければ、その地域の野良ネコを減らしていくことは難しいと言われている。ただやみくもにあちこちの野良ネコを捕獲し不妊化しても意味がない。不妊化した頭数が評価の基準ではなく、その地域にどれだけの野良ネコがいて、そのうちの何割が不妊化できているかが重要である。不妊化できていない野良ネコは繁殖を繰り返すので、多くの割合の不妊化ができていなければ、個体数を減らす効果は期待できないのだ。モニタリングなくして、ＴＮＲの成果を正しく評価することはできないのである。このままＴＮＲを継続していくべきかについては、不妊化を進めることと並行して、きちんと現状を調査して効果を検証していく必要がある。

（四）あほけんのカメラ調査

二〇一六年から、龍郷町内の集落からそれほど遠くない、希少種が生息するとされている森林域で、小規模ながら自動撮影カメラ調査を実施している。

龍郷町は奄美大島の北部（最北は奄美市笠利町）に位置し、長雲峠一帯に生息するアマミノクロウサギ等の希少哺乳類は奄美大島最北端の地域個体群であり、中南部の地域個体群とは奄美市街地や国道によって分断されていると考えられている。二〇年程前は龍郷町内の林道などでアマミノクロウサギやケナガネズミを夜間目撃したり、フンなどの痕跡を発見することはほとんどなかったが、近年は姿や痕跡が見られるようになってきている。

長雲峠から本茶峠へと続く稜線上には舗装された道が通っており、多くの集落からこの稜線につながる道がある。中南部ほど森は深くないので、それほど距離も長くない。このような状況で、野良ネコや放し飼いのネコが森と集落を行き来することはないのか、また、どのような野生動物が集落にほど近い森に生息しているのか、この二点が調査の目的である。自動撮影カメラを使うのは会として初めてであり、経験者の山室一樹氏を隊長に、まずは一つの集落周辺の森にカメラを設置していった。最初に設置した地点で、アマミノクロウサギが写っていた。しかも、後ろ姿の足の間には立派な精巣らしきものがついているではないか。飛躍的発想かもしれないが、この地でアマミノクロウサギが繁殖している一端を見ることができたような気がしてうれしかった。おそらくメンバーは皆それぞれパソコンの前で「おおっ」と歓喜の声をあげたに違いない。直に野生動物に出会うのも感動するが、いろいろ予想してカメラを設置した場所に、実際野生動物が写っていた時の喜びもなかなかのものである。

これまでに在来種はアマミノクロウサギ、リュウキュウイノシシ、ルリカケス、アマミヤマシギ、アカヒゲ、リュウキュウコノハズク等に加え、なかなか出会うことのないケナガネズミも確認された。前述の、アカヒゲ以外の鳥類やリュウキュウイノシシは集落内や畑で見かけることもあるが、アマミノクロウサギやケナガネズミも案外人里近い所にまで生息しているのだ。人間の生活域のすぐそばに野生動物の生息域が広がっていることを、調査を通し改めて実感している。そして、それはまた同時に、集落のネコ（飼いネコ、野良ネコ）が容易に森に出かけ、野生動物と出会ってしまうかもしれないという危機感を強めた。

実際、カメラには外来種も写っていた。ネコとヤギである。ヤギは奄美大島では家畜として飼育され、食用として利用されてきた。しかし、高齢化や過疎化、食文化の変化により、飼育されていたヤギが放棄され、野生化したヤギが増加し、一〇年程前はヤギの食害による海岸植生の破壊、土壌流出が問題となった。あほけんでもＷＷＦジャパンの助成を受けて生息状況の調査を行ったが、二〇〇七年に「山羊の放し飼い防止等に関する条例」が施行され、市町村単位でノヤギ捕獲が続けられている。しかし、いまだノヤギは散見され、近年は海岸部から離れた森林域でも目撃されている。

また、ネコは複数個体が撮影された（ネコは毛色や模様がさまざまなので、一色の毛色の動物よりは個体識別がしやすい）。ある地点では、アマミノクロウサギが写っていた約三時間後にネコが写ったこともあった（図６‐１、図６‐２）。この時間差がゼロになった時、すなわち両者が出くわした時に起こる事態は想像に難くない。そして、実際に奄美大島各地の森で希少種を含む在来動物がネコに捕食され続けているのだ。

ただ、あほけんのカメラ調査では首輪付きの個体や、不妊化した印である耳の先をカットされた個体を確認することはできていない。自動撮影ではどの写真も鮮明に写っているわけではなく、ピンボケだったり、体の一部しか写っていないこともあるからだ。龍郷町の協力を得て、町のTNR事業で不妊化した野良ネコの個体リストとカメラに写ったネコの照合をしたところ、TNR個体ではないかと推測された野良ネコはいたが、断定するには至らなかった。

そこで、WWFジャパンと協働で、集落内の野良ネコや放し飼いのネコにGPS首輪を装着し（図6‐3）、行動圏調査を行うことにした。龍郷町内在住の方の協力を得て、二〇一八年五月から追跡している。

図 6-1　自動撮影カメラに写ったアマミノクロウサギ

図 6-2　その約 3 時間後にネコが……

図 6-3　小型の GPS 機器を首輪に装着したネコ

（五）ネコ対策と奄美大島のこれから

ノネコについては山から排除する方向で二〇一八年七月より環境省による捕獲が始まった。捕獲されたノネコは一定期間内に譲渡先が決まらなければ、安楽死の処分も行うというものだ。ノネコ管理計画策定にあたっては、私たち奄美大島の民間団体も意見を述べ、共に作り上げた計画と思っている。今のところ、捕獲数が伸び悩んでいるようだが、策定されたノネコ管理計画に基づき目標が達成されるよう、随時問題点を抽出、解決できる体制（スタッフ、予算、ネットワークなど）を整えて、ぶれることなく着実に進んでいってほしい。

一方、野良ネコについては、市町村単位（一部個人）で実施されているTNR事業によって、不妊化されたネコは集落内に戻されている。他方、ノネコ管理計画の中で、「一時的に森林内に侵入しているノラネコや飼い猫も捕獲される可能性があるが、これらも希少種等を捕殺して在来生態系へ影響を及ぼすおそれがあることから本計画に基づき対処する」とある。行動圏調査やカメラ調査、食性調査など、さまざまなネコに関する調査研究が進む中で、TNRによってノネコ予備軍である野良ネコを減らす効果より、野良ネコや放し飼いのネコが山に行くことで野生動物を襲うリスクの方が大きいと判断されれば、野良ネコはノネコと同じ扱いとし、飼いネコに対しては室内飼育を条例で義務化すべきであろう。

今、奄美大島の森で起きているネコの問題はマングースの問題と何ら変わりない。もともとは奄美の森にはいなかった動物は森からは排除しなくてはならない。数十万年、数百万年という途方もなく長い時間をかけて形作られてきた奄美の生態系を、そして、その長い島の歴史を生き抜いてきた多くの在来生物を「種」、「個体群」としてきちんと維持していくことが重要である。その考え方においては、アマミノクロウサギもネコも同じ一つの命というような個体で捉えた考え方は通用しないのではないだろうか。

ネコに罪はない。マングースにも、ヤギにも、イヌにも。このような事態を招いたのは全て浅はかで無責任な私たち人間である。しかし、この状況を解決できるのも人間しかいない。ペットや家畜は人と共に快適な生活環境の中で、そして野生動物は本来あるべき自然の中で、生きていけるようにしていくことが、地球上で最も繁栄し、多くの生き物に影響を与える存在となった私たち人間の責務なのだ。あほけんも奄美の自然のために、人と自然がうまく共存していける社会のために少しでも貢献できればと思う。

（阿部優子／奄美哺乳類研究会）

第六節　引用・参考文献

長嶺隆「イエネコ：もっとも身近な外来哺乳類」山田文雄、池田透、小倉剛編『日本の外来哺乳類―管理戦略と生態系保全』東京大学出版会、二〇一一年、二八五―三一六頁

大島新聞「クロウサギ11死体発見」二〇〇七年一一月一四日付記事

Shionosaki, K., F. Yamada, T. Ishikawa and S. Shibata(2015) Feral cat diet and predation on endangered endemic mammals on a biodiversity hot spot (Amami-Ohshima Island, Japan). Wildlife Research, 42: 343-352.

塩野﨑和美「好物は希少哺乳類：奄美大島のノネコのお話」水田拓編著『奄美群島の自然史学―亜熱帯島嶼の生物多様性』東海大学出版部、二〇一六年、二七一―二八九頁

亘悠哉、永井弓子、山田文雄、迫田拓、倉石武、阿部慎太郎、里村兆美「奄美大島の森林におけるイヌの食性：特に希少種に対する捕食について」『保全生態学研究』12、二〇〇七年、二八―三五頁

亘悠哉「外来哺乳類の脅威：強いインパクトはなぜ生じるか？」水田拓編著『奄美群島の自然史学―亜熱帯島嶼の生物多様性』東海大学出版部、二〇一六年、三一三―三三一頁

山田文雄『ウサギ学』東京大学出版会、二〇一七年

第七節　一般社団法人奄美猫部の関わり

（一）奄美猫部の設立

奄美猫部（当初任意団体）は二〇一四年七月、主にネコ問題に関心のある市民が集まり発足した。「人も猫も野生動物も住みよい島へ」のスローガンを掲げ、奄美大島でとりわけ不足していると思われたネコの適正飼育の周知・啓発を活動の柱とした。何ができるか分からない手探り状態が続く中、口コミやブログ発信、マスコミ報道を通じて少しずつ仲間が増え、二〇一六年四月にはより活動範囲を広げられるよう法人化に至った。

筆者自身は飲食店を営んでおり、第二節（三）でも紹介したようにオープン当初から隣接する公園や店周辺の野良ネコの多さに悩まされてきた。店舗敷地内へ迷い込んだネコ数匹を筆者の飼いネコとして保護した一方で、子ネコが箱に入れられたまま捨てられたり、カラス被害に遭ったりするケースも多く目にした。こういった状況から、自発的に迷いネコの保護や新しい飼い主探しを行ったり、またT

NR（野良ネコの不妊化活動）の概念すら知らないまま野良ネコに不妊手術を受けさせたりしていた。しかし高額な手術費用を個人で賄うには限界があり、自店で募金の呼び掛けを始めた。最大の原因はネコの正しい飼い方を知らない人があまりにも多いことだと痛感しており、啓発の必要性を強く感じていた。

二〇一一年、奄美大島五市町村で「飼い猫の適正な飼養及び管理に関する条例」が施行された。だが、実態は市民への周知が追いついていない状況だったように思う。ネコは外で飼うのが当たり前、ましてや不妊手術などの医療費を掛けることが珍しいぐらいの環境だったのではないだろうか。しかし筆者が生まれ育ったこの奄美で日々犠牲になるネコを目の当たりにする中、「今がチャンス、どうにかしたい」と声を上げたことが、団体立ち上げに至った動機である。

（二）野良ネコのTNRと譲渡の活動

奄美猫部の当初の活動目的はノネコではなく、野良ネコ、または飼いネコと野良ネコの判別が難しいグレーゾーンのネコへのアプローチであった。適正飼育を細かに説明したパンフレットの作成（図7-1）や、ネコ好きの人々を対象にしたイベントの企画など、ネコに関する知識や情報発信に努めた。団体の存在が周知され始めたのに比例してネコを巡る相談や問い合わせも増加、やがてTNRや譲渡活動などに力を入れるようになった。

取り組みの現状

温暖で繁殖率の高い奄美大島はネコの数があまりにも多い。この状況下での保護・譲渡活動はリスクを伴うことから団体として積極的にアプローチしないことを大前提としているものの、捨てネコ相談は途切れることがなく、台風や交通事故の罹災ネコなど保護せざるを得ないケースに遭遇するメンバーも多い。そのためリスクや自己負担を覚悟しながら可能な範囲で活動を行っている。また、TNRに関しては野良ネコ相談も後を絶たず、捕獲の協力者も少しずつ増え、捕獲実績も向上している。

一言で譲渡活動・TNR活動といっても、実際には相当な時間と労力と費用の掛かる作業だということを、なかなか理解していただけないので、この機会にぜひ伝えさせていただきたい。

最初に譲渡活動についてだが、屋外での放し飼いが当たり前とみなされてきた奄美では、適正飼育意識が依然途上にあることをまず理解してほしい。流れとしては飼い主希

図 7-1　奄美猫部が作成したパンフレット

望者の譲渡先環境が整っているか審査させていただき、適正飼育のあり方を十分理解してもらう。さらにお試し飼育も経て正式決定となる。自宅訪問して確認・助言を行い、脱走対策のドア設置など簡易リフォームもお願いした上でようやく譲渡を決定する場合もある。自治体の飼い猫条例の周知も必須である。条例内容だけでなく、登録方法や担当課の紹介、制定の意義など詳細なレクチャーに努めている。そして譲渡後も、適正に飼っていただいているかの確認やアフターフォローが必要だ（ただ、奄美の名誉のために付け加えると、おそらく地方都市のほとんどがネコの適正飼育については同じように遅れていると推測される）。

　野良ネコのＴＮＲも、非常に根気と労力のいる作業である。糞尿トラブルが発生した場合、現場に通いつめて相談者と餌やりの方の双方へ理解と協力を求めなければいけない時もある。捕獲作業にしてもネコの個性や性格によってアプローチの仕方が変わり、対象個体だけに狙いを絞って捕獲するため様々な作戦を練る。捕獲後も仕事の合間を縫って病院へ運んだり、時にはトラップごと一晩二晩預かったりする場合もある。そして、術後のネコを元の場所へ運びリターンするまでが一連の流れだ。これらの作業は、餌を与えている当事者や周囲の方の協力を得る事が問題解決に繋がる最短方法だと考えている。理解促進に力を入れているが、ケースによって状況が異なるため解決策や妥協案を見出すのに毎回苦労している。

活動の難しさ

　これまで述べてきた通り、ネコ問題はネコに関わる作業より対「人」との関わりが大きなウエートを占めている事がお分かりになっただろうか。時には理不尽なことに遭遇することもあるが、極力相手に寄り添って対話を重ね

図 7-2　「ビフォーアフター写真展」の写真

なければならない。そうはいっても、トラブルになることもあるし、罵声を浴びせられて終わりということもある。ネコの保護依頼が来ても猫部での預かりは断らざるを得ない状況なので、何のための団体なのかと叱責されたこともあった（猫部の活動内容が分かりにくいことも原因の一つではあるのだが）。

　保護活動にのめり込むほど、不適切な飼い方をしている飼い主や、現在のペットを取り巻くこの状況に憤りが芽生えてくるのだ。後で触れるが、だからこそ保護活動家や愛護派の方々の強烈に批判する動きになるのも理解できる。人間関係が濃い奄美だからかもしれないが、いきなり批判しても解決にはならないし、余計こじれてしまいかねない。だから、忍耐強い対話が必要だという所に至っているのかもしれない。前述したが、猫部部員の活動は全てボランティアである。しかし実態は、本業の傍らプライベートの時間を割き、自己投資することのほうが多く、保護活動は「できる範囲内で」と制限せざるを得ない。生活を犠牲にしてまで保護にのめり込むことが、果たして良いのか悪いのか自問自答の毎日でもある。今は過渡期と捉え、かなりきついことではあるが、辛抱強く対応していくことが猫部最大の課題なのだろうと思う。

　イベント企画も発足当初より回数はこなせていないが継続している。四年間活動してきた中で、やはり奄美猫部の一番伝えたいメッセージとして、「ノネコや野良ネコを含む屋外にいる猫は決して幸せではない」「猫が一番幸せに暮らせる環境は人間と暮らす家の中」ということに重きを置くことにしている。啓発活動の一環で毎年実施している「ビフォーアフター写真展」がある。保護当時に病気や怪我でボロボロだった野良ネコが屋内で大事に飼われることで変化していく様子を、写真と飼い主のコメントで紹介しているものだ（図7-2）。

ほかに奄美市主催イベントに参加する形で年一回、ネコ問題の啓発も兼ねた譲渡会を開催している。去年（二〇一八年）に引き続き、今年の譲渡会イベントでは、地元の鹿児島県立大島高校生徒会を中心とした生徒一〇人ほどがボランティア参加してくれている。非常にうれしく、心強い（図7-3）。

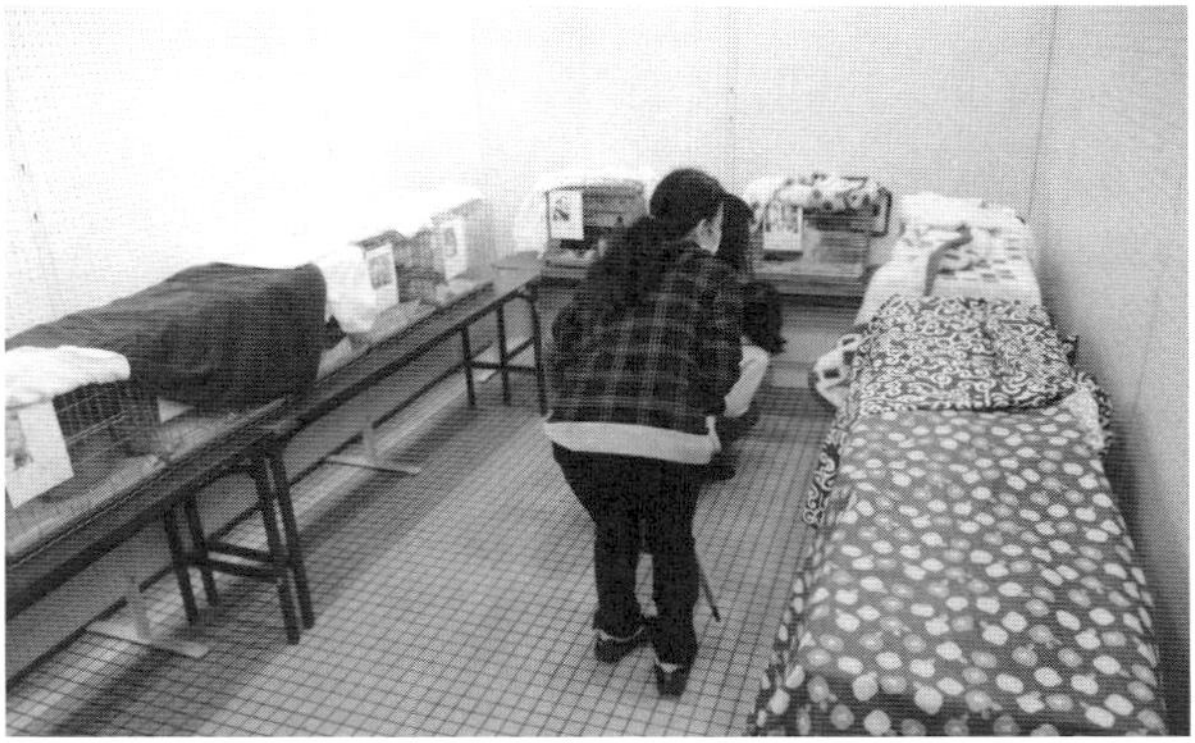

図 7-3　譲渡会の様子

（三）ノネコ問題にかかわるきっかけ
——研究者との出会い

さて、当団体のノネコへの関わりに話を移そう。筆者自身、ノネコにまつわる問題は知っていたものの、普通に生活している一般市民としてはあまり身近に感じていなかったのが正直なところである。関心を持つきっかけはクロウサギ研究の第一人者、山田文雄先生の率いる「外来ネコ問題研究会」の先生方との出会いが大きい。

最近、なぜネコの排除を求める側に協力するのかと問われることがある。顧みると、そもそもこのネコ問題についてはネコ側からの視点だけでなく、ネコ・人・環境・社会とのつながりを含めた社会全体からの視野で広く捉えることができているように思う。離島ならではの現実に直面してきたからこそ、理想を追い求めるだけでは解決できない厳しさを身をもって知ったからではないだろうか。そこが、奄美猫部の特徴でもあるのかもしれないし、変えてはならない部分なのかもしれない。

そして、二〇一五年からは外来ネコ問題研究会と連携しイベントを開催していくことになる（図7-4）。このような場を通じて、研究者が苦労の末採取したデータから導

図 7-4　外来ネコ問題研究会と協力して実施したイベント

き出した調査結果を知る機会も多く、科学的根拠に基づくノネコ被害の実態と最新情報を学ぶことができた。

また、研究者の方々も、奄美のネコ問題について野生動物・希少種側からの視点だけでなく、社会問題の側面があることを理解されていた。「猫は人に飼われて幸せになる動物」「ひとたび外に出て環境に影響を及ぼす外来種になるよりは、室内で大事に飼ってほしい」と。最終的に目指すゴールは共通であることから現在も積極的にご協力いただいている。この場を借りて先生方に今一度お礼申し上げたい。

（四）活動の広がり——他の団体と行政との連携

さらに島内の動きとして、奄美ネコ問題ネットワーク（ACN）の発足がある。猫部設立から一年後の二〇一五年、当団体とNPO法人奄美野鳥の会、奄美哺乳類研究会の三団体で意見交換の場が設けられた。当時、野鳥の会、哺乳類研究会の両団体はノネコの脅威を一番に感じていた。そこでノネコ被害の当事者団体と、住民間の野良ネコ・飼いネコ問題の当事者とがタッグを組むこととなり、関心のある個人メンバーも加わった任意団体として誕生する運びになった。

やはりACNでも適正飼育の普及啓発が足りないという部分は共通認識としてあった。まずは広く住民にネコ問題を知ってもらうことから始めようと、集落単位での講演会開催に力を注いだ。奄美大島五市町村で少なくとも一回は開催し、島内を一巡できた。

次の段階として、次世代を担う子供達に向けての啓発も必要ではないかという声が上がったことから、ACNメンバー自ら教育委員会や小・中学校へ出向き、出前授業の実施を要請して回った。おかげさまで市街地の大規模校から児童生徒一〇人にも満たない小規模校まで、現在までに

図 7-5　奄美市立朝日中学校で実施した出前授業

一〇校以上からお招きいただいた。中には、総合学習の一環として毎年呼んでもらっている学校もある。奄美市住用町市集落の中学生には、地域柄野良ネコが多く、問題になっていたこともあり、野良ネコの個体識別調査を夏休みの自由研究として取り組んでくれた事もあった（この頃より財団法人世界自然保護基金ジャパン（ＷＷＦジャパン）からＡＣＮ活動の資金助成をいただけるようになった）。現在は奄美市以外の学校からも声が掛かるようになり、小・中学生への啓発を集中的に展開している状況である（図７‐５）。

　出前授業の内容は、まず奄美野鳥の会・奄美哺乳類研究会二団体が自然保護団体の視点から奄美の自然の魅力や希少価値を紹介した上で、その自然環境の脅威となっている外来種問題の一つ「ノネコ問題」を取り上げる。実際の写真や映像を交えながらノネコのもたらす影響と現実を伝え、さらに次の展開として、今後奄美の人たちはどのようにネコと関わればいいのかという部分を、奄美猫部が適正飼育を中心に知識や情報を伝えるといった具合だ。

　このほかＡＣＮの行政施策への関わりとして、二〇一六年四月頃から市町村や県行政担当課、研究者らでつくる「奄美大島ノネコ対策ワーキンググループ」の会議の場へ呼んでいただくようになった。

　猫部発足当時、（今となっては愛護団体への警戒からだったのかと想像するが）、奄美のネコ対策は行政主体になりがちであり、これだけ住民生活に密接に関係した「ネコ」の問題にもかかわらず、正直民間団体や市民は蚊帳の外に置かれていると感じていた。ゆえに鹿児島大学のノネコシンポジウム（二〇一五年）に呼んでいただいたことは、住民と行政との対話が必要だと常々訴えてきた猫部にとって非常に大きな一歩にもなった。現在は、ＴＮＲやノネコ捕獲後の扱いなど、協力態勢を築き始めた段階である。

（五）ノネコ問題の解決に必要なこと

ネコ問題の根深さ

ネコ問題の根深さの要因は、「ネコ」を取り巻く関連法や考え方の整理・研究が発展途上であるにもかかわらず、殺処分ゼロへのこだわりが強すぎる雰囲気が広がっており、社会や自然環境に与えている影響の負の事実も目に入るはずなのに、人に身近だからこそ感情的な議論になりやすい、ということに尽きる。イヌは狂犬病予防法によって一程度のルールが構築されているのに、だ。

ペット業界（特に血統種）では、高額で売り買いされているかと思えば、野良ネコの扱いは外にいてネズミを捕ったり日向ぼっこをしたりと自由気ままが当たり前、とずっと思われてきた。その後、愛玩動物として注目されるようになり、ペットブームの波に乗ってもてはやされればされるほど人々がこぞって飼い始め、行く末は法の目をかい潜って虐待同然の環境で繁殖させるブリーダーや引き取り屋、劣悪な環境での長期収容に商機を見いだすペットホテル業者らの乱立にもつながっているのではと危惧している。動物を生業にする獣医も人によって考え方にかなりの隔たりがあるのには驚かされることも多い。

そんな現実の真っ只中に、愛玩動物の殺処分ゼロや保護活動の強烈な動きが起こっている。イヌネコの保護団体やボランティア人口が増え、さらにはSNSの普及により個々人の発言が大きな発信力を持つ時代である。殺処分の文字に敏感だったり、理想にそぐわないことをする人物や団体を攻撃対象にまつり上げ、執拗に誹謗中傷してしまったりするケースも少なくない。何よりそこに感情的な意見や思いが入り混じることで、現実的な議論を妨げる原因となっている。先ほど触れた引き取り屋もそうだが、TNRや保護の分野にもこの風潮を利用してビジネス化を狙う団体や企業が見え隠れする。それこそが、奄美のネコ対策への足かせになっているのではないだろうか。

「奄美大島における生態系保全のためのノネコ管理計画」発表後、奄美の殺処分を明記したノネコ対策への反対運動も少なからず起こっているが、訴えている内容は、ただただ感情的な部分を強調し賛同を募り、現実を受け入れていないだけのように感じる。

筆者自身、わが家の飼いネコたちや保護ネコに接するたびネコの魅力の虜になっている一人だ。だからこそ、この状況を憂いている。全国、全世界の犬ネコの大量殺処分が一刻も早く無くなることを望んでいる。奄美のネコ対策のゴールも、野生動物を襲うネコをなくすこと、イコールネコの殺処分ゼロを目指すことである。ただ、今すぐゼロを唱えるのは時期尚早だとずっと感じている。保健所や愛護センターの収容ネコが保護団体やボランティアに引き出され殺処分を免れている一方で、ノネコや野良ネコなど我々の手の及ばないところで毎年たくさんの子ネコが生まれさらに繁殖し、交通事故や感染症、近親交配による虚弱体質などで不幸な結末を迎える命があるのも事実だ。ゼロにこだわる前に、まずは飼う側への啓発や整備を整えるべきだと思っている。

ＴＮＲや保護といっても、大都市はともかく、厳しい経済状況や人口減少に悩む地方都市や離島では多額の費用を捻出することは難しい。人材や環境も整っていないのが現実である。

奄美の現状は何度も説明しているが、なぜかブーム到来のスピードは速く、奄美にも全国並みにイヌネコのペットブームがやってきている。だが、啓発の遅れや動物病院の少なさなど、動物を取り巻く環境は依然追いついてはいない。高齢化へのスピードはというと何倍もの速さで突き進んでいる。高齢者が絡む相談は増えるばかりで、入院・施設への入所など飼育できなくなる事例が急増している。先日も二〇匹の多頭飼育の状況での入院という相談があったばかりだ。離島や地方都市はこのような状況で、深刻さは想像以上だということをどうか理解していただきたい。大きい保護団体があるわけでもなく、新しい飼い主候補となる受け皿も小さい、高齢者やその家族だけで新しい飼い主を探すのにも限界がある。その上、保健所では安易には引き取らなくなっているご時世で、行き場をなくしたネコたちは捨てられかねない。というか、捨てる、置き去りにするしか方法がなくなってしまう状況だ。そのネコたちの行く末はさぞ過酷なものになるだろうことは想像がつくはずだ。それならいっそ安楽死していただいたほうがネコたちのためではないのかと考えてしまう。

野犬や野良ネコの多い、いまだ殺処分が減らない地域の保健所や愛護センター、奄美のネコ対策へも同じく、非難や抗議ではなく、社会の取り残されている部分の嫌な役目を引き受けていただいていることへの労いと感謝の気持ちこそ向けるべきなのではないだろうか。

「対話」の大事さ

そうはいっても、悪質な虐待や殺傷は別として、不適切な飼育をする飼い主を今すぐ一掃しようということではない。それでは殺処分への強烈な反対運動と同じように、トラブルや差別・誹謗中傷を生んでしまうだけだ。

あらゆる場所で繰り返し言っていることだが、問題解決には「対話」を心がけるしかないように思う。ただし膝を詰め合わせた直接の対話だ。

殺処分を頭ごなしに否定したり攻撃したりするのではなく、現状を冷静に把握検証し、妥協策を探らなければ、現場で関わる人たちのストレスや疲労は激しく、対策自体がストップすることも懸念される。それこそなんのために始めた対策なのか意味をなさなくなってしまう。保護にこだわるあまりキャパオーバーによる劣悪な飼育環境を招きかねず生き地獄になる恐れもある。であれば、なるべく苦痛を和らげ安らかに処置してもらった方がいいのではないかとすら感じる時がある。処分の方法についても、より苦しまない方法の研究や、いかに恐怖を与えないようにするかを考えることに全力投球できる環境を整備していただけたらどんなに嬉しいだろう。

奄美のネコ対策はずっと先の未来を見据えて、次世代までツケを残さないという奄美の確固たる覚悟だ。ただ、まだスタート地点に立ったばかり。前途多難ではあるが、奄美猫部はこの小さな島がネコの概念そのものを「猫は屋外にいてはいけない。屋内で人に飼われてこそ幸せになる動物である」という概念に変えるぐらいの意気込みで関わっていけたらと思う。そして、早い解決の日が訪れるよう島内外の方への理解を深める努力を続けていくつもりだ。猫部のスローガン「人も猫も野生動物も住みよい島へ」の通り、ネコや犬をめぐるギスギスした社会の雰囲気が和らぎ、よりよい社会へ繋がることを何より望んでいる。

（久野優子／一般社団法人奄美猫部）

第四章　徳之島におけるノネコ問題

第一節　徳之島における取り組みの概観

徳之島の面積は二四八平方キロメートルで奄美大島の約三五％、人口は約二万三五〇〇人で奄美大島の約三八％である。天城岳（五三三メートル）と井ノ川岳（六四五メートル）を中心とする二つの山域は亜熱帯照葉樹林に覆われ、アマミノクロウサギやトクノシマトゲネズミなど希少種の生息地となっている。サトウキビを主要作物とする畑地が島の面積の約二八％を占め、二つの山域は畑地と県道で分断されている。このため、アマミノクロウサギなど希少種の生息条件は奄美大島に比べて厳しく、希少種をこれ以上減少させないように、モニタリングと必要な対策を進めることが求められている。

第四章では、徳之島のノネコ対策を進めている三者、すなわち、国（環境省徳之島自然保護官事務所）、地元自治体（三町を代表して天城町）、そして実行部隊と普及啓発の役割を果たしてきたＮＰＯ法人徳之島虹の会に、それぞれの立場からノネコ問題にどのようにかかわってきたのか、何が課題なのかについて執筆してもらった。三者の記述内容から、徳之島のノネコ対策がどのように進められて

図 1-1　徳之島

きたのか、また、どのような課題があるのかが明らかになった。徳之島ノネコ問題対策ステークホルダー関係図（図１‐２）に全体像をまとめたので、本章を読む上で参考にしていただきたい。

奄美大島にはマングース駆除対策の一環として多数の自動撮影カメラが森林内に設置されていたため、二〇〇八年にアマミノクロウサギをくわえるノネコの写真が撮影された。それ以前から森林内でのネコの目撃は多くあったという。しかし、徳之島には幸いマングースが放されることはなかったので、森林内の監視体制はなく、アマミノクロウサギの捕食被害は二〇〇七年になって記録されているが、その記録ではノネコによるものかノイヌによるものかは特定されていない。

徳之島でのノネコ問題に対する取り組みが進展することになった契機は、二〇〇九年七月に鹿児島県が「徳之島ノイヌ・ノネコ対策検討会」を設置したことである。検討会設置により、ノネコ対策について国、県、市町村が情報共有を行いながら、連携して取り組みが行われるようになった。この検討会は県自然保護課が事務局を務める「奄美群島希少野生生物保護対策協議会」のもとに設置さ

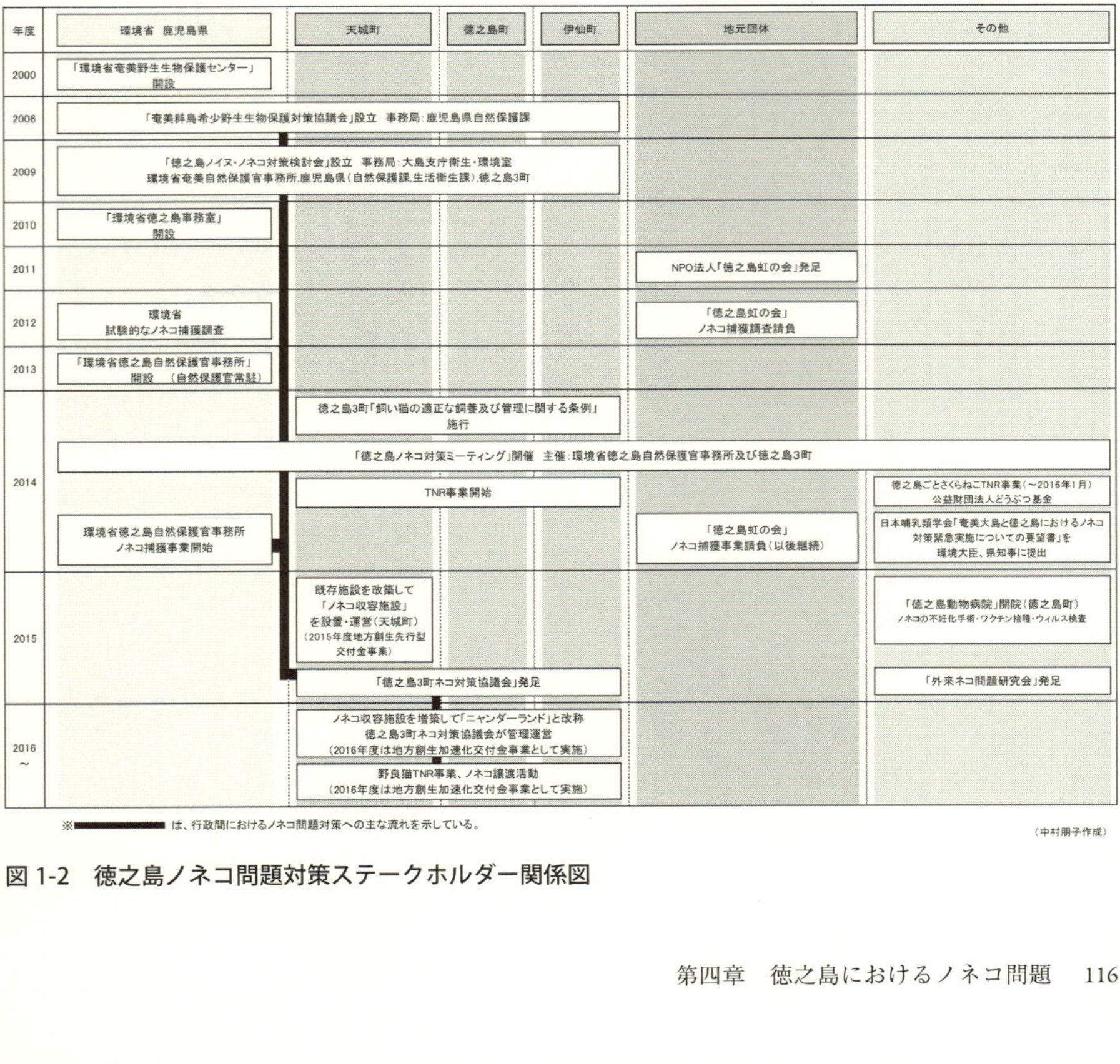

図 1-2　徳之島ノネコ問題対策ステークホルダー関係図

れ、事務局は大島支庁が務めている。

検討会の設置後、環境省は二〇一〇年に徳之島事務室を開設し、二〇一二年度には希少種への影響を調査するため、単年度事業としてノネコの試験的な捕獲が行われた。設立間もないNPO法人徳之島虹の会が捕獲作業を行い、一七頭のノネコが捕獲された。これが現在に至るノネコ対策の第一歩といえる。自然保護官が常駐するようになった二〇一三年一〇月の徳之島自然保護官事務所開設以降には、二〇一四年度にノネコ生息状況調査が実施され、徳之島の山中に一五〇〜二〇〇頭のノネコが生息しているとの推定値が示された。

一方、地元三町では県の協力を得て、飼い猫条例制定の検討を行い、二〇一三年一二月に三町共通の条例が制定され、二〇一四年四月から施行されるに至った。ノネコの発生源対策としての飼いネコの適正飼養を目指す取り組みの始まりである。また、二〇一四年一一月から野良ネコを捕獲し、不妊化し、放獣するTNR活動も開始された。

二〇一四年の夏、約一カ月の間に九頭のアマミノクロウサギの死体が同じ林道で発見されるという衝撃的な事態が発生した。周辺でノネコが確認され、死体からはネコのDNAも検出された。天城町は使用されていないゴミ焼却場にノネコ収容施設を手作りで設置することを決断し、環境省はノネコの緊急捕獲調査を一二月に開始した。また、一一月には環境省と地元三町による徳之島ノネコ対策ミーティングが開催され、ノネコ対策を本格化させる機運が高まることになった。

二〇一五年には、天城町が交付金を活用してノネコ飼育施設を整備し、飼育スタッフも雇用した。これを受けて、六月に環境省はノネコの本格的な捕獲を開始した。一〇月には三町ネコ対策協議会が設置され、ノネコ飼育施設の運営、ノネコの飼育、譲渡の取り組みを三町で担うことになった。譲渡のためにネコと触れ合う空間も備えたノネコ飼育施設は小学生からの公募により「ニャンダーランド」と名付けられた。六月には徳之島初の動物病院が開院することになった。

二〇一四年度以降のノネコの捕獲数は合計二三五頭（二〇一四年度一七頭、二〇一五年度八七頭、二〇一六年度三六頭、二〇一七年度九五頭）で、二〇一七年度末時点で合計六九頭（島内六〇頭、島外九頭）が譲渡された。

このように二〇〇九年の「徳之島ノイヌ・ノネコ対策検討会」設置以降、関係機関の連携協力のもとに進められてきた徳之島のノネコ対策であるが、課題も浮き彫りにされている。ワナにかかりにくい個体の増加、里からの供給、そして譲渡体制の限界の問題である。

詳しい状況については、環境省、地元自治体（天城町）、徳之島虹の会の取り組みの節を確認いただきたい。

（星野一昭／鹿児島大学産学・地域共創センター）

第二節　国（環境省徳之島自然保護官事務所）の関わり

はじめに――徳之島の価値を脅かす存在

島の中央にそびえる天城岳・井之川岳とその周囲に広がる一面のサトウキビ畑。奄美大島とはひと味違う、徳之島ならではの風景である。徳之島の森にはオキナワウラジロガシを主とする亜熱帯照葉樹林が広がり、太古の昔より、アマミノクロウサギ、ケナガネズミ、トクノシマトゲネズミ等の希少動物たちの命をはぐくんできた。その希少動物たちが、近年、山中で野生化したネコにより大きな被害を受けている。

徳之島は奄美大島に比べて森林の広がりも希少種の個体数・種数も小ぶりであり、一度生態系を乱す要因が入り込んでしまうと自然環境が大きく改変される恐れがある。自然環境保全の中でも、とりわけ外来種対策については対応すべき優先順位が高く、行政だけでなく島民一体となった取り組みが求められる。

ノネコは元々人に飼われていたネコが野生化したものであり、本来は徳之島の森にはいない存在である。ネコのように俊敏に狩りをする天敵がいなかったため、森の中でノネコと対峙してしまえばたちまちやられてしまう。徳之島の自然環境の代表選手である希少動物たちを守るために、ノネコ対策を講じることは最重要課題とも言える。

本節では、環境省徳之島自然保護官事務所で取り組んできたノネコ対策について紹介する。徳之島自然保護官事務所は平成二五年に開所したばかりの新しい事務所であるが、事務所の歴史に沿う形で触れていきたい。

（一）徳之島ネコ対策の黎明期――徳之島事務室時代

徳之島におけるアマミノクロウサギのノネコ（あるいはノイヌ）による被害は、記録上では二〇〇七年に初めて確認された。当時の徳之島ではネコの放し飼いが当たり前で、「自分の飼っているネコがどこに行ったかわからない」のようなことは日常茶飯事であった。そもそもこの頃はノネコの存在が問題として認識されておらず、実際はもっと以前から希少種への被害があったのかもしれない。当時の徳之島には環境省の出先機関（＝自然保護官事務所）がなく、自然環境を保全する体制が整っていなかった。二〇一〇年に天城町役場内に徳之島事務室ができたが、環境省職員が常駐しているわけでなく、奄美大島から職員を定期的に派遣することで徳之島に関する業務を行っていた。自然保護官事務所は、法的手続きの窓口、地元自治体との連絡調整、生物情報の集約等の業務を所掌しており、この頃は群島で唯一の事務所である奄美自然保護官事務所が徳之島を所管していた。しかしながら現場に自然保護官がいないこともあり、ノネコの情報をタイムリーに収集できず、当時の被害状況ははっきりしていない。アマミノクロウサギをはじめとする希少動物の生息状況に関する情報も、今ほど体系的にまとめられていたわけではなかった。例えば自然保護官事務所が開所した現在では、一般住民から希少動物の出現情報や死亡情報が寄せられ、死亡した個体については実際に職員が回収・死因推定等を行っている（が、当時はそれができていなかった）。その他にも、自然保護官事務所で各種調査を実施してデータを収集するとともに、頻繁に森に入っているNPO法人徳之島虹の会のメンバーから情報を提供してもらうことで、野生動物の生息状況のモニタリングを行っている。

当時の徳之島では奄美群島国立公園への指定、世界自然遺産登録に向けた準備作業が進んでいた。国立公園も世界自然遺産も、地域を代表する自然の価値は何と言っても希少動植物であるため、希少種保護は最重要課題の一つに位置づけられていた。そんな中、二〇〇八年に奄美大島でノネコがアマミノクロウサギを捕食する写真が撮影され、ノネコによる希少種への影響が大きな注目を集めるようになった。奄美大島と同様に数多くの希少種が生息する徳之島でも、ノネコ問題について早急に対応する必要性が生じた。

ノネコ対策を本格的に始動するため、二〇〇九年七月に環境省・鹿児島県・徳之島三町でノイヌ・ノネコによる希少動物への被害を防止することを目的に徳之島ノイヌ・ノネコ対策検討会を設置した。検討会では、各機関で行っている取り組みについて情報共有するとともに、各行政機関が担う役割について話し合われ、ノネコ対策を実行性あるものにすべく議論を重ねた。

環境省では、ノネコによる希少種への影響をモニタリングするため、二〇一一年度に試験的な捕獲調査を実施した。NPO法人徳之島虹の会による請負のもと、希少種の生息域の中でコアとなる地域を中心にワナを仕掛けたところ、ほんの二カ月あまりで一七頭のノネコが捕獲された。徳之島の長きにわたるノネコ対策の第一歩である。

ノネコ対策事業が走り出したとき、ようやく徳之島にも環境省の出先機関が開設されることになった。

（二）ノネコ捕獲事業の始動
――徳之島自然保護官事務所の開設と地元調整

環境省徳之島自然保護官事務所は、ノネコ対策はもちろんのこと、国立公園指定及び世界自然遺産登録に向けた地元調整、希少動植物の保護等を実施するため、二〇一三年一〇月に開設された。開設当初は自然保護官一人のみの単独駐在事務所であったが、翌年四月には自然保護官補佐（臨時職員）・アクティブレンジャーが配属され、二人体制の事務所としてスタートした（筆者は二代目自然保護官である）。初代保護官の当初の仕事は「環境省⇔地元関係者」における人間関係を築くことから始まり、事務所の立ち上げ作業のかたわら、県の出先機関や三町役場を回って自然保護への協力体制の構築に取り組んだ。特に島内唯一の自然保護団体であるNPO法人徳之島虹の会とは、お互いの考えをぶつけ合い、自然の中で長い時間を共有することで信頼関係を築き上げていった。

環境省では二〇一四年に徳之島のノネコ生息状況調査を実施し、森林部におけるノネコ生息状況をモニタリングした。森林内に自動撮影カメラを設置しその撮影率からノネコの生息頭数を推定するというものであり、調査の結果、森林部におけるノネコの生息数は一五〇～二〇〇頭と推定された。これらのノネコを希少種生息域の外に出すとともに、新たなノネコを生み出さないよう飼いネコ・野良ネコについての発生源対策を行う必要性を確認した。

一方、希少動物への被害について、二〇一四年度の状況は最悪であった。同年八月一〇日～九月一〇日の間で、希少動物の主要な生息地となっている林道山クビリ線にてアマミノクロウサギの死体が九回も発見された。同林道に設置したセンサーカメラでは複数個体のネコが撮影されており、アマミノクロウサギの死体からはネコのDNAが検出された。

環境省では自然保護官が毎月一回決められた林道を走り、出現した動物を記録する夜間ルートセンサス調査を実施しており、希少種（及びノネコ）の生息状況をモニタリングしている。当時はまだ希少種データの蓄積が少なかったため、あくまで自然保護官の肌感覚であるが、この年は希少動物の出現頻度が芳しくなかった。林道山クビリ線の夜間ルートセンサス調査において、二時間走ってもアマミノクロウサギが一頭も出現しないことが多々あった（現在は一〇頭前後出現する）。この頃はトクノシマトゲネズミやケナガネズミを見ることはほぼ不可能で、かなり多くの希少種が被害にあっていたと予測される。

ノネコはよく見られるが希少種は全く見られないという状況が続き、行政機関・民間団体ともに一刻も早くノネコを捕まえなければならないという危機感を募らせていた。とにかく、緊急の対策が必要であった。捕獲の実施主体はどこか、捕獲したネコはどう取り扱うのか、一時飼育する施設はどうするのか等、調整すべき課題が数多くあった。

特に捕獲したノネコの取り扱いについては、議論に議論を重ねた。本来であればノネコは鳥獣保護管理法における有害鳥獣に該当し、処分対象となっている。学識経験者からは「すぐに捕獲しなければ希少種が絶滅してしまう」という警笛もならされていた喫緊の状況の中、徳之島では当面捕獲したネコを三町の運営する施設で一時飼育し、譲渡先を探すという方針で捕獲を開始することとした。飼育施設の整備、実際の飼育、譲渡の流れについては、第三節（吉野塚哉氏）を参考にされたい。

役割分担としては、捕獲は環境省が担い、捕獲後の飼育・譲渡は徳之島三町が行うこととなった。以下に概要を記す。

捕獲から譲渡までの流れ（環境省は①~③を担当）

①森林内及び林道入口にセンサーカメラを設置し、定期的に画像を確認する。
②センサーカメラにノネコが写っていた場合（あるいは林道パトロール中にノネコが目撃された場合）、確認地点周辺にカゴワナを設置してネコを捕獲する。
③動物病院にて不妊去勢手術・ワクチン接種・ウイルス検査を行った後、一時飼育施設へ搬入する。
④一時飼育施設で飼育・順化後、新しい飼い主へ譲渡する。
※ノネコ以外の動物が混獲された場合は、ワナの点検時に即座に開放する。

いよいよノネコ捕獲事業が本格実施されることになり、希少種の保全に向けた取り組みがスタートした。

（三）ノネコ捕獲事業の成果と課題
——ネコ捕獲事業スタートから現在

関係機関での調整を経て捕獲—飼育・順化—譲渡の体制ができあがり、二〇一四年一二月からノネコ捕獲事業がスタートした。二〇一五年には徳之島初の動物病院が開院し、捕獲したノネコの不妊去勢手術も島内で行えるようになった。事業開始初年度では一二月から三月までの四カ月の間に一七頭が捕獲された（図2-1）。中には、いったいど

図 2-1 捕獲されたノネコ

れだけの希少動物を捕食してきたのかと思うほど丸々と太ったネコもいた。ノネコは毎年順調に捕獲され続け、二〇一五年度は八七頭、二〇一六年度は三六頭、二〇一七年度は九五頭となり、いままでに計二三五頭（二〇一七年度末時点）のノネコが捕獲された。

　捕獲されたネコは一時飼育施設で順化された後譲渡されるが、二〇一七年度末までに六九頭のネコが譲渡された。譲渡先は島内が六〇頭、鹿児島本土が九頭である（本土には鹿児島県獣医師界・フェリー会社の協力のもと譲渡を行った）。新しい飼い主にはネコを室内飼育する誓約書を書いてもらい、再び野山に戻らないよう注意を呼び掛けている。

　ノネコ捕獲が進むにつれて、希少種の生息状況が少しずつ回復してきた。図２‐２はネコ捕獲総数と夜間ルートセンサス調査における確認頻度（個体数／一〇〇メートル）の推移を示したグラフである。哺乳類三種（アマミノクロウサギ、トクノシマトゲネズミ、ケナガネズミ）の確認頻度は、平成二六（二〇一四）年度は〇・〇〇七（個体／一〇〇メートル）であったのに対し、平成二九（二〇一七）年度は〇・〇二七（個体／一〇〇メートル）まで上昇している。年によって値の上下はあるものの、ネコの捕獲数が増加するにつれて確認頻度は少しずつ回復・安定してきており、ノネコ捕獲の一つの成果と考えられる。特に林道山クビリ線では、一回の調査で二〇匹を超えるアマミノクロウサギを確認できることもあり、最悪の事態は脱したように思える。

　アマミノクロウサギの滅失件数（＝死亡件数）についても、次のような数字が出ている。ノイヌ・ノネコが原因と見られる滅失件数は、二〇一四年では九件（計一九件）であったのに対し、二〇一七年では二件（計一五件）となっている。なおこの数字は、林道や登山道などで発見された滅失件数を示しており、人がアクセスできない森林の奥地

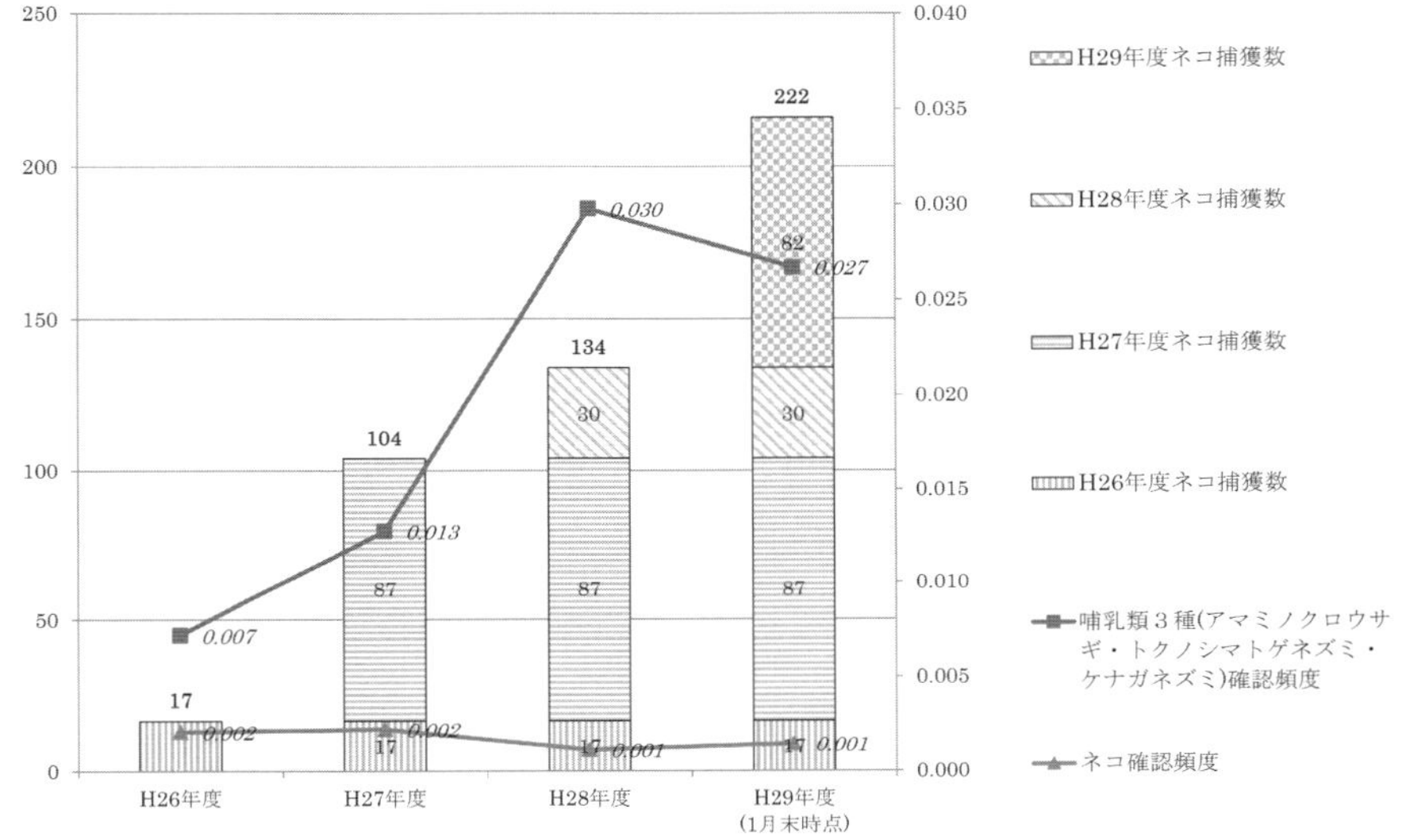

（平成 29 年度奄美希少野生生物保護増殖検討会資料より抜粋）

図 2-2　ネコ捕獲総数と夜間ルートセンサス調査における確認頻度（個体数 /100 m）の推移

での滅失は含まれないことに留意していただきたい。ノイヌ・ノネコが原因と見られる滅失件数が低い値に落ちついていることは、ノネコ捕獲の成果の一つと言えるであろう。

ノネコ捕獲事業は、一般島民の意識向上にも寄与していると感じる。筆者が自然環境保全に関する講演の中でノネコ問題について触れたとき、一般住民の方から「ノネコが問題になっていることを初めて知った」「飼い猫を適正に飼うにはどうすれば良いか?」などのコメントをいただくことが多く、住民への啓発が徐々に進んでいるように感じる。世界自然遺産の話も追い風になり、ノネコ問題を気にも留めていなかった島民の意識が少しずつ変わっているように思える。

良い成果が表れている一方で、事業は全くもって順風満帆というわけではなく、様々な問題が生じている。いくつか取り上げ、紹介したい。

トラップシャイ個体の増加

トラップシャイ個体とは、捕獲器を非常に警戒してワナに入りにくい個体のことである。今日のノネコ捕獲事業でも、森林内センサーカメラには姿が写っているのにワナに入らない個体が散見され、現場関係者の頭を悩ませている。二〇一六年一月に徳之島町・手々でアマミノクロウサギ

図 2-3　アマミノクロウサギをくわえたネコの写真（於：徳之島町・手々）

をくわえたネコの写真（図２-３）が撮影されたが（これが徳之島では初めて撮影された写真である）、このネコはいわゆるトラップシャイ個体であり、いまだワナにかかっていない。今後さらにトラップシャイ個体が増えるのであれば、新たな捕獲方法を検討しなければならない。

里からの供給

　高い捕獲圧をかけて森林内の全ノネコを捕獲すれば目標達成というわけにはいかない。なぜならば、森林へのネコの供給があるからである。森林近くの集落で増えた野良ネコが山に侵入したり、飼いきれなくなったネコを山に捨てたり、森林へのネコの供給が続く限りノネコ対策は終わらない。ノネコを捕獲するとともに、ノネコの発生源対策として、飼いネコ・野良ネコ対策が必須である。

　飼いネコ対策としては、徳之島三町で制定している「飼い猫の適正な飼養及び管理に関する条例」により、住民に対してネコの適正飼養を義務づけている。飼い主意識は少しずつ向上しているが、実際はまだまだと感じる。屋外で放し飼いにして脱走させる、適切な繁殖制限をしない等、飼い主責任を果たしていない人も多くいる。畜産の盛んな徳之島では、ネズミ対策用として牛小屋でネコを飼うことが多く、こうしたネコは飼い主の適切な管理下に置かれていない場合が多い。ネコを適正に飼うことが島の自然を守ることにつながるということを、地道に根気強く訴えかけていく必要がある。

　野良ネコへの対策としては同条例による規定（例：野良ネコへのみだりなエサやりの禁止等）以外に、二〇一八年度現在は徳之島三町によるＴＮＲ事業（捕獲したネコを不妊去勢手術し、元の場所に返す）が行われている。環境省―徳之島三町でノネコの捕獲状況や希少種生息情報を共有し、効果的な方策を探っているところであるが、野良ネコのコントロールは完全には上手くいっておらず、いまだ多くの野良ネコが集落内を歩いており、山間の集落では森林内に侵入する個体もいる。

順化・譲渡体制

元々ノネコは森林で自活していた動物であるため、すべての個体が人に馴れるわけではなく、人への警戒心を解かない個体も多い（もちろん、人馴れする個体も一定数いる）。そういう状況にもかかわらず、町の努力の結果多くのノネコを譲渡することができたが、譲渡希望者の数も年々減少してきており、体制を維持していくのが難しくなってきている。譲渡が進まないと飼育施設にネコが溢れかえり、動物福祉上の問題も出てくるため、この体制をどう維持していくかが課題となっている。

上記の諸問題に加えて、ネコ対策にかかる財源の問題もある。ノネコ捕獲や野良ネコＴＮＲだけでなく、一時飼育施設の運営にも大きな経費が投じられており、費用対効果の高い方策をとっていく必要がある。徳之島のノネコ対策はまだまだこれからであり、関係機関で連携しながらじっくりと向き合っていかなければならない。

（四）ノネコ対策の今後の展望
――世界自然遺産登録に際して

いま徳之島は世界自然遺産の候補地となっており、国内外問わず大きな注目を集めている。アマミノクロウサギをはじめとする希少な動植物たちは、島に住んでいる私たちにとってはありふれた存在であるが、世界中どこを探してもここにしかいない貴重な存在である。ＩＵＣＮ（国際自然保護連合）は徳之島の動植物の持つ希少性・固有性を評価しており、世界自然遺産の価値を十分有していると考えられている。世界遺産とは「人類共通のかけがえのない財産として後世に残すべき宝物」と定義されており、世界遺産に登録されればその存在は全世界から注目を受けることになる。島の宝物が全世界の宝物になる一方で、我々には世界自然遺産の価値たる希少動植物を守る責任が生じ、何十年・何百年先の将来にわたって島の自然を守っていく責務が課されることになる。

島に住んでいると人と希少動物の距離が非常に近く、ともすればこうした動物たちが世界的に見て非常に重要な価値を持っていることを忘れがちである。まずは島民一人ひとりが徳之島の自然の素晴らしさを理解することから始まり、島の自然を守る取り組みを自らの生活レベルで実践していくことが肝要である。

ノネコ問題についても、同様である。ノネコ問題は元をたどれば、我々人間がネコを無秩序に増やしたり山に捨てたりしたことに端を発するので、原因は人間にあるとも言える。問題解決の第一歩は、皆がノネコ問題について理解し、他人事にしないことである。島の希少な自然を将来にわたって守っていく上で、ノネコ問題から目を背けるわけにはいかない。

徳之島のノネコ対策は上述の通り、一定の成果を得つつも様々な課題を抱えている。「ネコをすぐに捕獲しなければ希少種が絶滅してしまう」という状況の中で急ぎ発車したノネコ対策事業であるが、ここに来ていくつかの課題も見え始めた。はるか昔より命を繋いできた希少動物たちを守っていくためにも、現状のノネコ対策の在り方を見直し、地域の実情に即したより実効性のある方法を模索していく必要があると感じる。

最後に一個人として言いたいことは、とりわけノネコ対策には一般住民の理解と協力が不可欠ということである。長々と述べてきたように、ノネコ対策はノネコを捕獲するだけでは不十分で、飼いネコや野良ネコ対策も併せて実施していく必要がある。特に飼いネコの適正飼養についてては住民一人ひとりの意識に掛かっているところがあり、住民全員が本気になって取り組まなければ、気の遠くなるほど太古の昔より守られてきたこの豊かな自然が失われてしまう。世界自然遺産に向けて機運が高まっているまさに今が、徳之島の行く末を決めるターニングポイントなのではないか。

（沢登良馬／環境省徳之島自然保護官事務所）

第三節　地元自治体（三町を代表して天城町）の関わり

はじめに

二〇〇三年、琉球諸島は知床・小笠原諸島とともに世界自然遺産候補地となり、二〇一三年の科学委員会にて奄美大島・徳之島・沖縄島北部・西表島の四島が推薦地として選定された。徳之島においても、世界自然遺産登録へ向けた取り組みが官民あげて進められているが、最大の課題としてあげられているのがノネコ問題である。元々、徳之島の森にはネコは生息していなかったが、人為的な影響によって野生化した「ノネコ」が森の中でアマミノクロウサギなどの希少野生動物を捕食し、生態系への影響が問題となっている。

徳之島三町におけるノネコ対策が本格化したのは二〇一四年度以降である。本節では、主に徳之島三町行政のノネコ対策への取り組みを始動期・加速期・停滞期・転換期の四つの時期に分けて記述していきたい。

（一）始動期

徳之島三町のノネコ問題への取り組みは、鹿児島県が事務局を務める奄美群島希少野生生物保護対策協議会（徳之島地区）の部会である徳之島ノイヌ・ノネコ対策検討会（二〇〇九年〜）への参画からはじまる。世界自然遺産登録を目指すなかで、遺産の価値となるアマミノクロウサギなどの希少野生動物を捕食するネコの問題は喫緊の課題として議論が進められてきた。ノネコ対策には、その発生源となる飼いネコ・野良ネコ対策を並行的に進める必要があることから、二〇一四年四月、飼い猫登録の義務化や飼い主は室内飼育および繁殖制限に努めること、飼い猫以外に対するみだりな餌やりの禁止などが明記された「飼い猫の適正な飼養及び管理に関する条例」（三町共通）を施行した。また、ノネコの発生源となる野良ネコの抑制を図るため、二〇一四年一一月からＴＮＲ事業（徳之島ごとさくらねこＴＮＲ事業）を開始した。しかしながら、当時の徳之島は犬やネコを診る小動物専門の動物病院がなく、ペットに関して島民が専門家に相談できる場も限られており、適正飼養への理解は十分には浸透していなかった。さらに、抜本的な対策となる、アマミノクロウサギの生息域からのネコの捕獲・排除は、捕獲後のフローの確立や飼育施設の確保などが足かせとなり進んでいなかった。

その様な中、地元にとってショッキングな出来事が起こる。二〇一四年の夏、天城岳の中腹、徳之島町山《さん》集落から轟木《とどろき》集落にかけて通じる林道山クビリ線で、ネコによる捕食が原因と思われるアマミノクロウサギの死骸が相次いで発見された。八月から九月上旬のわずか一カ月間ほどのあいだで九頭の死骸が山クビリ線で発見されるという、まさに異常事態であった。当時、筆者は環境省徳之島自然保護官事務所のアクティブレンジャーとして勤務しており、一回の林道パトロールでアマミノクロウサギの死骸を複数発見する日もあった。カーブを曲がるたびに、林道上に落ちている石や影が、すべてクロウサギの死骸に見えるほどであった。当時、一部の研究者からは「ネコ対策を進めなければ徳之島のクロウサギは五年で絶滅する」とまで言われていたが、いよいよそれが現実のものとして見え始めた出来事であった。

その危機感は三町地元自治体にも衝撃的に伝わった。「今すぐにでも森林部のネコの捕獲をはじめなければ世界自然遺産登録はおろか、アマミノクロウサギの絶滅につながる」と当時の環境省現場保護官は問題の大きさを切実に訴えた。

アマミノクロウサギの危機的状況を踏まえ、ネコ対策を推進するにあたって関係者間での共通認識を図るため、環境省と徳之島三町主催による徳之島ノネコ対策ミーティング（二〇一四年一一月）が開催され、今後の対策の方向性について議論を深めた。ミーティングには、やんばる・西表島においてネコ問題に取り組むNPO法人「どうぶつたちの病院沖縄」の長嶺隆理事長（第六章第三節）にも来島いただき、ご講演いただいた。長嶺理事長の実体験に基づく的確なアドバイスと豊かな生態系を守りたいという熱い思い、そしてネコ問題に取り組み始めた当初のやんばる地域におけるヤンバルクイナの危機的状況が、当時の徳之島の状況ともリンクし、徳之島の行政担当者にとって非常に心動かされるものとなった。今振り返ってみると、このミーティングが徳之島のノネコ対策の大きなキーポイントであったとも思える。

ネコ問題に対する共通認識のもと、天城町が英断を下す。ネコを担当する当時の町民生活課長が、閉鎖され使用していなかった天城町旧クリーンセンターでのネコの一時収容・飼育を提案した。町としてもネコ対策は世界自然遺産登録に向けた最大の課題として捉え、旧クリーンセンターの活用と、町内外に関わらず島内全域のノネコを受け入れることを決定した。

当初は緊急的措置であったため、予算も少なく、施設整備は手作りではじまった。十分な人員体制も確立できていなかったため、天城町や環境省徳之島自然保護官事務所の職員による手弁当の対応も少なくなかった。特に、当時の町民生活課長は毎週末のように旧クリーンセンターに通い、ネコ小屋の整備を日曜大工で行っていた。そして、旧クリーンセンターでのネコの一時飼育の目途がつき、二〇一四年一二月環境省による緊急捕獲調査が始まった。ここに徳之島におけるノネコ対策が始動した。

(二) 加速期

二〇一五年度、徳之島のノネコ対策が加速する。ノネコ捕獲の本格化を前にして、天城町が地方創生先行型交付金を活用した「世界自然遺産登録に向けた既存施設活用事業」にてノネコの飼育施設となる旧クリーンセンターの施設整備に着手した（図3-1）。当然ながら、徳之島には動物シェルターが設置された歴史はなく、シェルター運営の知見も皆無であったため、環境省のアドバイスや沖縄の事例を参考に計画を進めた。旧クリーンセンターの事務所棟に隣接した車庫を飼育部屋として改造、ネコ同士のウイルス感染を防ぐため、ネコエイズウイルス陽性個体・ネコ白血病ウイルス陽性個体・陰性個体が入る三つの部屋に区切り、脱走防止を図るため入り口は二重扉とした。また、垂直行動を好むネコのために棚などを設置、冷暖房も完備した。

運営体制も整え、ネコの飼育・管理従事者を四人雇用した。飼育スタッフ四人のうちのひとりは、動物専門学校を卒業し、動物病院などでの勤務経験もある東京からのIターン者（以降、当スタッフをA氏と標記する）であった。

さらに、六月には島内初となる小動物専門の動物病院が徳之島町に開院し、捕獲後の検査や避妊・去勢手術といった一連のフロー確立の目途がたった。

二〇一五年六月、施設の改修完了とともに環境省によるノネコ捕獲業務が本格始動した。捕獲および避妊・去勢手術等は環境省により実施、施設での一時飼育・管理および譲渡は地元自治体（後述）で実施することとなった。

一〇月には、三町で足並みを揃えてネコ対策を推進するため、三町の世界自然遺産担当課と生活環境主管課で組織する〝徳之島三町ネコ対策協議会〟（以下、ネコ協議会）が発足した。当初、天城町単独で担ってきた施設の運営と、飼育・譲渡の取り組みをネコ協議会が担うこととなったほか、TNR事業、普及啓発などを三町で連携し推進していくこととなった。

ネコの飼育施設を継続的に運営していくためには、譲渡の取り組みが重要となってくる。飼育施設では経験豊富なスタッフA氏を中心に、順化の取り組みが進められた。施設に入ってきたネコは、どれも山間部で捕獲されているため、人に慣れている個体はほとんどいない。ごく稀に、捕獲当初から人に慣れている個体もいるが、A氏によるとそういった個体はペットとし

図 3-1　ノネコ飼育施設『ニャンダーランド』

て人に飼われていたものが山に遺棄された可能性が高いとのことであった。人に馴れていない個体の順化は、根気のいる作業である。A氏によると毎日呼びかけをしながら餌をあげ、少しずつ距離を縮めていくとのこと。そういった作業を積み重ね、馴れていく個体もいるものの、なかには全く順化できない個体もいるという。順化できない個体は、部屋の端にある棚から降りず、少しでも人が近づくと牙をむき、爪を立ててくる。一見、とても可愛く見えるネコたちも、時折、野生の肉食獣としての顔をのぞかせることがある。

飼育スタッフの方々による献身的な取り組みにより、徐々に人に馴れてくる個体も現れ始めた。一頭でも多く新しい飼い主を見つけるため、ネコの譲渡会（図３‐２）を計画することとなった。譲渡にあたっては、室内飼いなどの条件を設け、新しい飼い主には適正飼養などを確約する誓約書にサインをいただくこととした。また、譲渡会に参加させるネコの選抜にも気を遣った。人に馴れていることはもちろんのこと、高温多湿の徳之島では、夏場以外でも気温が三〇度以上になる日が少なくないため、その日の気温やネコの体調も考慮しながら進めた。少しでも多くの方々にネコ問題を知ってもらい、新しい飼い主となってもらうため、初の譲渡会は他のイベントにあわせて開催した。

初めての譲渡会では、一頭のネコが新しい飼い主のもとへ渡った。その後も、島内各地のイベントに出向きネコの譲渡会を開催した。どのイベントでも、ネコが元来持ち合わせる愛くるしさで、大勢の子どもたちから人気を集めた。集まってきた子供たちに我々は〝人間と離れ山で暮らさなければならないネコがいること〟〝ネコが山の中にいる動物たちの暮らしに影響を与えてしまっていること〟〝それはネコが悪いわけではないこと〟を丁寧に説明した。島の子どもたちはとても素直でまっすぐである。〝ネコもクロウサギも悪くない……〟〝では、誰が悪いのであろう……〟譲渡会で子どもたちと触れ

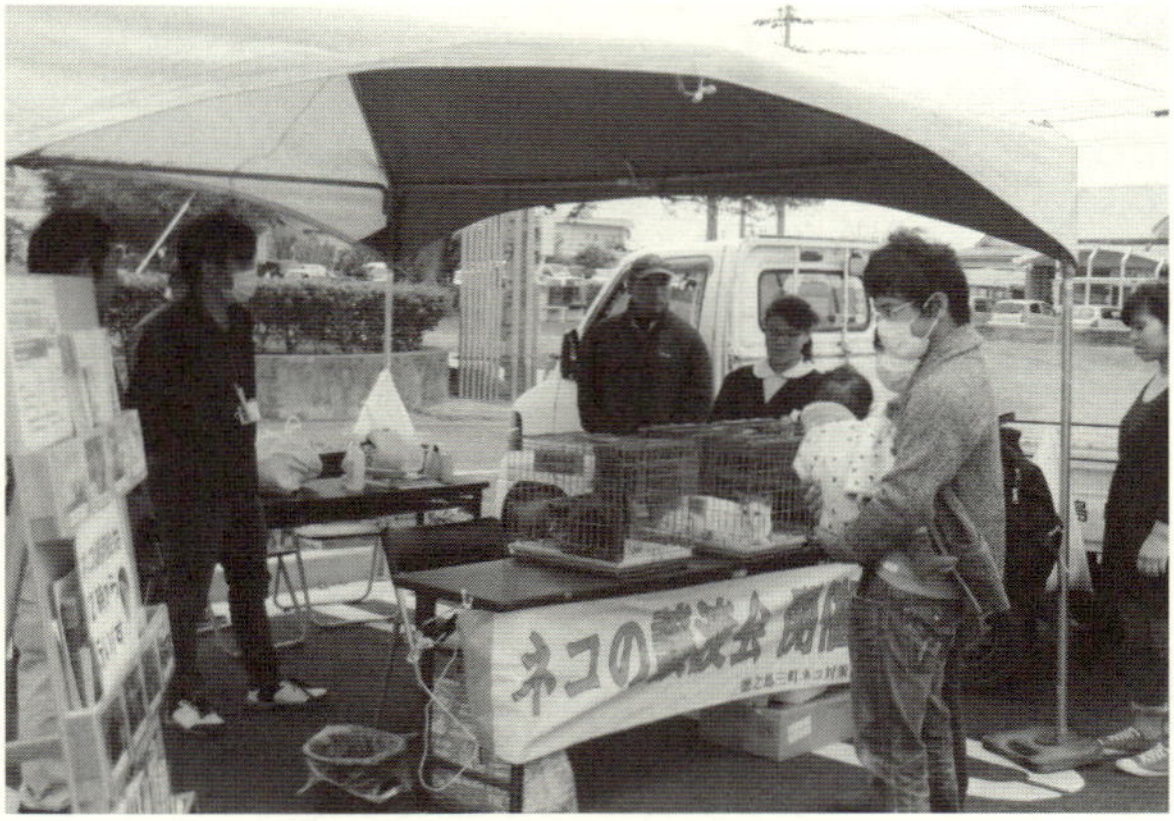

図 3-2　譲渡会の様子

合う度に、我々島に住む大人たちが、子どもたちに何を示さなければならないのかを毎回考えさせられた。

譲渡会のほか、飼育施設での見学受け入れも推進した。新しい飼い主の募集は、町広報誌などでの周知はもちろんのこと、チラシを手作りし島内中の店舗や事業所に出向き、掲示を依頼した。また、天城町が地方創生先行型・上乗せ交付金を活用した「世界自然遺産登録に向けたノネコ捕獲収容事業」により、飼育施設の増築に着手。増築部分は、見学者とネコのマッチングに活用する「ふれあいスペース」とした。さらに、飼育施設の名称を天城町内の小学生に公募し「ニャンダーランド」と名付けた。収容施設の看板は、天城小学校の児童たちと一緒に手作りをした。ニャンダーランドを遠足の見学地としてくれた学校もあった。こうした名称公募や飼い主募集・譲渡会等を通じ、ネコ問題や希少動物の保護をひろく島民に知ってもらうことにもつながった。

二〇一六年度は、三町広域連携(実施主体：徳之島三町ネコ対策協議会)による「「奄美・琉球」世界自然遺産登録に向けたネコ対策事業」(地方創生加速化交付金)により施設の運営、TNR事業等を継続し対策を続けた。

(三) 停滞期

順風満帆とまでは言えずとも、一定の効果をあげながら推進してきた徳之島のネコ対策であったが、徐々に課題が露出してきた。

三町にとっての大きな課題としては、財源確保の問題がある。人口一万人にも満たない小さな離島の自治体にとって、ネコ対策にかけられる自主財源は極めて少ない。施設における飼育頭数も徐々に増加しており、それに伴う飼育費用も圧し掛かってくる。国の交付金の活用などを図っているものの、毎年安定的に予算を確保できる見込みはなく、協議会の議論の中心は財源確保の課題に終始してしまうのが現実である。

飼育施設の体制面では、それまで飼育・順化の中心的役割を担ってきたA氏が自身のペットサロンを開きたいという夢の実現のため二〇一六年度末に退職し徳之島を離れた。徳之島におけるノネコ対策の推進にあたっては、A氏の功績は多大なものであり改めて感謝を申し上げたい。残った飼育スタッフも、様々な工夫を凝らしながら順化を行っているが、飼育頭数も徐々に増え、一頭一頭にかけられる時間が少なくなってきていることもあり、順化の難しさに直面している。また、二〇一七年度末までに六〇頭のネコが島内の方に譲渡されており、個人的な感覚ではあるが、すでにネコを引き取りたいという島民には一通り譲渡された感がある。実際に二〇一五年度は二三頭、二〇一六年度は二〇頭、二〇一七年度は一七頭と徐々に島内での譲渡ペースが落ちてきている。島外譲渡に関しても鹿児島県獣医師会の協力により九頭が鹿児島本土へと渡ったが、貰い手が見つかるケースは少ないという。譲渡数が減り、捕獲数が増えれば必然的に飼育頭数が増加していくため施設のキャパシティーも大きな課題となってきている。

ノネコの発生源対策においても課題は多い。二〇一七年六月に「飼い猫の適正な飼養及び管理に関する条例」を改正、罰則規定等を強化した。新たに、やむを得ず放し飼いをする場合には繁殖制限を行うこと、五頭以上の多頭飼育の禁止（町長が許可した場合を除く）などを追加したが、依然として適正飼養がなされていないケースが少なからず見られる。また、実質的には飼育されているネコにも関わらず、飼い主に「自身のペットである」という認識が薄い野良ネコと飼いネコの中間的存在のネコも多く存在する。野良ネコ対策においては、公益財団法人の協力によって一六二五頭、三町によって九八七頭がＴＮＲされ、合計で二六一二頭が二〇一七年度末までに避妊去勢を行ったものの、依然として避妊去勢されていないネコが多く存在する。

飼いネコの放し飼いリスクの周知も今後の課題である。徳之島の高温多湿の気候では、窓を閉め切り、ネコを室内に留めるのは、現実的に難しい側面もある。しかしながら、部屋のなかでもネコの好む環境を用意してあげるなど、工夫次第でネコにとってストレスが少ないかたちでの室内飼育は可能であるという。また、放し飼いによって病気の媒介や交通事故に遭うリスクも高まる。放し飼いの方が、ネコにとっては不幸なケースを招く可能性が高い。公衆衛生の観点からも、普及啓発が必要である。徳之島では、ネズミ対策として牛舎の周辺でネコが飼育されているケースが多いが、家畜への伝染病のリスクも看過できない。多頭飼育による糞尿や鳴き声などの被害も発生している。飼い主一人ひとりの心がけが、ネコにとっても野生動物にとっても、ひいては島民にとっても住みやすい環境をつくっていくことを、根気強く呼びかけていかなければならない。

（四）転換期

ニャンダーランドが運営を開始して四年が経過した。世界自然遺産登録の話題も追い風となり、少しずつではあるが徳之島のネコ対策は前進していると言える。しかしながら、ネコによる希少動物の捕食の脅威はなくなっていない。二〇一八年二月には、天城町の所管するアマミノクロウサギ観察小屋の観察用カメラにおいて、ネコがケナガネズミを捕食している場面が撮影された。徳之島では、動画としては初めてとなるネコによる希少動物の捕食シーンであった。約三年間にわたりノネコ対策を講じてきたなかでのこの映像は、関係者に衝撃と落胆を与えた。また、ニャンダーランドの運営体制の限界や、ノネコの発生源抑制など多くの課題も抱えている。現在の取り組みの限界が見え始め、徳之島におけるネコ対策は転換期が近づきつつある。

徳之島三町としても、様々な課題に立ち向かい、持続可能な対策を推進していくために、徳之島におけるネコ対策の中長期計画の策定や体制の再構築に向けた議論をはじめている。しかしながら、島内には大学等の研究機関がなく、科学的知見からアドバイスをいただける専門家もいない。また、行政担当者も数年での異動が伴うため、知識の蓄積が十分とは言えず、計画策定には苦慮している。より効率的かつ実効性の高い取り組みを行えるよう、今後より一層、国、県、関係機関との連携を深め検討を進めていきたい。

徳之島では古くより「ユイ」と呼ばれる相互扶助の精神が育まれてきた。筆者は、世界自然遺産登録とは私たち島の人々が、日々の暮らしを支えてくれる自然環境と「ユイ」を行っていくことであると考えている。徳之島の人々は、太古より自然環境と共存しながら生きてきた。まさしく、世界自然遺産登録たる価値は、島の人々が守り育んできたものである。この美しく豊かな自然を百年先、千年先に残していくために、私たちには未来を見据えた取り組みが求められている。

（吉野琢哉／天城町企画課世界自然遺産登録担当）

第四節　ＮＰＯ法人徳之島虹の会の関わり

はじめに――徳之島虹の会を設立する

二〇一〇年夏、それぞれに行ってきた地域活動を、もっと充実させたいと願う島人たちが集った。地域で開催される自然や歴史、民俗、子育てなどに関連する講演会やシンポジウムなどで、いつも見かける顔馴染みの面々である。なかなか進展しない個人活動を、これからどう進めていけばよいか、同じように悩んでいた。徳之島が大好きで、もっと島を知り、楽しみ、感動を分かち合い、守り、次世代へ繋ぎたいと思っていた。

二〇一一年春、人と人、自然と暮らし、島と世界、過去と未来をつなぐ架け橋（虹）になりたいと、徳之島を愛する仲間（方言でシマニジと言う）が集い、「特定非営利活動法人徳之島虹の会」（以下、虹の会という）を設立した。設立以前に五年から二〇年と地域活動に携わってきた個人が集い、設立した法人であったため、活動は設立当初からスムーズな滑り出しとなり、まずは、「自ら学び、知る」活動を優先させた。自分たちが知らなければ伝えること、繋ぐことは出来ないからである。

虹の会の仲間は、島のあらゆる自然の中、歴史の中へ分け入り、初めて学ぶこと知ることの多さに、驚きと衝撃と反省の日々を送った。

虹の会は、二〇一二年から徳之島のノネコ問題に関わりをもつようになった。虹の会のこれまでの取り組みを報告する。

（一）ノネコ対策業務が始まる

二〇一二年の暮れ、環境省の奄美野生生物保護センターが、徳之島の山中に生息・定着しているノネコが、島の固有種であり宝であるアマミノクロウサギやトクノシマトゲネズミなどを捕食し、野生生物の脅威となっているため、ノネコの捕獲作業を開始することになった。これが徳之島でのノネコ対策業務の始まりである。

作業は、自然の宝が密集する井之川岳や、天城岳の林道などでノネコの目撃情報が多い場所を選定し、動物生け捕り用の箱罠を仕掛けて、ネコを捕獲するというものである。徳之島には環境省の事務所はなく、またその他にも、自然保護関連業務をこなす機関は何もなかったため、奄美大島の奄美野生生物保護センターが、徳之島に関する業務を行っており、虹の会にノネコ対策業務の協力依頼があった。

虹の会の活動は、楽しむことと、喜びや感動を分かち合うことがメーンだったので、ネコを捕獲するというあまり楽しくない作業には少し抵抗があった。また、徳之島には猛毒を持つハブがいる。頻繁に森に出入りする島人は少ない。毎日奥深い森に入り、罠を見回ってネコを捕獲するという、慣れない危険な作業を、果たしてやり遂げられるのか不安もあり何度も集まって協議した。そもそも、私たちが設立当初から活発に進めた「島を知り学ぶ活動」は、島の大切な宝を守り、子どもたちとその未来の子どもたちに伝えるための活動であり、その島の宝である自然の生態系が脅かされ、国の特別天然記念物にも指定されているアマミノクロウサギが、今にも絶滅しようとしている現状は見過ごせないという結論となった。

年が明け、二〇一三年一月中旬からノネコの捕獲作業が始まった。虹の会の面々はみな森好きではあったが猟師はいなかった。罠を仕掛ける作業は経験がなく、奄美大島で長年マングースの捕獲に取り組んできた専門家からコツを学び、工夫しながら作業を進め、三月初旬までの四〇日間に一七頭のノネコを捕獲した。初めての作業としては上出来である。しかし、四〇日間で一七頭という数値は驚異的でもあった。もし仮に一年間作業を継続し、この調子でネコが捕れたとするとぞっとする。徳之島の森にいったいどれだけのネコがいて、どれだけの野生動物が食べられているのかと考えるととても尋常な状態にあるとは思えなかった。

(二) 虹の会、森へ通い、森で出会う

この経験を機に目が森に向くようになった。パトロールや調査という目的で、森や森周辺の集落に出かける回数が増え、「美しく豊か」とばかり思っていた森の様々な現状が見えてきた。奥深い森の林道脇や、清流の谷に投げ落とされ、時間を重ねて積み上げられた不法投棄のゴミ。林道沿いの木には、バナナが入った紳士用靴下の昆虫採集トラップが無数にぶら下がる。希少植物を採取したと思われる掘り起こされた穴、着生ランやシダが無理やり剥ぎ取られたような痕。林道に捨てられた子犬の兄弟。夜間パトロールで必ず出会うネコ、そして衝撃的なアマミノクロウサギの死体。背骨や足だけが残っていたり、数日経ってから発見される死体もあった。アマミノクロウサギをはじめとする、野生動物の受難はネコやイヌによるものばかりではない。私が生まれて初めて出会ったアマミノクロウサギは、道路の中央に横たわる、まだ体温が残る即死状態の成獣だった。森に通う回数が増えると、森は楽しみ、喜びや感動を分かち合う場所だけではなく、心が凍り、嘆き悲しむ場所にもなった。私たちが森へ通うたびに出会ったものは、これから私たちがやることや、やらなければいけないことばかりで、今この瞬間にここで生かされている人間の一人として、出来ることはたくさんあると、身が引き締まる思いがした。

(三) 環境省徳之島自然保護官と戦う?

二〇一三年一〇月、環境省が徳之島の世界自然遺産登録推進のために天城町役場の四階に設置していた、徳之島自然保護官事務所に、渡邊春隆自然保護官が着任した。頭の切れる、はつらつとした好青年であったが、息子と同様の体形に齢も近く私とよく気が合った。そして息子同様にか

わいがり喧嘩もした。

二〇一二年度のノネコ捕獲事業により、徳之島の森のノネコは生息密度が非常に高く、野生動物の脅威となっていることが明らかになったが、二〇一三年度になるとなぜかノネコ捕獲事業がストップした。理由はわからないが、ノネコの生息状況調査を行い、基礎資料を収集するという内容へと業務が変わった。今日も、何頭の野生動物が襲われたか分からない。そんな現場を見てきた私たちにとって、ノネコ捕獲業務の中止は大ショックだった。怒りの矛先は渡邊自然保護官に向けられ、「ネコが夢に出てきてうなされる」というほど、彼を責め立てた。

二〇一四年度になってもノネコ捕獲業務は再開されず、みんなますます苛立っていた。虹の会では、独断では捕獲することが出来ないもどかしさもあり、思い思いにパトロールの回数を増やしていた。

虹の会理事の池村茂も、せめてノネコを見張りたいと夜な夜な林道に出かけていた。九月初め、いつものように出かけた天城岳の山クビリ林道で、茂みにひそむノネコを見つけた。あごが二重になるほど丸々と太り色艶も良かった。池村はこの森のボスのようなネコに「グレー」と名前を付けた（図4-1）。その後森の奥に消えたグレーと別れ林道を数メートル進んだ所で、変わり果てたアマミノクロウサギの死体を発見する。それからの池村は、山クビリ林道で毎晩グレーに出会った。グレーは口のまわりと鼻先に血の痕を付けていた。グレーが血の痕を付けている夜は、必ずクロウサギの死体を見つけた（図4-2）。グレーは一週間で少なくとも三頭のクロウサギを食べていると思われた。

図 4-1　「グレー」

毎月開催される虹の会の役員会では、それぞれの活動現場から毎回森の深刻な状況が報告された。そのためパトロールは継続され、何かノネコ対策に繋がる名案はないか探した。そして、渡邊自然保護官とはきめ細かな情報交換を行い、徳之島三町の役場や鹿児島県の担当者にも現状を

図 4-2　クロウサギの死体

報告した。さらには、弁護士事務所を訪ねよい解決策がないか相談したり、インターネットや本などで参考文献も探しまわった。

（四）「徳之島ごとさくらねこＴＮＲ事業」始まる

ある日、野良ネコを捕獲（トラップ）して不妊去勢手術（ニューター）を施し、元の場所に戻す（リターン）というＴＮＲ活動を無料で行っているという団体があることを知った。ＴＮＲは日本各地で実施されており、実施事例のある市町村に問い合わせ、効果や問題点などはなかったか調査し、ネコ問題に詳しい専門家の意見も収集して、役員会で議論した。問題点は色々と見つかったが、ノネコの対策や方法が何もない深刻な状況の中では、藁にもすがりたい思いがあり、少しでも野生動物を守ることに繋がるのであればと役場に提案することにした。

折しも、理事の美延治郷は、伊仙町役場で野良イヌや野良ネコを担当する環境課の課長であった。森のノネコの深刻な状況は美延を通し、三町の担当課にも伝えられていたが財政難からネコ対策に使える予算はどこにもなかった。三町は連携し、「徳之島三町飼い猫の適正な飼養および管理に関する条例」（飼い猫条例）を施行した他、二〇一四年一一月には、「徳之島ごとさくらねこＴＮＲ事業」に着手し、野良ネコ対策をスタートさせた。

（五）環境省のノネコ対策業務が再開される

二〇一五年六月、天城町がノネコの預り所を設置したのと同時に、環境省のノネコ対策業務が再開された。虹の会の面々は一様に胸をなで下ろすと同時に、同業務にも全面的に協力し、四九頭のノネコが捕獲され森から排除された。徳之島ごとさくらねこＴＮＲ事業は二〇一六年一月で終了したが、徳之島三町は、徳之島三町ねこ対策協議会を設置し、その後も野良ネコのTNR事業を継続した。これまでの一連の野良ネコのTNR事業により、すでに二〇〇〇頭以上のネコが不妊手術を受けたことになり、島内のネコの生息絶対数は減少しているはずであり、人里から森に出入りするネコも減っているだろうと考えられた。

一方、二〇一八年夏の、奄美大島、徳之島、沖縄島北部および西表島世界自然遺産登録に向けた取り組みも活発化し、これまで虹の会が取り組んできた、児童生徒対象の環境教育、エコツーリズム推進、ボランティア清掃会、写真展や講師派遣等の普及啓発、公共工事に伴う植物の調査や移植などの活動は、いっそう活発化し多忙を極める状況になっていた。

二〇一六年度のノネコ対策業務は、正式に虹の会が業務請負契約を結び取り組むことになった。ノネコの捕獲はこれまでの経験により問題なく進んだが、日々の業務日誌や捕獲情報なども整理して、年度末には業務報告書を提出しなければならない。二〇人弱のニジレンジャー（虹の会会員）の大半は、事務作業の苦手なおじさんたちである。いっそう活発化した世界自然遺産登録の推進に係る業務と、ノネコ対策業務などの慣れない事務作業が膨大となり、台風の大波のように次から次と押し寄せた。事務局ではパートを増員して体制を整えたが、虹色ではないブラックな事務局となり、ノネコの手も野良ネコの手も借りたいような状況であった。

しかし、そんな虹の会は、いざとなるとすごいパワーが湧き出す。会員や応援団（虹の会を応援してくる人々）が駆けつけて力を合わせこの難局を乗り越えた。このすごいパワーはニジレンジャーと応援団の島を愛する思いから湧き出してくるのだと思う。

二〇一六年度は二九頭のノネコを捕獲し、報告書も期限内に無事提出することができた。

（六）森の生き物の現状と新たな問題

二〇一七年の秋には、世界自然遺産登録可否の判断材料となる、IUCN（国際自然保護連合）の専門家による現地調査が計画され、虹の会でも日常の林道パトロールに加えて、子どもたちとの自然体験、ボランティア清掃、外来植物駆除などの活動が計画され、森に入る回数はさらに増えていった。そして森の様子がこれまで私たちが見てきた光景とは違うことに気が付いた。林道にはクロウサギの糞がおびただしい数で繋がるように並んでおり、いたる所にクロウサギのカエ（獣道）が出来ていた。そして設置している調査用の自動撮影カメラにも、クロウサギの姿が数多く写っていた。これまで目撃情報がなかった、山すそや人里でも、クロウサギの姿が確認されるようになった。さらに、見るのは困難とされ、殆ど目撃情報がなかったトクノシマトゲネズミや、ケナガネズミの目撃情報も増えた。オビトカゲモドキやハナサキガエルなども数が多くなり、林道はかなり賑やかになっていた。役員会では開催するたびに、次々と嬉しい報告がなされ、これはノネコを捕獲し森から排除したことによる効果だと、誰もが確信して、喜んだ。

しかし、森では新しい問題も浮上していた。森の中には捕獲罠に入らないネコが、数頭確認されている。この内の一頭は、クロウサギをくわえた姿が自動撮影カメラにも捉えられている（第二節 沢登良馬氏の図2-3を参考にされたい）。ペットフード、唐揚げ、生肉、いりこなど様々な餌や罠を工夫し、捕獲に挑んだが全く罠には反応せず、二年以上経った今も、森に居続けている。また、これまで目撃情報のなかった集落周辺の道路にも、クロウサギやケナガネズミが出現するようになり、輪禍の災難を免れられないでいる。さらに、徳之島が世界自然遺産に推薦されているという話題が広がったことで、今まで森に行ったことがない住民の関心も高くなり、林道の自動車の通行量や登山者も増加してきた。天然記念物や絶滅危惧種に関する知識、保護の法律、条例を知らないまま森へ出入りする住民も多く、目に付きにくい爬虫類や両生類の交通事故、違法採取などの問題も浮上している。

二〇一八年五月、ＩＵＣＮは、奄美大島、徳之島、沖縄島北部および西表島の世界自然遺産登録について「延期」を勧告し、これを受けた日本政府は、ユネスコへの推薦を取り下げた。遺産の価値は認められたものの、この価値ある自然の保護管理の準備が整っていないことが指摘され、ノネコの対策や、住民との連携協力などが課題となっている。徳之島においてもノネコ対策の強化はもちろん、エコツアーガイドの育成や、自然保護意識向上のための普及啓発活動をいっそう充実させる必要があると考えている。

（七）ＴＮＲでは野生動物を救えない

環境省によるノネコ対策業務は、二〇一七年度も継続して実施され、引き続き虹の会が業務を受託した。作業は、ネコが利用していると考えられる各林道の出入り口付近に自動撮影カメラを設置し、一週間に一回カメラの撮影状況を確認し、ネコが撮影されていた場合は、直ちにネコ捕獲罠を設置する。また、パトロール等でネコを目撃した場合も同様に、罠を設置する。罠は毎日見回り、ネコが捕獲された場合は三町が運営するネコ飼育施設、ニャンダーランドに搬入するという内容である。

ノネコの捕獲は二〇一五年度の四九頭から二〇一六年度は二九頭になり、三町によるTNR事業も継続していたため、森のノネコはかなり減っているだろうと予想し、楽観的であった。ノネコ捕獲業務は七月からスタートし、しばらくは、ネコのカメラ撮影も目撃情報も少なく、林道の状況は好調と思われた。ところが、秋になるとネコの撮影回数は三倍になり、目撃情報は五倍になった。設置する罠が足りなくなり、急きょ罠を追加注文し、応急的に役場の罠も借用した。昨年まで捕獲されていた、TNR実施済みの印である耳にカットのあるネコは少なくなり、中型の若いネコが増えた。最終的に、ネコの捕獲数は、二〇一六年度の二九頭から九五頭へ急増し、ニャンダーランドでは、許容飼育頭数をオーバーし、飼養経費の増加に悲鳴を上げていた。

野良ネコのTNR活動は、徳之島でも日本各地の活動と同様で、主に住民の苦情対応として取り組まれ、森と人里の距離が近い徳之島では、人里で放し飼いされているネコが森に出入りし、耳カットネコは森でもたくさん捕獲されている。

温暖な徳之島のネコは野外でも暮らしやすく、栄養状態が良いので繁殖率も高い。島内すべてのネコの不妊化が完了しなければ、「野生動物をネコから救う」という本来の目的は達成できず、時間と税金を浪費し続けることになると思う。徳之島のTNR事業の現状は野生動物を救う手立てにはなっていない。

おわりに

生き物の一つの命の尊さは、盛んに論じられているが、その命の存続は、私たち人間の生き方に大きく左右されている。

人間が温かく手を差し伸べ、野良であっても生き延びやすいネコは、世界中に生息し、絶滅することはあまり考えられない。

一方、固有種や絶滅危惧種の宝庫として世界が価値を認める、奄美や琉球のみで生息する野生動物の生息環境は、私たちの先祖の時代とは比較できない程、過酷な状況になっていると思われる。かといって原始的な生態を保ったままのアマミノクロウサギが、現在の環境に適応して、肉食獣から逃れる術を持つようになるまでには、かなりの年月を要するであろうし、その前に絶滅してしまうだろう。

地球上のたった一点でしかない徳之島には、人類が誕生するはるか昔から命を繋いできたこの島でしか生きられない動物（島の仲間）がいる。私たちは、今、その「種」の存続に、向き合っている。

（美延睦美／ＮＰＯ法人徳之島虹の会）

第五章　ノネコ問題の核心

第一節　法律から考えるノネコ問題

（一）「ネコ」の扱いが異なる二つの法律

ネコはイヌと同様に愛玩動物であり、動物愛護管理法の対象である。しかし、例えばネコのうち、山中で野生化し、人に依存しないで生存し、多くの場合、繁殖しているネコは「ノネコ」と呼ばれ、野生動物と同じ取り扱いを受ける。

動物愛護管理法では、動物を飼育する人に対して動物の健康保持や終生飼養の努力義務などが課せられる。愛護動物をみだりに殺した場合には懲役刑の対象になり、愛護動物を捨てた場合には罰金が科せられる。したがって、愛護動物であるネコは手厚く守られているといえる。特定の人に飼われているわけではないが、集落内で人に依存して生き、繁殖している野良ネコについても、動物愛護管理法が適用されるため、野良ネコをみだりに殺す行為は犯罪となる。

一方、山に捨てられたネコや周辺の集落から山に入り込んだネコの中には、その後人に依存しないで生存し、繁殖するようになったネコが存在する。それらのネコは「ノネコ」として、鳥獣保護管理法の対象動物となる。この法律は鳥獣を保護するとともに、鳥獣による生活環境や生態系への悪影響を防止すること、更には狩猟の適正化を目的としている。希少種の捕食という形で生態系に悪影響を及ぼすノネコは狩猟の対象獣に指定されている。

生物学的には「イエネコ」という同じ種であるため、外形的に明確にノネコであると判断することは困難である。たまたま山に迷い込んだ飼いネコなのか、野良ネコなのかは厳密には判断できない。しかし、実際に山の中で希少種を捕食しているノネコを山から排除することが喫緊の課題とされ、法律上の課題を解決する方策が検討され、二〇一八年七月から奄美大島でノネコの捕獲が開始されることになった。

両法律がネコをどのように取り扱っているかについて説明する。

（二）動物愛護管理法と飼いネコ・野良ネコ

動物愛護管理法は、①動物愛護に関する事項を定めて国民の間に動物を愛護する気風を招来し、生命尊重、友愛及び平和の情操の涵養に資するとともに、②動物管理に関する事項を定めて動物による人の生命、身体及び財産に対する侵害並びに生活環境の保全上の支障を防止し、③もって人と動物の共生する社会の実現を図ることを目的としている。すなわち、人と動物が共生する社会を実現させるために、動物愛護と動物管理の両面を規定している法律である。

法律全体として対象動物の定義は置かれていないが、動物取扱業の登録を定めた第十条において、規制対象となる業者が哺乳類、鳥類または爬虫類を取り扱う業者に限定されている。

第二条の基本原則では、「動物が命あるものであることにかんがみ、何人も、動物をみだりに殺し、傷つけ、又は苦しめることのないようにするのみでなく、人と動物の共生に配慮しつつ、その習性を考慮して適正に取り扱うようにしなければならない」と定められている。

また、動物所有者等（所有していないが占有している者を含む）の責務を規定した第七条では、動物の健康保持、迷惑の防止、感染症の予防、逸走の防止、終生飼養、繁殖抑制、所有の明示が努力義務であるとされている。

環境大臣は第七条の規定に基づき、動物の飼養及び保管に関する基準を定めている。この基準は、展示動物、実験動物、産業動物及び家庭動物等に分けられる。家庭動物等に関する基準では、対象動物について、哺乳類、鳥類及び爬虫類に属する動物であって、愛玩動物または伴侶動物として飼養されている動物または情操の涵養及び生態観察のために飼養されている動物と規定している。

家庭動物等に関する基準の第五として「猫の飼養及び保管に関する基準」が定められている。この基準では、①人に迷惑を及ぼさないよう努めること、②猫の屋内飼養に努めること、③屋内飼養でない場合には不妊去勢手術により繁殖制限措置を講じること、④継続飼養ができない場合には適正飼養できる者に譲渡するよう努めること、⑤子猫の譲渡の際には離乳前でない適切な時期に譲渡するように努めること、⑥飼い主のいない猫を管理する場合には、不妊去勢手術を施して、周辺地域の住民の十分な理解の下に、給餌及び給水、排せつ物の適正な処理等を行う地域猫対策など、周辺の生活環境及び引き取り数の削減に配慮した管理を実施するように努めること、が定められている。

また、家庭動物等に関する基準の第八（準用）では、家庭動物等に該当しない犬または猫については、当該動物の飼養及び保管の目的に反しない限り、本基準を準用すると規定されている。

罰則を定めた第四十四条の規定により、愛護動物をみだりに殺し、または傷つけた者には二年以下の懲役または二〇〇万円以下の罰金が、愛護動物を虐待した者と愛護動物を遺棄した者には一〇〇万円以下の罰金が科せられることになる。愛護動物の遺棄、すなわち、飼っている雌猫が産んだ子猫の貰い手が見つからない場合に山や川や公園などに捨てる行為は、罰金刑の対象にもなりうる行為なのだが、各地でいまだに問題となっている行為である。筆者も二〇一五年五月に徳之島の井之川岳上部の林道で三匹の子猫（うち2匹はシャム猫だった）を目撃し、ショックを受けた。徳之島では野生化したネコ（ノネコ）がアマミノクロウサギなどの希少種に悪影響を及ぼしていることが周知され、飼い猫適正飼養の取り組みも進んでいると思っていた矢先の出来事だった。地道で継続的な働きかけが必要と痛感した。

全国共通に適用される動物愛護管理法の規定と運用では、前述のとおり、ネコの飼い主の責務が努力義務にとどまっている。このため、ネコが希少種に悪影響を及ぼしている地域においては、ネコの飼い主に法的義務を負わせる飼い猫条例の制定が必要であった。世界自然遺産に二〇一一年に登録された小笠原諸島では、小笠原村が一九九八年に飼い猫の飼養登録を義務化する「飼いネコ適正飼養条例」を制定している。これがわが国初の飼い猫条例である。飼い猫条例については次節で詳しい説明がされているのでご覧いただきたい。

（三）鳥獣保護管理法とノネコ

鳥獣保護管理の考え方と歴史

鳥獣保護管理法の正式名称は「鳥獣の保護及び管理並びに狩猟の適正化に関する法律」である。名称から分かるように、この法律では、鳥獣、すなわち鳥類と哺乳類に属する野生動物の保護と管理、そして狩猟の適正化を目的としている。

この法律の第二条では鳥獣の「保護」と「管理」が特別に定義されている。鳥獣の「保護」は、①鳥獣の生息数を適正な水準に増加させ、その水準を維持すること及び②鳥獣の生息地を適正な範囲に拡大させ、その範囲を維持することである。鳥獣の「管理」は、①鳥獣の生息数を適正な水準に減少させること及び②鳥獣の生息地を適正な範囲に縮小させることである。

「野生動物の管理」（英語ではワイルドライフ・マネジメント）は、一般的には、生息数や生息地が減少している種についてその回復策を講じ、生息数や生息地が拡大し、本来の生態系や生活環境、農林水産業などに悪影響を及ぼしている種については生息数や生息地を減少させる対策を講じることを意味している。すなわち、野生動物の管理には保護が含まれている。この点について留意する必要がある。

明治維新後、日本では狩猟により全国で鳥獣が急激に減少する事態が生じた。このため、一八七三年（明治六年）に銃猟が許可制となり、その後、順次規制が加えられ、一八九五年（明治二八年）に旧狩猟法が制定された。その後も旧狩猟法が改正強化され、一九一八年（大正七年）には旧法が廃止され、新狩猟法が誕生した。

新狩猟法が制定される前は、原則として、すべての鳥獣が狩猟対象であり、保護を必要とする鳥獣は保護鳥獣に指定しなければならなかった。新狩猟法はこの制度を逆転させ、原則として、すべての鳥獣は保護鳥獣、すなわち狩猟の対象ではなく、絶滅のおそれがないなど狩猟の対象として差し支えない鳥獣を狩猟鳥獣に指定する制度が新たに導入された。この制度は現行法にも引き継がれており、現行法第二条では、「『狩猟鳥獣』とは、希少鳥獣以外の鳥獣であって、その肉又は毛皮を利用する目的、管理をする目的その他の目的で捕獲等（捕獲又は殺傷をいう。以下同じ。）の対象となる鳥獣（鳥類のひなを除く。）であって、その捕獲等がその生息の状況に著しく影響を及ぼすおそれのないものとして環境省令で定めるものをいう」と定義されている。

ノネコは、ノイヌとともに、狩猟鳥獣に指定されている。約七〇年前からである。一九四九年に当時の狩猟法施行規則の改正が行われ、狩猟対象種の規定方法が狩猟対象とすべきでない特定の種類をカッコ書きで除外し、その他の獣類すべてを狩猟鳥獣に指定する方法（「獣類各種（・・・を除く）」）から狩猟鳥獣を限定列挙する方法に改められた。これにより、狩猟鳥獣として「ノネコ」という名称（当時は「のねこ」と表記）が初めて使われたことになる。「獣類各種」のなかにノネコも当然含まれていたと解釈することもできるので、一九四九年以前からノネコは狩猟の対象だったと言えないこともない。

ノネコの定義については、一九六四年に姫路簡易裁判所裁判官より鳥獣保護法を当時所管していた農林省に照会がなされ、林野庁長官が、「『ノネコ』とは、常時山野にて、野生の鳥獣等を捕食し、生息している『ネコ』をいう」と回答している。

ノネコが狩猟鳥獣に指定された理由は、野生の鳥獣を捕食することにより生態系に被害を及ぼすことであったと推測される。狩猟鳥獣であるため、狩猟期間内に法律で定められた方法（銃やわな）で捕獲・殺傷することは認められている。現実にノネコを狩猟対象としているハンターは聞いたことがないが、鳥獣統計上は狩猟によるノネコの捕獲が報告されている（平成二七年度九四頭）。飼い猫を誤って殺傷してしまうことも避けなければならない。ノネコを狩猟鳥獣としたのは、生態系に及ぼす被害が深刻になった時点で有害鳥獣捕獲の仕組み（環境大臣または都道府県知事の許可が必要）を使ってノネコの捕獲・殺傷が可能となるためであったと思われる。

奄美大島におけるノネコ管理計画の考え方

実際に有害鳥獣捕獲の仕組みを使ってノネコを捕獲・殺傷する場合には、飼いネコでないこと、野良ネコでないことをどのように判断するかが重要になる。奄美大島でノネコ管理計画を策定し、捕獲事業を開始するにあたって、この点が大きな課題であった。二〇一八年三月に策定された「奄美大島における生態系保全のためのノネコ管理計画」には、「森林内のネコはノネコがほとんどと推測されるものの、一部には、一時的に森林内に侵入しているノラネコや飼い猫も捕獲される可能性があるが、これらも希少種等を捕殺して在来生態系へ影響を及ぼすおそれがあることから本計画に基づき対処する。」と明記され、捕獲事業が開始されることになった。

ノネコと飼いネコの区別については、飼い猫飼養管理条例により、飼いネコにマイクロチップを埋め込み、鑑札を明示することが飼い主の義務とされたことから、捕獲されたノネコにマイクロチップの埋め込みや鑑札がない場合には飼いネコでないと判断して、両者を区別することが可能になった。捕獲したネコの中に、首輪が付いているなど所有者がいる飼いネコの可能性が高いネコがいた場合には、地元役場で一週間公示し、飼い主確認を行うことになっている。公示後、飼い主が確認できた場合には、飼い主に引き渡しを行う。飼い主が確認できなかった場合は、所有者が判明しないネコとして県が引き取ることになる。このようにして現に飼われている飼いネコが捕獲されたとしても、飼い主に戻される仕組みが作られ、ノネコの捕獲事業が進められている。

飼いネコの可能性がある個体以外については、飼養を希望する者への譲渡に努め、譲渡できなかった個体は、できる限り苦痛を与えない方法を用いて安楽死させることになっている。ノネコと野良ネコがこの範疇に含まれることになる。

こうして、アマミノクロウサギなどの希少種を捕食しているノネコを排除する取り組みが二〇一八年七月から実施されることになったのである。

（星野一昭／鹿児島大学産学・地域共創センター）

第一節　引用・参考文献

動物愛護論研究会編『改正動物愛護管理法Q&A』大成出版社、二〇〇六年
環境省自然環境局野生生物課鳥獣保護管理室監修『鳥獣保護法の解説（改訂五版）』大成出版社、二〇一七年

第二節　法政策から考える「ネコ問題」対策と自治体条例

（一）「ネコ問題」と法政策上の考え方

いわゆる「ネコ問題」とは、主として以下の五点に集約されよう。①固有種や希少種等に対する捕食・侵襲又は感染症伝播による自然生態系破壊といった問題、②糞尿等悪臭、鳴き声等騒音などの公害問題、③トキソプラズマや重症熱性血小板減少症候群（SFTS）等の人獣共通感染症にネコが罹患し、かつそれを人や飼養動物（ペット、家畜、動物園動物等）に感染拡大させてしまうといった公衆衛生問題、④ネコ自体への感染はないが口蹄疫や豚コレラ等病原体をネコが運搬者（キャリア）として機械的伝播させてしまい畜産業等に甚大な被害を齎すといった問題、⑤多頭飼養崩壊である。

ネコ問題の元凶となるネコとは、屋外にいるネコ全てである。具体的には、ノネコ、野良ネコ、そして放し飼いのネコの三種類である。このうちノネコとは、生物学的にはペットとして飼われるイエネコと同じだが、人の手を離脱し完全野生化個体として常時山野等において、専ら野生生物等を捕食し生息しているネコと定義される。野良ネコとは、本来的にはペットとして飼養されていたが、逸走、遺棄等、何らかの状況において飼い主から離脱し、しかしながら完全野生化には至らず生活の一部又は全部を人間社会に依存し、何らかの方法で人（地域集落）から食料を得つつ生息するネコをいう。

ネコ問題の実質的解決に向けたグランドビジョンは、実はシンプルであって、次の二つのアプローチが実現されればよいと考える。すなわち、まずは上記問題を惹き起こす、あるいはそのリスクのある外ネコ全部の捕獲・排除（保護法益からの隔絶）である。そしてもうひとつは、新たなる問題個体を将来的に産出させないための措置として、ネコの適正室内飼養の徹底を図ることである。しかるに我が国の国家法レベルでは、これらに対する十全な制度設計が構築されていない。すなわち、我が国ではノネコは、鳥獣の保護及び管理に関する法律（以下、「鳥獣法」という。）において「狩猟鳥獣」（＝捕殺対象）に位置付けられる（同

法施行規則別表第二）。しかるに奄美大島や徳之島のように、地域集落と山林とが近接しているような場所では、山林に野良ネコや放し飼いネコも日常的に侵入している。そのような状況下において山林で発見された特定個体を外観から明確にノネコと判別することは事実上不可能である。すなわち少なくとも奄美大島などでは、鳥獣法に基づいてノネコのみを排除することは極めて困難なのである。他方、この問題は、動物の愛護及び管理に関する法律（以下、「動愛法」という。）において、ネコの完全室内飼養を法的義務化していないこと（動愛法第七条第三項、「家庭動物等の飼養及び保管に関する基準」第五－二）と無関係ではない。またネコは、動愛法上、愛護動物に指定されているので（第四四条第四項）、マングースやハクビシン、アライグマのように、捕獲後即殺処分（捕殺）といった対応が難しい。従って、現行法上、捕獲ネコは、あくまでも譲渡を前提とした制度設計となる。ここが他のペット由来外来種対策との特異点である。

（二）奄美大島と徳之島における自治体条例の特徴

現在、奄美大島及び徳之島（以下、「奄美」とも略する。）は、沖縄県のやんばる地域及び西表島と共に、世界自然遺産登録を目指している。そしてその登録可否を占う最大の懸案事項がこの「ネコ問題」である。筆者は、上記各自治体に対してネコ対策に関する立法政策上のアドバイスを行った。具体的には、ネコの飼い主に対する登録制、マイクロチップ装着等所有明示、室内飼養、繁殖制限等の義務化、餌やり制限、そしてそれらに違背する者への処罰化を図る独自条例の制改定を提言した。以下に、奄美五市町村及び徳之島三町の条例において特筆すべき点を解説する。奄美大島及び徳之島における「飼い猫の適正な飼養及び管理に関する条例」は、世界自然遺産登録を視野に入れた制度設計である。したがって二島において法整備に凹凸のないよう、奄美五市町村及び徳之島三町は、それぞれの島毎に一言一句同様の設計とし、同日施行で進められた。本節での条文参照は、奄美大島については奄美市を、徳之島は徳之島町を挙げることとする。なお、本節における条例の条文略記について、例えば奄美大島五市町村の条例第一条第一項第一号なら「奄1①Ⅰ」、徳之島三町の条例第一条なら「徳1」とする。

（1）室内飼養原則（放し飼い制限）の実質義務化

ネコ問題は、完全室内飼養さえされていれば発生しない。

従ってそれをどこまで徹底できるかが問題解決のカギとなる。しかるに奄美のような亜熱帯の気候風土においては、ドアも窓も常に開放して生活する人（家）も少なくない。また依然としてネコを畑を荒らすネズミ駆除の道具、ハブよけの道具として放し飼いする習慣（地域特性）も一部認められる。奄美では、この室内飼養の厳格化は、現実的には非常に困難な要求といえる。しかるに放し飼いを全面的に容認（黙認）することもできない。そこで今般の条例改正では、次善の策として、室内飼養を努力義務としつつも（奄4④、徳10①）、行政には「必要な措置をとるべきことを指導することができる」という指導権限を授与した（奄15①、徳19①）。そしてやむを得ず放し飼いをする飼い主に対しては、次節で述べる不妊去勢処置の義務化を図った。

（2）特例的屋外飼養における繁殖制限の義務化

奄美五市町村では、旧条例の段階から努力義務ながら繁殖制限規定を設けていた（旧奄4④）。今般の改正でこれが法的義務化された（奄4⑤）。徳之島は、今般の改正での新設である（徳10②）。また両島とも、当該義務違反に対して指導・勧告、措置命令（奄15②③、徳19②③）、さらには当該命令違反に対する「五万円以下の過料」を科する規定（奄16①、徳20①）が新設された。この制度設計の理念は、「ネコ問題」の元凶であるネコの屋外飼養（放置）について、飼い主に経済的負担及び可罰による心理的圧迫を与え、室内飼養に対する間接強制を実現しようとすることにある。

（3）ネコの取得、譲渡及び死亡に係る登録の義務付け

登録制については、我が国最初のネコ条例を制定した小笠原村でも存在した（小笠原村飼いネコ適正飼養条例第四条、第五条）。今般の奄美における改正で特筆すべき点は、未登録者に対して、勧告、措置命令、そして処罰について規定を置いたことである（奄15②③、16①、徳19②③、20①）。これは全国初の試みとなる。これは両島におけるネコ対策（飼い猫の適正飼養対策のみならず、野良ネコ・ノネコ対策を含む）、さらにはアマミノクロウサギ等保全対策の実効性を高めるべく、そのコスト計算を精緻に行うための基礎データを得ることを目的とする。

（4）マイクロチップ装着と個体識別番号登録の義務化

奄美の条例では、今次改正前より、ネコの入手先（方法）を問わず、入手後三〇日以内の登録を義務付け、かつ遅滞なくマイクロチップ装着及び個体識別番号の届け出をも義務化していた（奄5④（旧奄5④）、徳5④（旧徳5④））。

今般の改正で特筆すべきは、奄美大島も徳之島も当該義務違反について指導・勧告、措置命令、処罰までフルセットで設計された点である（奄15②③、16①、徳19②③、20①）。

（5）ネコ飼養者に対するアマミノクロウサギ等絶滅危惧種ないし希少種の保全（自然生態系保全）に対する義務化

このネコ条例の核心は、ネコ飼養者が自然生態系保全に対して一定の法的責任を負うところにある（奄1、4③（旧奄1、4③）、徳1、4③（旧徳1、4③））。この自然生態系保全を目的としたペット飼養者責任を法的に明文を以て義務付けた例は、管見によれば、奄美が我が国最初の立法例である。そして当該条例では、当該規定に違背する者に対する指導・勧告、措置命令（奄15②③、徳19②③）、さらには当該命令違反に対する処罰（五万円以下の過料）を実現させた（奄16①、徳20①）。

（6）五匹以上のネコの飼養（多頭飼養）禁止

今日、社会問題化している多頭飼養崩壊に対しては、一般には、飼い主やその家族等の救済を図ることを主眼とするものであるが、奄美のネコ条例は、それも然ることながら、やはり自然生態系への脅威に対する警戒に軸足はある。すなわち、適正に不妊去勢措置を施されずに飼養していたら、それは無制約に繁殖を繰り返し多頭飼養に陥り、その分、逸走リスクも増大する。ましてや放し飼いの場合は、その増殖分の大半が野良ネコやノネコとなり、それらは確実に自然生態系破壊につながる。奄美五市町村及び徳之島三町は、今次改正でこれを新設した（奄13①、徳17①）。両島の具体的設計は、「五匹以上飼養し、又は保管してはならない」である。これは当該問題について全国で初めて明文化した「竹富町ねこ飼養条例」（以下、「竹」とも略記する。）の二倍の上乗せ規制である。例外的に多頭飼養させる条件について、竹富町の条例では、（一）適切な給餌給水等の適正飼養（竹6）、（二）登録（竹7①）、（三）公衆衛生保持（竹13）、（四）遺棄禁止（竹16）、（五）マイクロチップ装着（竹19①）、（六）特定感染症検査（竹20①）、（七）特定感染症に対する予防接種（竹22）及び（八）繁殖制限措置（竹23）等、これらすべてをクリアしなければ町長は許可しないという、かなり厳格な制度設計となっている（竹24②）。無許可の多頭飼養者に対しては、是正勧告（竹30②）、措置命令（竹30③）、当該命令に違背する者には「五万円以下の過料に処する」規定も設けている（竹31三）。これに対して奄美では、上記竹富条例の条件に加えて、（i）終生飼養（奄4①、徳4①）、（ii）室内飼養（奄

4④、徳10）及び（iii）野良ネコへのみだりな給餌給水禁止（奄10、徳11）をも飼い主に法的義務として課している点は興味深い（奄13③、徳17③）。これは、奄美における保護法益は、アマミノクロウサギ等絶滅危惧種がネコに侵襲・捕食されないよう保護することなので（イリオモテヤマネコの場合は特定感染症への罹患リスクである）、多頭飼養に伴う逸走の防止、野良ネコやノネコの増殖への警戒そのものに力点を置いた論理的帰結と解される。

（7）飼い主不明ネコの捕獲、保護収容に関する行政への権限付与並びに当該事業のNPO等民間団体への委託、さらには捕獲ネコの返還・譲受に要する費用弁済義務

この制度は、現在、徳之島三町の条例にのみ認められるものである（徳14〜16）。それは当地にネコの保護収容施設（ニャンダーランド）がすでに本格稼働しているからに他ならない。奄美大島では、今般の条例改正当時は、捕獲ネコの保護収容施設が完成していなかったため、当該条項は見送った。しかしながら現在は、施設も完全稼働しているのであるから、再度の条令改正が望まれる。

捕獲対象たるネコとは、規定上は「飼い主の判明しない猫」となっているが（徳14①）、条例の趣旨・目的、理念を総合的に斟酌するに、本来的には「自然生態系の脅威となり得るすべての猫」とされるべきであったと解する。具体的には、ノネコ、野良ネコ、放し飼いネコの別なく、またマイクロチップを装着していても、首輪等徴表があっても、当該ネコがアマミノクロウサギ生息域内に居た場合には捕獲対象とすべきである。先般、環境省、鹿児島県及び奄美大島五市町村が公表した「奄美大島における生態系保全のためのノネコ管理計画（二〇一八年度〜二〇二七年度）」（以下、「計画」という）では、そのような解釈を前提に設計されている。すなわち捕獲対象は、いわゆる「ノネコ」に固執することなく、「一時的に森林内に侵入しているノラネコや飼い猫も……希少種等を捕殺して在来生態系へ影響を及ぼすおそれがあることから本計画に基づき対処する」（計画四頁）と明記する。現在奄美大島で実施されているネコの捕獲事業は、上記管理計画に基づき、行政が有害鳥獣捕獲許可を受けての事業ということである。

ネコの捕獲、保護収容及び譲渡に関する事業は、莫大なコスト（人、モノ、カネ、時間）を要する。奄美大島のノネコだけでも約六〇〇〜一二〇〇頭と推定されている（計画一頁）。自治体担当者のみで当該事業を推進していくのは事実上不可能である。そこで今般の条例改正では、当該事業を然るべく対処、推進し得る者を、首長の裁量判断で

選定できるという規定を新設した（徳15）。

捕獲ネコの飼い主への返還や新たな譲受人には、当該事業にかかった全部又は一部の費用負担を義務付ける規定も新設した（徳16）。これは当該事業が税金に基づく公共政策であるとの必然から受益者負担原理を導入したものである。しかるにその一方では、動物への「愛護」及び「福祉」の観点から、あるいは多頭飼養崩壊を予防する観点から、飼い主責任を当該人物の経済的体力を認識することで担保するといった意味合いも含んでいる。なお筆者は、かつて関係者へのヒアリングを通じて、動物愛護センターから数十頭にも及ぶ犬猫を譲り受けた者がその直後に山野へ全頭放出するといった事件（当該行為は、動愛法第四四条第三項の遺棄罪に相当するものと思われる。）があったという情報を得たが、譲受人の費用負担条項は、かような事件を防止する上でも間接的効果が期待できるものと考えている。

（8）奄美大島の罰則新設、徳之島の罰則強化

最後に、両島のネコ条例を処罰規定の観点から総括すると、まず特筆すべきは、両島とも地方自治法上、地方公共団体の首長権限で処断でき得る最高額（五万円）の過料を以て、以下に掲げる飼い主責任を追及している点である（奄16①、徳20①）。なお、徳之島条例に関しては、旧条例の段階から罰則規定を有していたが、今般の改正によって、当初二万円だった過料が五万円に、当初一万円だった過料が二万円にそれぞれ引き上げられ罰則強化が図られた。

具体的な制度設計は、以下のとおりである。（一）自然生態系保全義務（奄徳4③）違反、（二）登録申請義務（奄徳5①）違反、（三）登録変更・抹消義務（奄徳8）違反、（四）マイクロチップ埋め込み義務（奄徳5④）違反、（五）適正飼養義務（奄徳9各号）違反、（六）繁殖制限義務（奄4⑤、徳10②）違反、（七）みだりな餌やり禁止（奄10違反及び（八）多頭飼養禁止（奄13①）違反、以上である。その他、（i）報告義務違反、（ii）虚偽報告、（iii）調査拒否・妨害・忌避、（iv）虚偽回答については、それぞれ二万円以下の過料を用意した（奄14、16②、徳18、20②）。

おわりに

本節で考究した、いわゆる「ネコ条例」に関しては、現在、徳之島の条例が我が国で最もハードルの高いものと思われる。関係行政機関は、民との強力な協働を模索しつつ、当該条例をしっかりと執行していって頂きたい。そして近い将来、島の生活景色から外ネコが姿を消し、代わって山

の中では地球上類例を見ない豊かな生態系が再生され、そのすべてが子々孫々に、島人《しまっちゅ》の誇りとして継承されることを願うばかりである。

（諸坂佐利／神奈川大学法学部）

第二節　引用・参考文献

動物愛護論研究会編著『改正動物愛護管理法Q＆A』大成出版社、二〇〇六年

環境省自然環境局野生生物課鳥獣保護管理室監修『[改訂五版]鳥獣保護管理法の解説』大成出版社、二〇一七年

村上洋介「口蹄疫ウイルスと口蹄疫の病性について」(https://www.naro.affrc.go.jp/niah/fmd/explanation/018087.html：最終確認日二〇一八年一〇月二四日）

諸坂佐利「我が国の動物関連法体系における鳥獣保護管理行政、外来種対策及び動物愛護行政に関する法解釈学的、法政策学的観点からの課題提供」『森林野生動物研究会誌』第四三号、二〇一八年、九三—九九頁

諸坂佐利「いわゆる『ネコ問題』に対する法解釈学的及び法政策学的挑戦」『法律論叢（明治大学）』第九一巻第四・五合併号、二四五—二九一頁

「川崎市猫の適正飼養ガイドライン」（平成三〇年三月改訂）

「狩猟法に関する疑義について（照会）」に対する回答通知（昭和二五年一二月二五日二五林野第一六九九九号）

「ノネコについて（照会）」に対する回答通知（昭和三九年八月三一日三九林野造第七一六号）

第三節　TNRから考えるノネコ問題
——TNRの有効性

（一）野良ネコ問題とTNR

イエネコはペットとしての人気が高く、人が住む場所にはどこにでもいると言われるほど、世界各地でその姿を見ることが出来る。その一方、世界中にイエネコ（特に野良ネコ）が引き起こす問題に悩まされている人々がいるのも事実である。糞尿被害やゴミ荒らし、繁殖期の鳴き声など問題は様々だが、野良ネコが容易に増えすぎてしまうことが問題をさらに大きくしている。安くて栄養価の高いペットフードと餌を与える人々の存在によって、繁殖力の高いイエネコの増加には拍車がかかる一方である。雌ネコは一般的に年に二～三回妊娠し、一回の妊娠で四～六頭ほどの子ネコを産む。飼育下にない野良ネコとして産まれた場合は、通常であれば餌不足・病気・外敵からの攻撃などにより子ネコの生存率は三割弱と考えられる（Nutter et al. 2004)。しかしながら野良ネコであっても定期的に餌を与える人がいる場合、生存率は高くなる。結果として繁殖可能な野良ネコの数は増え、繁殖期ごとに野良ネコが増えていくというサイクルが出来上がってしまっている(Schmidt et al. 2007)。

そのため野良ネコ問題解決策の一つとして、安楽殺ではなくネコをこれ以上繁殖できないようにすることで徐々に生息数を減らそうと考え出されたのが、一般的にＴＮＲと呼ばれる手法である。ＴはTrap（捕獲）、ＮはNeuter（不妊化）、ＲはReturnもしくはRelease（放す）を意味し、名前のとおり野良ネコを捕獲し、不妊化手術を施し、捕まえた場所に戻す。ＴＮＲの主な目的は野良ネコの繁殖抑制である。そのため野良ネコが生存している間は、問題が完全になくなることはない。しかし、生息数の増加が抑制されることにより問題の悪化を抑え、時間をかけた生息数の減少によって徐々に問題を解消させるというのがＴＮＲ手法の理論である。

この様な手間がかかる上に即効性のない手法が提案された理由の一つは、野良ネコの多くには餌をやるなどして可愛がっている人々が存在し、捕獲して処分するといった直接的な方法には反対の声も多いことが一番の理由だろう。実際多くの動物愛護団体などがＴＮＲを人道的な手法として支持し、実践している(Marra and Santella 2016)。また野良ネコ問題に悩む世界各地の自治体などでも人々に受け入れられやすいこの方法が用いられている現状がある。

（二）ＴＮＲによる繁殖抑制が効果を上げる条件

奄美大島五市町村では二〇一一年に「飼い猫の適正な飼養及び管理に関する条例」が施行され、イエネコが引き起こす問題やその対応に関心が高まった。奄美市の同条例では野良ネコ増加を抑制する目的として「野良ネコへのみだりな餌やり」が禁止された。しかしながら禁止に対する罰則がないため餌やりが解消されることは少なく、市内各地で野良ネコが生息・繁殖する状況に大きな変化は見られなかった（塩野崎、未発表）。一方、集落と森林域が近い奄美大島では、増加した野良ネコの森林域への侵入や定着による在来種への捕食の影響が懸念されていたため、野良ネコの繁殖を抑えることは、糞尿被害等の一般的な野良ネコ問題の解決とは別に重要な課題となっていた。また当時、在来種生息地にいるノネコの捕獲は実施されておらず、生息数の増加も心配されていた。

このような背景から、奄美哺乳類研究会では二〇一三年に野良ネコの繁殖抑制を目的としたＴＮＲの実施を奄美市に提案する計画が持ち上がった。提案するにあたっては、効果的なTNRの実行を目指し学術論文や各地でのTNRの実施例などを参考に計画書および提案書を作成した。この時に注目したのがTNRによる野良ネコ生息数の減少を検証したいくつかの学術論文である。Foley et al.（2005）によると、野良ネコの生息数を減少させるには、その個体群の七四％〜九一％の不妊化が必要とされている。行列モデルを使ってTNRの効果を検証した論文では、毎年繁殖可能な個体数の七五％以上を不妊化すれば生息数をコントロールする効果があるとの結果が示されている（Andersen et al. 2005）。

これらの論文が示しているのは、TNRを実施する前にはそこに住む野良ネコの生息数をある程度把握する必要があり、また実施後も不妊化されずにいる頭数をモニタリングすることで把握し、常に七五％以上、可能であれば九〇％近くの不妊化率を継続しなければ減少させるのは困難であるということだ。これらの条件が如何に大変なのかは想像に難くない。だからといってこのまま野良ネコの繁殖を放置するわけにもいかない状況だったため、実験的な要素があったことは否定出来ないが、不妊化率七五％を目標としたTNRの実施計画が奄美市に提出され、奄美哺乳類研究会の協力の下TNR事業が開始される運びとなった。

事業開始後二年ほどは、TNR前後の生息数の把握や目標の不妊化率も達成し順調に進められていた。しかしその後、生息数減少よりも、野良ネコに対する苦情対策を目的としたTNRへと方向性が徐々にシフトする残念な展開となってしまう。その何が問題かというと、苦情対策では場当たり的にその場のネコを不妊化することが目的となり、それが生息数の何％に当たり残り何頭捕獲すれば目標とする不妊化率が達成されるのかという減少のための目的がうやむやにされてしまうことである。これではTNRで不妊化されるネコの数が増えようとも、一番大切な生息数の減少には結びつかない。

この様な状況になってしまったのは単に、TNRという頭文字が表す「捕獲・不妊化・リリース」以外の、生息数の調査やモニタリングが手間と時間のかかる大変な作業であることが大きい。最初の二年間、これらの調査業務は奄美哺乳類研究会が担っていたが、三年目以降は奄美市単独での事業体制となったことで調査は実施されなくなってしまった。TNRだけが業務ではない行政担当者が時間のかかる調査を行うことが困難なのは当然だが、その結果奄美市におけるTNRの効果の検証が不可能になってしまったことは非常に残念である。

この様に奄美市では当初計画していた手法でのＴＮＲは継続されなかったが、龍郷町で同様の高い不妊化率達成を目標に掲げたＴＮＲを実施する計画が持ち上がった。龍郷町では奄美市での経験を踏まえ、調査とモニタリングを含むＴＮＲ業務全般を外部委託した。龍郷町は集落間が離れている場所も多く、野良ネコの移動も少ないことが考えられることから、集落内で変動も少なく生息数の把握が比較的容易であるという利点がある。また孤立した集落の比較的閉ざされた環境において高い割合での不妊化が実現された場合には、繁殖率低下の効果が早く現れることも予想された。これらの好条件から、龍郷町では基本毎月一集落と定め、各集落の野良ネコ生息数における不妊化率を八〇％以上、可能であれば九〇％を目指したＴＮＲを実施した。

高い不妊化率を達成するためには、より正確な野良ネコの生息数や生息状況の情報が欠かせないため、調査を実施する直前に各集落で自治体主催の説明会を開催した。事業についての説明を行い、地域住民にＴＮＲへの理解と協力を求めたうえで参加者から集落内での野良ネコの情報収集を行った。また登録しているネコの飼い主には個別に連絡し、飼いネコが誤って捕獲されないように注意喚起をすることで、捕獲効率の低下を防いだ。一回でのＴＮＲでは不妊化率が低かった集落においては、二回以上のＴＮＲを実施した。他にも捕獲技術に関する様々な工夫や地道な努力もあって、二〇一六年に開始したＴＮＲは二〇一八年一一月の時点で、龍郷町全二〇集落において八五％以上の不妊化率を達成することが出来た。モニタリング後の継続したＴＮＲの実施の結果、不妊化率九〇％を超える集落も複数存在している。

（三）ＴＮＲによって繁殖抑制する難しさ

二年半にわたるＴＮＲの結果、一回目のＴＮＲで低い不妊化率しか達成できなかった集落では、繁殖が防げず妊娠したネコや子ネコがその後捕獲される状況が確認された。一方、高い不妊化率（九〇％以上）を達成した集落では、実施後一年以内には繁殖が確認されない傾向が強い。このような結果から、「高い不妊化率を実施すれば繁殖は抑えられる！」と言いたいところだが、そうではないのがＴＮＲの難しいところである。

なぜなら高い不妊化率を達成したはずの集落において、妊娠したネコや子ネコが続けざまに捕獲される事態が発生したからである。これらのネコが以前から生息していたのに調査で見つけられなかった個体であるならば、調査の精度が悪く実際の不妊化率がもっと低かったことによる繁殖と考えられる。しかし集落の人に話を聞くなどして色々調べてみるとどうもそうではなく、後から捕獲されたネコは捨てられたものが多いことが分かってきた。特に森林域に近い外れの集落では、他の集落からネコを捨てに来る人も多いらしい。また山中に捨てられたネコが人里を求めて降りてきたのが麓の集落に定着するケースも多々あるようだ。見知らぬＴＮＲネコ（子ネコ）が発見されたため確認したところ（ＴＮＲされたネコはすべて写真などで記録をとってあるので、どこで捕獲された個体なのか容易に確認できる仕組みになっている）、直線距離で三〇キロ以上離れた場所で捕獲されたネコであることが判明したこともある。自力で移動したとも思えないため捨てられた可能性もある。

　この様に多くの野良ネコを不妊化し繁殖を抑制することが出来たとしても、次から次と未不妊化のネコが確認される大きな原因は、奄美大島では数多くの飼いネコが不妊化されないまま外で放し飼いされていることにある（塩野﨑ほか、二〇一八）。二〇一七年一〇月に放し飼いネコの不妊化の義務と違反者への罰則が条例に追加されたが、不妊化が徹底されるまでにはまだまだ時間がかかるだろう。また罰則を避けるためにネコを捨てる人もいるかもしれない。このため野良ネコの多くを不妊化したところで、飼いネコの繁殖抑制が出来ていないことから、ＴＮＲによる繁殖抑制の効果が失われているのが現状である。これを打開するには放し飼いネコの早急な不妊化率のアップとモニタリングに基づくＴＮＲ継続しかないだろう。例え九〇％以上の不妊化率を達成したところで、ＴＮＲは終わりを見せない。ひたすら継続あるのみである。不妊化率が高くなればなるほど、数少ない残った野良ネコを捕獲することがどんどん困難になるという問題点もある。しかしＴＮＲとはそのような方策であり、実施する際にはこのことをしっかりと念頭に置いて開始すべきである。

　ＴＮＲは広く用いられている野良ネコ対策なので、安易に実施を考える人々も多いと思われる。しかし効果的に実施するのであれば、非常に高い不妊化率を達成しても、それだけでは解決しない問題が数々あることを理解しなければ、意味のない形だけのＴＮＲで終わってしまうことだろう。

　また不妊化してリリースされた野良ネコは、その一生涯を過酷な野外で過ごすことになることも忘れてはいけない。ＴＮＲされたネコが交通事故にあって亡くなるケースは非常に多い。モニタリング中に疥癬《かいせん》などの病気や痩せ衰えた姿になっているＴＮＲされたネコを目にすることも少なくはない。多くの動物愛護団体などが支持し実施しているためTNRは愛護的な手法に見えてしまいがちだが、決してそうではないのだ。

TNRの応用形として、TNVR（VはVaccinate：ワクチンを接種させる）やTNRM（MはManage：世話やモニタリングによる管理）といったリリース後のネコの健康や生活の管理を行うことで、より一歩踏み込んだ野良ネコ問題の解消を目指す取り組みもある。さらに子ネコや人に馴れた野良ネコはリリースするのではなく、飼い主を探して譲渡することで地域の野良ネコの生息数を減らし、且つネコがペットとしての本来あるべき生活をおくれるようにしようという活動も行われている。譲渡先を見つけることは決して容易ではないが、譲渡という選択肢を可能な範囲で組み入れることはTNR成功の重要な要因と考えられている（Levy et al. 2003）。TNRを基本とした野良ネコ対策は多様化し、今後も各地で実施され続けるだろうが、この手法が抱える多くの問題点を理解したうえで、ネコにも問題解決にもより良く効果的な形で実行され、TNRの最終目的である野良ネコのいない社会が実現することを望むばかりである。

（四）ノネコ問題とTNRの関係

最後に野良ネコ生息数の減少に効果があるなら、森林域に生息するノネコの減少にもTNRを用いればいいのではないかとの考えが一部にあるが、これは大きな間違いである。先にも書いたようにTNRの目的は繁殖抑制で、生息数の減少はその付随的な効果である。増えなければ徐々に減るのは当たり前のことだ。一方、ノネコに対しては繁殖抑制が目的ではなく、在来種の生息地からの排除を目的とした対策をとる必要がある。なぜならノネコの問題とは、在来種の捕食や病気の伝染といった、在来種の生息地にネコが存在することによる影響が大きな懸念であるからだ。不妊化されたネコであろうと、餌を食べなくなるわけでもなく、糞尿を排泄しなくなるわけでもない。そのためTNRはノネコ問題の解決には全く効果がない手法である。野生生物保全や生態系保全を目的としたネコ対策としては、TNRではなく在来種の生息地からの排除が不可欠である。奄美大島のような集落と在来種の生息地が近い場所では、集落内でTNRした野良ネコが森林域で目撃されるケースも少なくない。今後このような場所でのTNRに関しては、不妊化率に関係なくリリースは行わないといった方針がとられるべきである。

（塩野崎和美／奄美野生動物研究所）

第三節　引用・参考文献

Andersen, M. C., Martin, B. J., and Roemer, G. W. (2004). Use of matrix population models to estimate the efficacy of euthanasia versus trap-neuter-return for management of free-roaming cats. Journal of the American Veterinary Medical Association 225, 1871-1876. doi:10.2460/javma.2004.225.1871

Foley, P., Foley, J. E., Levy, J. K., and Paik, T. (2005). Analysis of the impact of trap-neuter-return programs on populations of feral cats. Journal of the American Veterinary Medical Association 227, 1775–1781. doi:10.2460/javma.2005.227.1775

Levy, J.K., Gale, D.W., and Gale, L.A. (2003). Evaluation of the effect of a long-term trap-neuter-return and adoption program on a free-roaming cat population. Journal of the American Veterinary Medical Association 222, 42–46. doi:10.2460/javma.2003.222.42

Marra, P.P., and Santella, C. (2016). Cat Wars. Princeton University Press. New Jersey.

Nutter, F.B., Levine, J.F., and Stoskopf, M.K. (2004). Reproductive capacity of free-roaming domestic cats and kitten survival rate. Journal of the American Veterinary Medical Association 225, 1399–1402. doi:10.2460/javma.2004.225.1399

Schmidt, P. M., Lopez, R. R., and Collier, B. A. (2007). Survival, fecundity and movements of free-roaming cats. Journal of Wildlife Management 71(3), 915–919. doi: 10.2193/2006-066

塩野崎和美、山田文雄、柴田昌三「島嶼生態系保全を目的としたイエネコ管理のための条例に対する住民の意識—『奄美市飼い猫条例』施行後のアンケート調査結果からみえる課題」『森林野生動物研究会誌43』二〇一八年、一—一一頁

Column 1

市町村のネコ対策から見えること

　私は、鹿児島県奄美大島の龍郷町役場で自然公園の管理・野生動物の保護に関する係に就き五年目になる。担当業務のなかで奄美大島の野生動物を守るうえで〝ネコ〟に関する対策を進めることが重要であると認識して取り組んでいる。

　そう考えるのは、前職の奄美マングースバスターズでの経験が大きい。この仕事は、名前のとおり奄美大島でマングースを捕まえる仕事である。マングースは、特定外来生物に指定されている動物である。奄美大島にはハブなどの駆除を目的として一九七九年に沖縄島から運ばれた数十頭が放されたとされた。しかし、当初の想定とは異なりマングースはハブの天敵とはならず、アマミノクロウサギやアマミイシカワガエルなどの奄美大島固有種の野生動物を捕食し、ピーク時には一万頭まで数を増やした。日本最大の毒蛇のハブが棲む森林内で行う日々の作業は何よりも怖かったが、この地域にしか生息しない固有の動物を守る仕事にやりがいをもって取り組んでいた。

　この仕事で身をもって経験したことは、遠く離れた地域や外国から持ち込まれ、野に放たれた外来動物は生きるために身を守り、エサを探す。マングースもその他の外来生物も生態系や社会経済に影響を与えるほど増えるのは、その適応能力や繁殖能力の高さからであろう。一度その地域に定着した外来生物をいなくするということは、本当に地道な作業を広範囲に徹底的に行い、それを目標達成まで継続しなければならないということ。外来種被害予防三原則の一つ「入れない」。当たり前のことだが非常に重い言葉であると感じる。

　また、現在の仕事に就いてからは外来種対策を講じるうえで目標の設定から始まり、その目標達成に必要な計画立案、予算・体制の確保に頭を抱えながら実践しているところだ。

　昨今は、奄美大島の生態系を保全するにあたりマングースのほかに希少動物を捕食するノネコの捕獲が開始されている。だが、ノネコをはじめネコが引き起こす問題の解決には、マングース対策には無い複雑な問題が見えてきた。

　一言で〝ネコ〟と言っても対策を講じるうえで、飼い主の有無やそのネコが生活する場所や食べているものなどによって、飼いネコ・野良ネコ・ノネコと三つに分類し、それぞれの問題解決に向けた取り組みを進めている。本町内の状況は、飼いネコ約四八〇頭。野良ネコ約九五〇頭。また、ノネコの頭数は、環境省が行った調査の結果、奄美大島の森林内に六〇〇～一二〇〇頭生息していることが分かっている。ノネコ対策を着実に進めるにあたり、その対策と並行して発生源となる野良ネコと不適切に管理されている飼いネコのそれぞれの状況に応じた対策が市町村に求められている。

この中で特に本町がすすめている取り組みが、野良ネコを捕獲し不妊化手術を施してから元にいた場所に放す、いわゆる〝TNR〟と「飼い猫の適正な飼養及び管理に関する条例（奄美大島内五市町村制定）」の運用である。TNRの目的は、捕獲した野良ネコに繁殖抑制をすることで頭数の自然減少を促すものである。平成二八年度から開始し、これまで（平成三一年二月）に九五〇頭の野良ネコを確認し、そのうち八一七頭を不妊化手術した。単純に計算して町内全域の八六％の野良ネコが処置され、残り一三三頭を処置することと目標の処置率を維持していくことが今後の課題である。現行の制度でTNRという手法を用いて野良ネコをゼロにできるかは分からないこともあるが、地域の方のご理解とご協力を得ながら状況に応じた包括的な対策を講じていきたい。

これと並行して、飼いネコがノネコ・野良ネコになったりしないように条例に基づく適正管理を進めることが重要である。ここにマングース対策には無い問題がある。問題視されているノネコもその前身となる野良ネコも、もとをたどれば人に不適切に管理されていた飼いネコに由来する。〝ネコの外飼いは当たり前〟という慣習も少なからず残っているが、飼いネコの場合は所有者が責任をもって管理することが基本原則であることから、飼い主の社会的責任の認識が不可欠である。飼い主の方々に地道に根気強く説明を続け、自らが住む奄美大島の生態系を守り、後世に残すため、地域をあげて進めていく。

地域で守るべきものを明確にし、「ネコの飼い主」、「地域」、「行政」それぞれが共通認識を持ち自らの責任を自覚すること。この3つの社会的責任が高まらないと、いつまでたってもネコが引き起こす問題の解決はしないのではないかと感じる。奄美大島に住む一人ひとりがどう向き合い今後どうしていくか、そして何ができるか問われていると思う。

あなたにできることは何ですか。

（小林淳一／龍郷町生活環境課）

第六章　希少種保護を目的とした国内各地の「ネコ」対策

第一節　国内各地の「ネコ」対策の概観

第六章では、希少な野生動物に対してノネコや飼いネコ、野良ネコが及ぼしている悪影響の問題とその対策を取り上げる。

奄美大島や徳之島と同様なノネコ対策が行われている島は、小笠原諸島の父島と母島、そして、沖縄本島北部のやんばる地域である。一方、奄美大島や徳之島の「ノネコ問題」とは異なる性質の「ネコ」の問題をもつ地域もある。北海道の天売島と沖縄県の西表島だ。

北海道の天売島では海鳥繁殖地でネコが海鳥に悪影響を及ぼしている。海鳥繁殖地は集落から離れているので、夏にはネコが繁殖地の周辺に生息し、人間に依存しないノネコとして海鳥のひなを捕食するなどの悪影響を及ぼす。しかし、気象条件の厳しい北海道では、冬になると海鳥繁殖地にいたネコは集落に移動し、人間に依存する野良ネコとして冬を過ごすことになる。したがって、これらのネコはノネコと野良ネコを夏と冬で演じ分けているネコといえる。

西表島では、愛玩動物であるネコ（生物種としての和名はイエネコ〈飼いネコ、野良ネコ、ノネコ〉）が希少野生動物を捕食する問題はないが、イリオモテヤマネコ（絶滅危惧種となっている野生動物であるネコ〈イエネコが野生化したノネコのことではない〉）に対する病気の感染を防ぐことが「ネコ」対策の目的である。そのため、西表島では野良ネコの捕獲や飼いネコの不妊化などの取り組みが進められており、これが西表島の「ネコ」の問題である。

本章の構成は時系列、すなわち取り組みが始められた時期が早い順とした。特に飼いネコの適正飼養が重要になるので、地元自治体が飼いネコ条例を制定した時期が早いものから並べた。

小笠原村では一九九八年一二月に希少鳥類保全等を目的とした飼いネコ適正飼養条例を制定して、一九九九年四月から飼いネコの登録が義務付けられた。そして、二〇〇五年には海鳥繁殖地でネコによる捕食が撮影され、希少鳥類の生息地でもネコが目撃されるようになり、関係行政機関とNPOによるネコ連絡会議が二〇〇六年三月に設置された。環境省は二〇〇六年四月に小笠原自然保護官事務所を設置して自然保護官を常駐させ、ネコ対策に本格的に取り組むことになった。こうした動きの中で、関係者の連携・協働による「小笠原ネコプロジェクト」が立ち上がり、山域でのノネコの捕獲と集落でのネコ管理等の取り組みが開始された。東京都獣医師会の協力で捕獲したネコの譲渡も進められた。二〇一〇年からは通年でノネコの捕獲が行われるようになり、現在に至っている。

西表島ではイリオモテヤマネコに対するいわゆるネコエイズウイルスの感染が一九九六年に判明したことなどが契機となって、竹富町のネコ飼養条例が二〇〇一年三月に制定され、飼いネコの登録や適正飼養のための取り組みが進められることになった。その後、九州地区獣医師会連合会や沖縄県獣医師会が協力して、飼いネコへのマイクロチップ装着や不妊化手術など適正飼育のための取り組みと普及啓発活動が行われてきた。

沖縄本島北部のやんばる地域では、国頭村安田《あだ》区が飛べない鳥ヤンバルクイナを保護するために「ネコ飼養に関する規則」を二〇〇二年に制定したことが現在のノネコ対策につながる契機となった。やんばる地域の三村（国頭村、大宜味村、東村）は二〇〇四年九月に「ネコの愛護及び管理に関する条例」を制定し、飼いネコの登録とマイクロチップ装着が義務化された。環境省と沖縄県では二〇〇〇年以降連携してノネコの捕獲に取り組んでいる。

北海道の天売島では、二〇一二年に地元の羽幌町が「天売島ネコ飼養条例」を制定した。天売島の野良ネコ増加による海鳥への影響に対しては三〇年ほど前に、野良ネコを捕獲し殺処分する計画が検討されていたが、動物愛護団体の反対により中止された経緯がある。その後、一九九二年から野良ネコを捕獲し、不妊・去勢手術をして、放すTNR活動が行われたが、問題解決に至らず、五年間で中止された。条例の制定により、北海道獣医師会の協力を得て、飼いネコの不妊・去勢手術とマイクロチップ装着が進められた。そして、二〇一六年から現在の本格的な野良ネコ対策が開始されることになった。

四つの島ではこのようにネコ対策が進められているが、いずれの島でも課題を抱えている。その詳細については、第二節から第五節をご覧いただきたい。なお、小笠原諸島は、本書がテーマとする「ノネコ問題」にいち早く取り組んだ地域であるが、現地では「ネコ問題」、「ネコ対応」として取り組まれてきた経緯があることから表現をそのように統一してある。

（星野一昭／鹿児島大学産学・地域共創センター）

第二節　小笠原におけるネコ対策
——みんなで小笠原固有の希少種保全を目指して

（一）小笠原のネコ対策のはじまり

元来、小笠原にネコは存在していなかったが、人間生活が営まれるようになると、ペットとして持ち込まれた飼い猫が遺棄、あるいは増殖し、人の適正管理下にないネコが増加していった。それに伴い、ふん尿害等による公衆衛生の悪化や、在来の生態系に対する影響が懸念されるようになった。そのような中、小笠原の固有の鳥であるハハジマメグロがネコに襲われる被害をきっかけに、小笠原村では一九九六年度から、人の適正管理下にないネコに避妊去勢手術を施す事業を開始した。事業実施にあたっては、島民が希少野生動物の保全や動物愛護精神など様々な観点から意見交換を重ね、問題解決のためには飼い主が飼い猫の適正飼養を行い、新たに人の適正管理下にないネコを生み出さないよう努めることが最重要であること、現に人の適正管理下にないネコは動物愛護精神の観点から避妊去勢手術により増殖を抑え自然減を図るという共通認識が生まれ

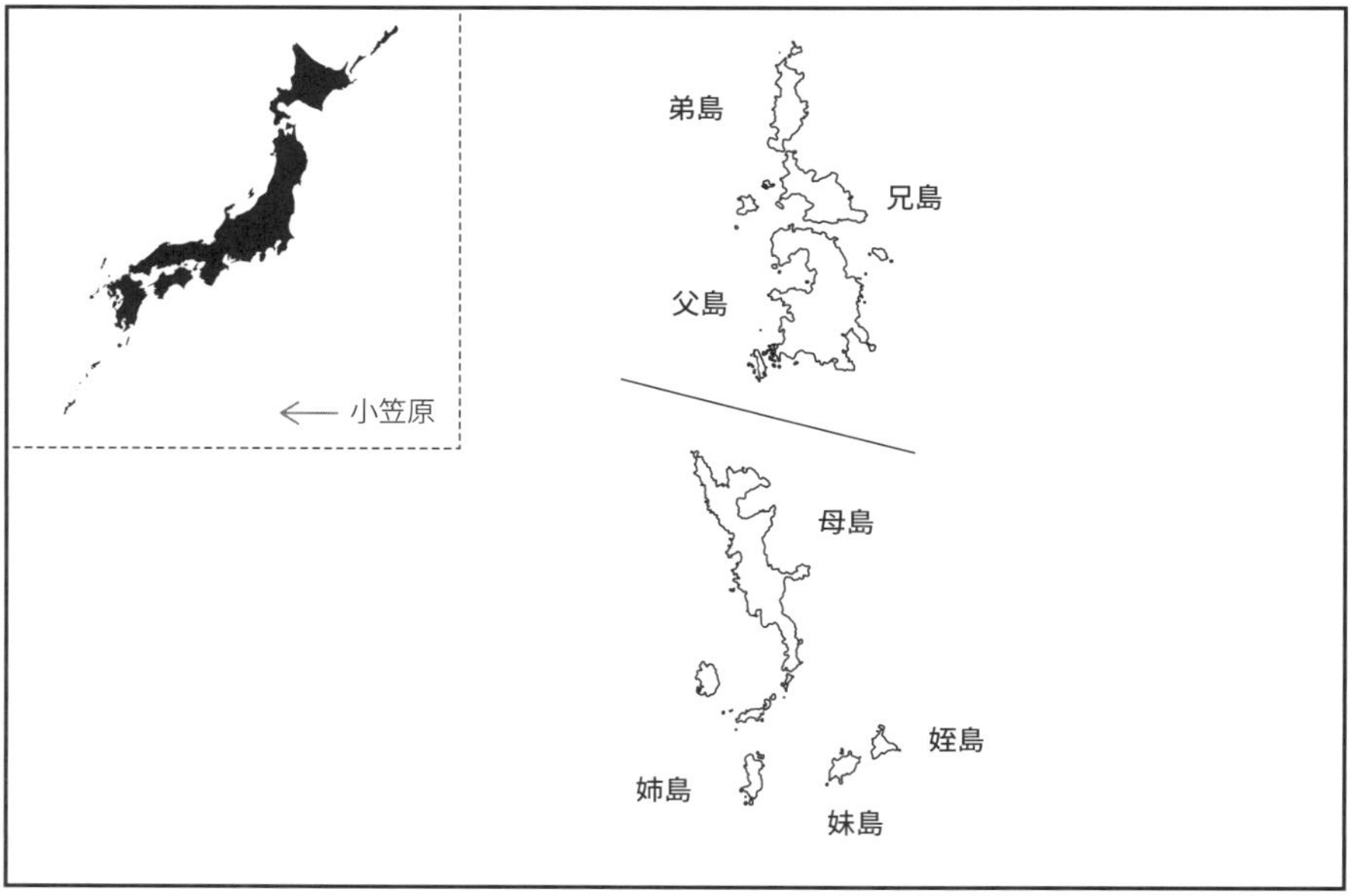

図 2-1　小笠原

た。

　その後、二〇〇五年、母島の南崎半島部でネコが海鳥をくわえている写真が撮影されたこと等をきっかけに、山域でのネコ捕獲がはじまり、さらに希少野生動物の危機が高まっていくことで、現在の小笠原のネコ対策の体制「小笠原ネコに関する連絡会議（通称、ネコ連）」（詳しくは（二）を参照）が構築されていくこととなった。この際には、ネコ連が中心となり、東京都獣医師会や専門家を父島・母島に招集し、島民との意見交換「島ねこ懇談会（二〇〇六年）」が行われ、適正飼養の重要性やネコ対策の必要性等の理解がさらに進んだ。現在の小笠原のネコ対策は、集落において新たに人の適正管理下にないネコを生み出さないための蛇口閉め対策と、山域でのネコの捕獲対策の二つに大別されるが、集落と山域は繋がっていることから、この二つの対策を両輪で進めていくことが、小笠原の希少野生動物の保全を図るためにも重要である。そして、この小笠原でのネコ対策の取り組みは「小笠原ネコプロジェクト」と称し、関係機関・団体が連携して取り組みを進めている。

（二）小笠原ネコプロジェクトの実施体制

二〇〇五年の春、小笠原諸島の有人島で唯一の海鳥繁殖地は消滅の危機にあった。母島の南崎半島部でネコが海鳥をくわえている写真が撮影されたのだ。また、同年の冬には、生息数が数十羽とも言われていた小笠原固有の鳥・アカガシラカラスバトの重要な繁殖地（父島の東平）でもネコが目撃され、捕食の危険が高まっていた。この危機的な状況を受けて、希少野生動物を保全することを目的に、環境省、林野庁、東京都、小笠原村などの関係行政機関と地元のＮＰＯ法人小笠原自然文化研究所で「小笠原ネコに関する連絡会議（通称、ネコ連）」を立ち上げ、連携・協働し、集落での蛇口閉め対策や山域での捕獲等の対策「小笠原ネコプロジェクト」に取り組むこととなった。この取り組みでは、捕獲したネコをどうするかが課題であったが、東京都獣医師会より「捕獲したネコを引き受ける」という提案を頂き、捕獲したネコは東京都内の動物病院（東京都獣医師会所属）へ搬送されることとなった。また、この取り組みを実施するにあたっては、ネコ連が中心となり、東京都獣医師会や専門家を父島・母島に招集し、島民との意見交換「島ねこ懇談会（二〇〇六年）」を行い、ネコ対策の必要性等の理解を進めた。当初は、保全対象である鳥類の繁殖時期に限った捕獲であったが、飼い猫の適正飼養が前進するとともに、小笠原自然文化研究所により捕獲したネコの一時飼養施設（通称「ねこ待合所」、自然保護助成基金

表 2-1　捕獲作業から譲渡までの一般的な流れ

① ノネコの生息状況の調査、監視、捕獲【環境省】
② 一時飼養施設で収容、駆虫等の実施【環境省・小笠原自然文化研究所】
③ メーリングリストで捕獲ネコを東京都獣医師会所属の動物病院へ紹介【環境省】
④ 動物病院が引き取りを希望【東京都獣医師会】
⑤ 島内から動物病院へ搬送【東京都（協力：小笠原海運株式会社）】
⑥ 動物病院で検診、馴化【東京都獣医師会】
⑦ 飼養を希望する飼い主へ引き渡し【東京都獣医師会】

【　　】内は、実施主体

表 2-2　関係機関の役割分担

環境省	希少鳥類等保全対象種の調査、ノネコの生息状況調査・捕獲、一時飼養、捕獲ネコ情報の紹介、小笠原ネコプロジェクト全体の調整・窓口
林野庁	希少鳥類等保全対象種の調査
東京都	島内から動物病院への搬送
小笠原村	集落での野良ネコ・飼い猫対策、普及啓発
おがさわら人とペットと野生動物が共存する島づくり協議会（事務局 小笠原村）	捕獲ネコの一時診療、飼い猫の適正飼養の推進（マイクロチップの装着、避妊去勢手術、適正飼養指導）、捕獲ネコの島内譲渡等）
NPO法人 小笠原自然文化研究所	希少鳥類等保全対象種の生態調査研究・モニタリング、普及啓発、ノネコの生息状況調査、一時飼養、行政等が動きにくい作業・機微な対応等
公益社団法人 東京都獣医師会	捕獲ネコの引き受け、検診、馴化、飼養を希望する飼い主へ引き渡し（これまでに約140病院が引き受けている。2019年1月時点）
小笠原海運株式会社	「おがさわら丸」で島内から内地へ捕獲ネコの搬送の協力

活用）が整備され、二〇一〇年に環境省が通年で捕獲を開始し事業化した。

現在、捕獲作業から飼い主へ引き渡されるまでの概ねの流れは表2-1のようになっている。

また、各機関の主な役割は表2-2のようになっている。

なお、捕獲ネコは引き受けた動物病院にて、病気の検査や治療、馴化が行われ、飼い主へ引き渡す等の仕組みとなっている。このような体制、協力のもと、これまでに七七〇頭以上が海をわたり、動物病院へ引き取られている（二〇一九年二月時点）。

(三) 集落での蛇口閉め対策

(一)で記載したとおり、希少野生動物の被害をきっかけに島民の共通認識が生まれ、現に集落等で人の適正管理下にないネコに対しては、不妊化することで、その増殖を抑え自然減を図ることとなった。一九九六年より、小笠原村が地元獣医師や東京都獣医師会、島民ボランティアの協力を得て、人の適正管理下にないネコの避妊去勢手術とマイクロチップの装着を事業化し、二〇一〇年までに父島と母島の両島で四一七頭の避妊去勢手術を行い、集落等での島民ボランティアによる管理も行われた。

また、飼い猫の管理を徹底し、新たに人の適正管理下にないネコを生み出さないようにするため、小笠原村は一九九八年に希少野生動物の保全等を目的に、「小笠原村飼いネコ適正飼養条例」を制定し、我が国で初めて飼い猫の飼養登録を義務化、二〇一〇年には、マイクロチップ装着及び避妊去勢手術等を努力義務化した。

さらに、二〇〇八年には、飼い猫を含めたペットの適正飼養を推進させるために、小笠原自然文化研究所が助成金を活用し、東京都獣医師会による「小笠原どうぶつ医療派遣団」が結成された。この取り組みでは、年一回、複数の獣医師が来島し、二週間にわたり仮設の診療所が開設され、ペット診療を端緒とし、獣医師と飼い主との関係が築かれ、適正飼養の指導、マイクロチップの装着、避妊去勢手術が行われた(二〇一〇年から村が事業化、二〇一六年度まで実施)。二〇一七年には、「おがさわら人とペットと野生動物が共存する島づくり協議会」(事務局:小笠原村、二〇一六年設立)により、小笠原世界遺産センター内に動物対処室が設置され、獣医師が常駐するようになり、野生動物の保護に加え、ペットの適正飼養の指導や診療等の役割を担うこととなった。

このような長年にわたる小笠原村、島民ボランティア、小笠原自然文化研究所や東京都獣医師会の取り組みにより、飼い主を含む島民の適正飼養の意識が醸成され、飼い

表 2-3　小笠原村の飼い猫の飼養状況(小笠原村調べ)

	全島(父島・母島)	
	2012.3	2018.3
登録数	107頭	72頭
マイクロチップ装着率	81%	92%
避妊去勢率	96%	97%
室内飼養率	38%	69%

猫の適正飼養が格段に進み、捨て猫はもちろん、集落内で人に適正に管理されていないネコをみかけることはほぼなくなった（表２‐３）。このことにより、飼い猫が新たに野良ネコ・ノネコ化する可能性がほぼ無くなった状態になっている。このことは、小笠原におけるネコ対策の大きな成果である。

（四）山域での捕獲対策

（三）の集落での蛇口閉め対策により、飼い猫が新たに野良ネコ・ノネコ化する可能性がほぼ無くなった状態になったことから、現在、山域に生息しているノネコは、飼い猫や野良ネコから生まれた個体ではなく、ノネコが繁殖して生まれた個体である。

二〇〇五年、捕獲が始まった当初はボランティアによる捕獲であったが、二〇一〇年に環境省が本格的に事業化した。父島での捕獲は順調に進んだように見えたが、二〇一四年を境に捕獲数がリバウンドし、増加傾向となった（図２‐２）。増加の原因は明らかではないが、トラップシャイ（難捕獲個体）のノネコが生き残り、豊富な餌資源（外来のネズミ類）により、繁殖が活発化したものと推測している。

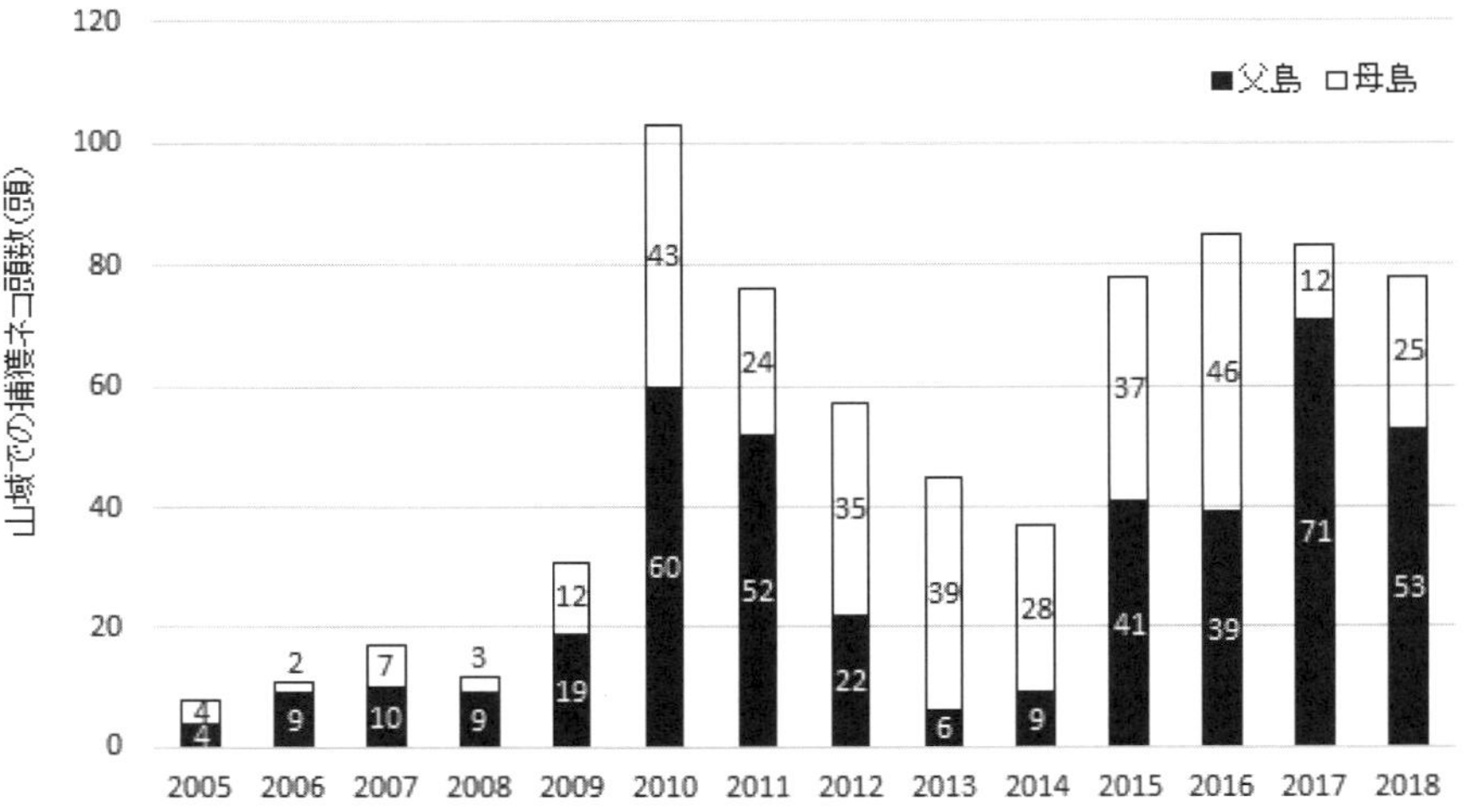

＊環境省、小笠原自然文化研究所、林野庁等による合計捕獲数

図 2-2　山域での捕獲数

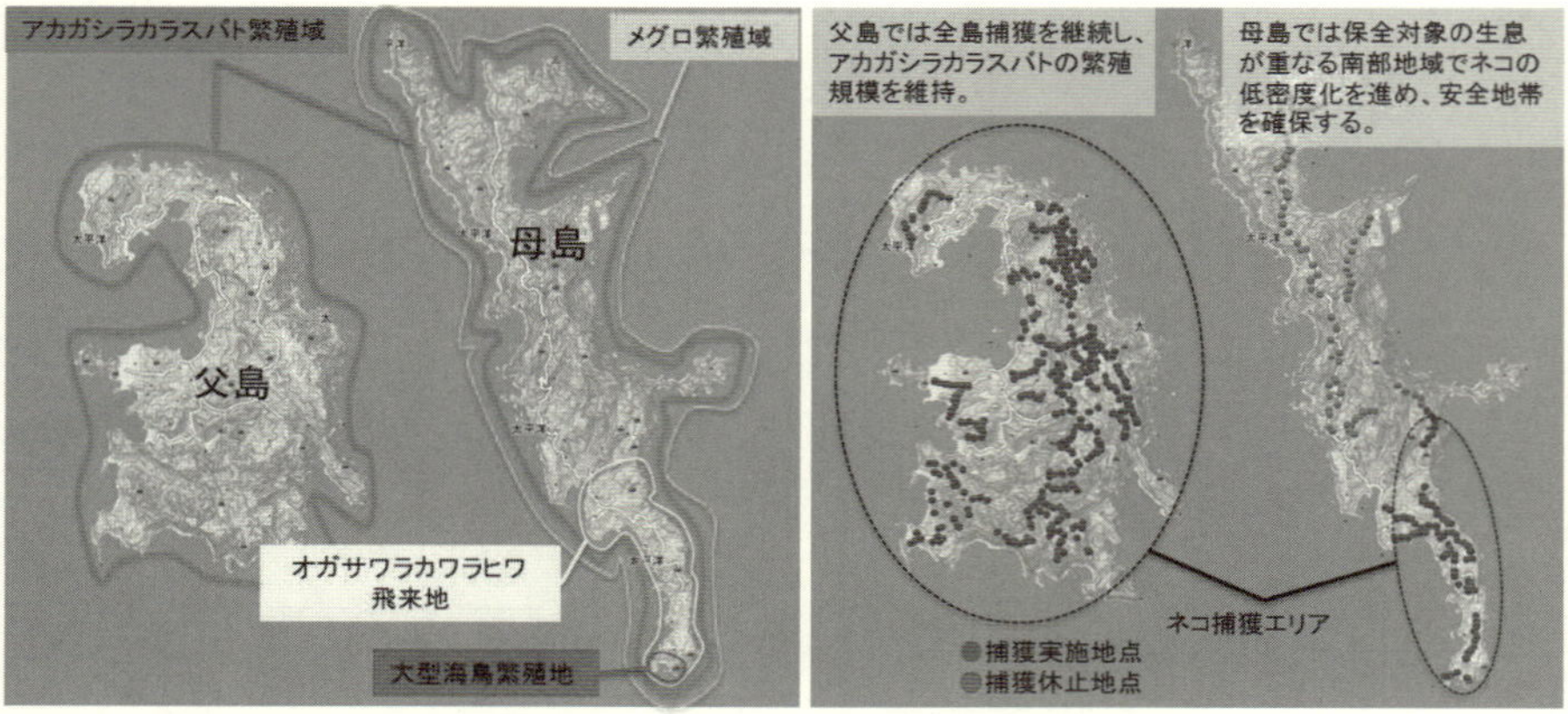

図 2-3　保存対象種の生息状況（左）と、2018 年度のノネコ捕獲エリア（右）

捕獲数が増加したことにより、一時飼養施設への収容頭数も増加し、収容オーバーとなることが常態化した。このため、母島での捕獲地域を限定するなど、次のような方針で捕獲を行っている。なお、保全対象種の生息状況と二〇一八年度のノネコ捕獲エリアは、図2-3のとおりである。

二〇一八年の捕獲方針

・まずは、ノネコの低密度化が進んでいる父島での捕獲を先行させ、完全排除を目指す。
・母島については、アカガシラカラスバトやオガサワラカワラヒワ、海鳥等の保全対象種の繁殖・生息地が重複する南部地域に絞ってノネコの捕獲を行い、低密度化を図り、保全対象種の安全地帯の確保、その拡充を目指す。

現在、父島での捕獲圧の強化や効率化を進めるため、次のような取り組みを始めている。

・全島で事業当初の三～四倍の罠を設置し、捕獲圧を強化
・作業の効率化（一部で通信機能付き自動撮影カメラを導入し、送信されてくる画像で捕獲の有無を確認、日持ちのする餌の設置等）
・効果的な罠の検討（多様な罠を試行）、誘引性の高い餌の検討
・引き受け先の動物病院の拡充を企図

一方、餌資源となっている外来のネズミ類が高密度に生息しているため、罠への誘引やノネコの活発な繁殖を抑えることが難しくなっており、専門家よりネズミ対策の必要性も指摘されている。また、ノネコの増加率モデルのシミュレーションでは新規加入個体の九割以上を捕獲しないと低密度化が図れないとする解析結果もあり、現時点では、父島での完全排除までの具体的な見通しを立てることはできず、試行錯誤し、手法を改善しながら、取り組みを進める必要がある。また、母島では、捕獲を行うことができていない中北部でノネコが増えている個所がでてきており、山域の道路沿いに頻繁にノネコが見られるケースが発生している。地域住民の中には、「中北部は捕獲せずに放置するのか」「自分たちで捕まえたい」「道路沿いで見られる（ノ）ネコがかわいそう」というような様々な意見があり、住民説明会を開催、意見交換し、ノネコ対策の理解や協力を得る努力をしている。

また、環境省ではノネコ対策として、アカガシラカラスバトや海鳥の繁殖地の一部（父島東平、母島南崎）に、ノネコ等を侵入させないための柵を設置し、保全対象種の保全を進めている。

（五）小笠原ネコプロジェクトの成果——保全対象の希少野生動物の状況

小笠原でのネコ対策の目的は、（一）と（二）にも記載したとおり希少野生動物を保全することであり、これまで、次のような成果が上がっている（環境省、小笠原自然文化研究所調べ）。

・二〇一〇年のノネコ捕獲事業以降、アカガシラカラスバト（図2-4）の目撃数等が増加。かつては「森の中の幻の鳥」とも言われていたが、近年は集落内でも良く目撃されるようになっている。（ただし、安定的に個体群を維持できる十分な個体数には至っていない）

・母島南部地域の南崎では、オナガミズナギドリの巣穴数が増加。カツオドリ（図2-5）の繁殖が二〇一六年から三年連続で成功中。

・二〇一八年七月には、一五年ぶりに父島南崎でカツオドリ、オナガミズナギドリ、アナドリの営巣が確認。

このように、希少野生動物の個体数増加や繁殖地の回復がみられようになってきている。ただし、ノネコが増加傾向であることからも、対策を緩める段階には至っていない

図 2-4　個体数の回復がみられるアカガシラカラスバト

図 2-5　母島南崎で生まれたカツオドリの幼鳥

状況である。

（六）今後に向けて

継続的な適正飼養の普及啓発は必要であるが、現在、小笠原では飼い主や島民の適正飼養の意識の醸成により、飼い猫が野良ネコ、ノネコになる（＝集落からノネコが供給される）可能性は低い。大きな課題は、山域に生息し繁殖しているノネコの排除である。いったんは、ノネコを減らすことができたが、近年は増加傾向であり、これまで以上の対策が必要となっている。現在、捕獲圧の増強や効果的・効率的な捕獲の試行を開始したところであり、ノネコの生息数の低密度化や完全排除の具体的な見通しを立てるまでには至っていないが、これまで、小笠原ではネコ連など多くの関係機関で知恵を出し合い、協力しながら総合的なネコ対策を長年にわたり進めてきた実績がある。苦難の状況ではあるが、小笠原の希少な野生動物の個体数や繁殖地が回復していることを励みに、その更なる保全を目指し、関係機関と試行錯誤しながら最適な方法を考えていきたい。

（菅野康祐／環境省小笠原自然保護官事務所）

第三節　西表島における「ネコ」対策——イリオモテヤマネコへの影響を未然に防ぐ

（一）西表島における「ネコ」問題

国際自然保護連合（ＩＵＣＮ）が「世界の侵略的外来種ワースト１００」の中でリストアップしている哺乳類は一四種で、その中でイエネコ（愛玩動物であるネコの生物種としての和名）も侵略的外来種として位置づけられている（村上・鷲谷、二〇〇二）。イエネコが侵略的外来種としてリストアップされる最大の理由は、在来種の捕食によって遺伝的および種の多様性を低下させ、生態系へ影響を及ぼすことである。国内ではとくに鳥類への影響が大きく、海鳥繁殖地である天売島における海鳥の捕食（長・綿貫、二〇〇二／池田ほか、二〇〇五）、東京都御蔵島のオオミズナギドリ繁殖地における捕食（岡ほか、二〇一六）、小笠原諸島における海鳥およびアカガシラカラスバトの捕食（堀越、二〇〇六／堀越、二〇〇九）、沖縄島北部（やんばる地域）におけるヤンバルクイナの捕食（大島ほか、一九九七）など、在来種の中でも固有種や地域個体群の絶滅の原因となりうる影響を及ぼしている。また、哺乳類

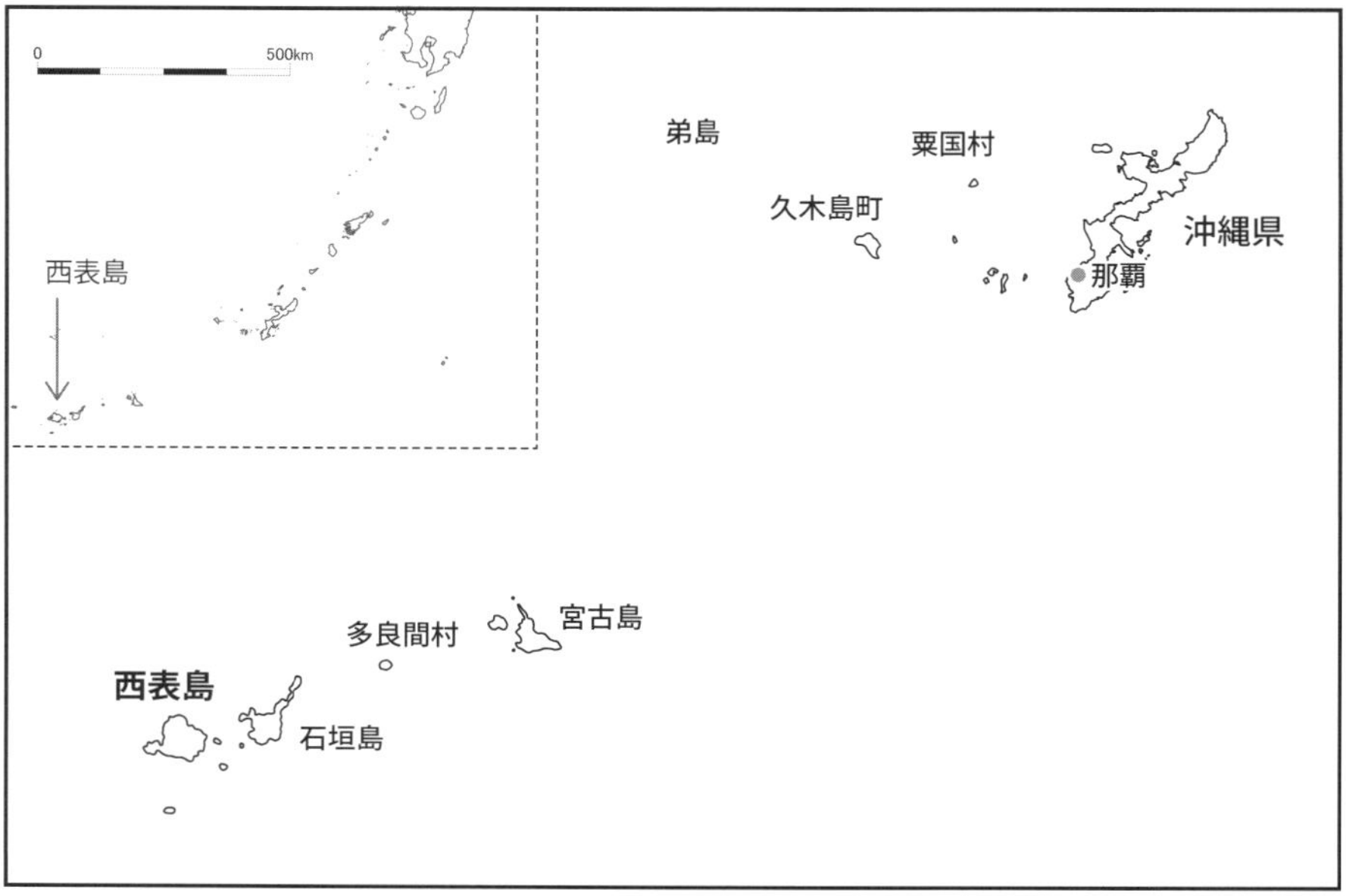

図 3-1　西表島

への影響としては、琉球列島の固有種であるケナガネズミやトゲネズミ類（城ヶ原ほか、二〇〇三；Yamada et al. 2010）、奄美大島のアマミノクロウサギ（Izawa 2009）、小笠原諸島のオガサワラオオコウモリ（鈴木、二〇一〇）や沖縄県南大東島のダイトウオオコウモリ（東、二〇〇四）が、イエネコに捕食されている。ダイトウオオコウモリの事例では、餌として捕食された個体はわずかで、ほとんどの個体は捕殺されたのみであった。このようにイエネコのハンティングは「捕食」と「遊び」の両面をもち、少数のイエネコがひとつの繁殖コロニーを絶滅させる恐れもある。

一方、イエネコによる野生動物の捕食被害とは異なり、感染症による絶滅危惧種への影響が明らかになっている。国内に生息する二種のヤマネコのうち、対馬（長崎県）に生息するツシマヤマネコにはイエネコ由来とされるネコ免疫不全ウイルス（Feline immunode- ficiency virus:FIV）の感染が三例確認されている（Nishimura et al. 1999）。西表島（沖縄県）に生息するイリオモテヤマネコには（図3‐2）FIVの感染は確認されていない（阿久沢、二〇〇二）。しかし、イエネコの数が多い両島では、同じ小型ネコ科であるヤマネコとイエネコが狭い島嶼内で同所的に生息する地域があり、FIVの感染症リスクの増大、生息域の重複による餌資源の競合といった影響が危惧されている（環境省自然環境局、二〇〇四）。

図 3-2　イリオモテヤマネコ
（環境省西表野生生物保護センター提供）

本節では、国内でイエネコによる在来野生動物の捕食被害という観点からではなく、同じネコ科動物であるイリオモテヤマネコへのウイルス感染の伝播を防ぐことによる絶滅危惧種の保護という観点から、西表島におけるイエネコ対策について紹介する。これが、西表島における「ネコ」問題である。

（二）西表島におけるイエネコによる野生動物への影響と対策

西表島は沖縄県八重山郡竹富町に属し、島の面積は二八九・三平方キロメートルで国内では一〇番目の大きさ、沖縄県内では沖縄島に次いで二番目に広い。亜熱帯広葉樹やマングローブ林を特徴とする島である、人口約二四〇〇人。西表島には琉球列島においては唯一の食肉目であるイリオモテヤマネコが生息し、両生類・は虫類、昆虫、鳥類など固有の動植物を有する国内屈指の生物多様性の宝庫である。二〇〇〇年ごろの西表島におけるイエネコの生息状況はというと、集落内をネコが悠々と闊歩し、塀の上、縁側で日向ぼっこをする野良ネコをよく見かけた。各集落には一〇頭から最大五〇頭を飼育する多頭飼育のご家庭が複数あり、そのほとんどが屋外での放し飼いであった。したがって、町役場の担当課には糞尿被害や家屋への侵入による汚損や食物被害､鳴き声による騒音被害の苦情が絶えず、近隣トラブルの種になっている状況であった。西表島においてイエネコが引き起こす問題を整理するとイリオモテヤマネコへの共通感染症の伝播と競合のリスク、鳥類やカエル等の在来種の捕食、住民生活への被害等があげられる。

一九九六年にツシマヤマネコへのＦＩＶの感染が判明したこと（Nishimura et al. 1999）をうけ、西表島で発足したネコの飼い主の会（マヤー小探偵団）はイリオモテヤマネコへのＦＩＶ感染を防ぐために、飼いネコの不妊化手術、ウイルス検査、適正飼育を通じたヤマネコ保護の取り組みが始まった（環境省、二〇〇九）。

二〇〇〇年、竹富町は東京都小笠原村に次いで全国で二番目となる「竹富町ネコ飼養条例」を施行するなどイリオモテヤマネコ保護の機運が高まっている状況であった。同年、九州地区獣医師会連合会（以下、九獣連）によってヤマネコ保護協議会が結成され、長崎県対馬に生息するツシマヤマネコとともに西表島に生息するイリオモテヤマネコをイエネコが保有するＦＩＶやネコ白血病ウイルス（feline leukemia virus:FeLV）をはじめとする各種感染症から守ることやイエネコの適正飼育を進めることによってヤマネコへの影響を軽減することを目的に活動が展開された。二〇〇一年には九獣連により西表動物診療所が開設され、沖縄県獣医師会を中心に定期的に獣医師を派遣して飼いネコに対してウイルス検査、予防接種、マイクロチップの処置、避妊・去勢手術などの繁殖制限を実施しながらイエネコの適正飼育の普及啓発が行われていった（九州地区獣医師会連合会、二〇一二）。

竹富町ネコ飼養条例の施行後、竹富町自然環境課によって西表島での毎月の有料のネコの飼養登録業務が実施され、獣医師会によるイエネコに対する獣医療支援により、マイクロチップによる個体識別、FIVおよびFeLV等のウイルス検査、ワクチン接種、避妊・去勢手術が無償で実施された（表3-1）。獣医師会やNPOおよび環境省、竹富町は協働してイエネコ対策に取り組み、飼いネコの搬送サポートや積極的な広報活動を実施した。一方、飼い主のいない野良ネコへの対策は手つかずの状況であったうえにゴミ捨て場に依存する多数の野良ネコの存在が西表島におけるイエネコ対策の上で大きな課題となっていた。

二〇〇四年ごろまで、西表島においては一般家庭から出されるごみの分別収集は実施されておらず、各集落付近の林内の谷間や空き地に燃えるごみ、生ごみ、粗大ごみ等が分別されずに廃

表 3-1　西表島におけるイエネコの適正飼養支援活動実績

	去勢手術	避妊手術	ウイルス検査実施頭数* FIV陽性個体数	ウイルス検査実施頭数* FeLV陽性個体数	予防接種実施頭数**	マイクロチップ実施頭数
2001年	5	13	24　0	24　0	0	0
2002年	17	18	40　1	40　0	0	0
2003年	11	12	36　2	36　0	43	25
2004年	12	13	47（3）	47（0）	47	33
2005年	28	23	75（4）	75（1）	84	49
2006年	17	32	79（4）	78（0）	123	51
2007年	18	16	70（4）	70（0）	72	38
2008年	27	35	88（5）	84（0）	88	42
2009年	19	19	103（11）	103（0）	117	45
2010年	6	7	61（5）	61（0）	65	17
2011年	2	10	30（1）	30（0）	53	12
2012年	13	9	52（7）	52（1）	62	13
2013年	5	9	71（4）	71（1）	89	11
2014年	18	11	110（6）	110　0	119	16
2015年	6	8	64（4）	64　0	65	7
2016年	10	4	102（3）	102　0	91	2
2017年	7	10	43（1）	43　0	56	10
合計	221	249	1095（59）	1090（3）	1174	371

九州地区獣医師会連合会・ヤマネコ保護協議会の支援事業（2001年～2012年）、竹富町ペット適正飼養推進事業（2012年～）による.

*ウイルス検査を実施した延べ頭数。カッコ内は延べ陽性個体数、複数回の検査を実施した個体もあり.
**予防接種を実施した延べ頭数.

棄され、島内一五カ所のゴミ捨て場に二〇〇頭以上の野良ネコが住みついていた（図3-3）。竹富町は二〇〇四年から西表島のゴミ捨て場を順次閉鎖し、分別収集の体制へと切り替えていくこととなった（長嶺、二〇一一）。しかし、ゴミ捨て場の閉鎖に伴い、生ゴミに依存していた野良ネコの一部は集落へ移動し、一部は森林内に移動しノネコとなりイリオモテヤマネコとの接触が発生する可能性が高いと予測されたため、環境省はゴミ捨て場の野良ネコの保護捕獲に乗りだした（図3-4）。この事業は沖縄県獣医師会が業務を請け負い、地元のネコの飼い主の会が野良ネコの目撃情報を提供し、NPO法人どうぶつたちの病院 沖縄が島外のシェルターで保護収容し譲渡するという仕組みが確立された。この事業は竹富町に引き継がれ、二〇〇四〜二〇一七年末までに西表島全域で三八〇頭の飼い主不明のネコが保護捕獲され、沖縄島にあるNPO法人どうぶつたちの病院のネコシェルターに島外搬出された（図3-5）。ゴミ捨て場の閉鎖および野良ネコの保護捕獲によって、西表島内の野良ネコは激減し、屋外飼育されている飼いネコが目撃されることはあるものの、野良ネコはほとんど姿を消し、二〇一〇年には環境省によるイリオモテヤマネコのモニタリング調査（自動撮影や目撃）ではイエネコの観察事例がゼロとなり、ヤマネコの生息域内でノネコが確認されない

図3-3　ゴミ捨て場に住みつく野良ネコ

図3-4　ゴミ捨て場の野良ネコの保護捕獲

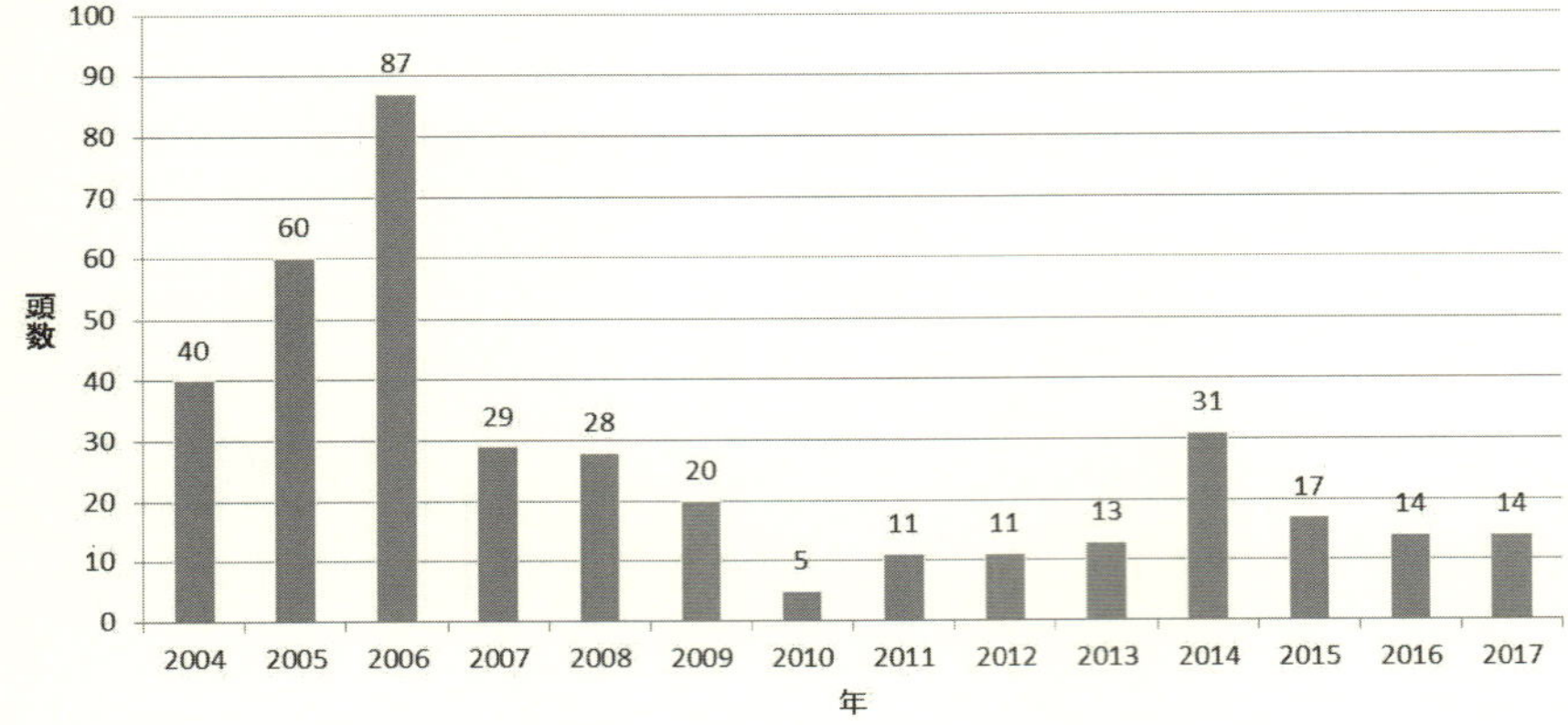

図 3-5　西表島におけるネコの捕獲数

状況となった（環境省、二〇一一）。

（三）感染症対策の効果

西表島におけるイエネコ対策の最重要課題は、感染症の防除であった。同じネコ科動物であるヤマネコへのＦＩＶ等のウイルス感染が成立する可能性があること、ＦＩＶ等のウイルス感染が発症した際にイリオモテヤマネコの個体群にどの程度の影響が現れるのかが未知であることから、予防的アプローチとしてのイエネコ対策であった。

飼いネコの不妊化、ウイルス検査による感染症の把握、予防接種による感染症まん延の防止、マイクロチップによる飼養登録など適正飼育に関わる各種処置の達成率は常に九七％を超える状況を維持している（表３‐２）。また飼い主のいない野良ネコを保護捕獲し島外搬出をすることで、ヤマネコとの競合と島内への感染症のまん延を防ぐことを可能にした。このような取り組みの結果、西表島内の飼いネコのＦＩＶ陽性のネコは二〇一七年末現在でオス四頭、メス四頭の計八頭にとどまっている。これらＦＩＶ感染個体については、二〇〇五年から常駐するＮＰＯ法人どうぶつたちの病院沖縄の獣医師によって健康状態のチェックと室内飼育等の適正飼育の指導を継続している。一方、

表 3-2　西表島における飼いネコ感染症コントロールにおける処理率

処置	実施頭数(頭)	実施率(%)
避妊手術	80	98.8
去勢手術	64	97.0
マイクロチップ装着	143	97.3
ワクチン接種	144	98.0
ウイルス検査	145	98.6

西表島において飼育されている飼いネコはオス66頭メス81頭の合計147頭
（2017年12月31日現在，NPO法人どうぶつたちの病院調べ）

イリオモテヤマネコに遭遇する可能性の高い野良ネコにおけるＦＩＶ陽性個体は二〇一五年の夏を最後に確認されておらず、西表島の野良ネコにおけるＦＩＶの感染率は極めて低い状態を維持していると思われる。また、西表島における猫白血病ウイルス感染症（ＦｅＬＶ）に関しては二〇〇一年から九獣連ヤマネコ保護協議会によって予防接種が実施されており、島外からのＦｅＬＶ感染ネコの持ち込みはあったものの二〇〇四年以降、西表島内で新たにＦｅＬＶに感染したネコは確認されておらず、二〇一五年以降、西表島にＦｅＬＶ陽性のネコは確認されていない。国内でＦｅＬＶの存在しない地域はきわめて稀だと考えられる（環境省那覇自然環境事務所、二〇〇九）。

西表島においては飼いネコの感染症コントロールの徹底と捕獲によって野良ネコの減少を達成したことによって、林内にはノネコがほとんど生息していないためイリオモテヤマネコへの感染症リスクを軽減することが可能となった。

（四）西表島の「ネコ」対策の特徴

イエネコによる在来野生生物への捕食被害や住民生活への被害という点では全国同様な課題に直面していることが予測されるが、特に島嶼部という特殊かつ脆弱な生態系を有する地域では最も影響を受けやすい。島嶼地域におけるネコによる被害は、種の絶滅や地域個体群の消滅に結び付く可能性があり、国レベルの基本戦略としてはまず、島嶼地域でのネコ対策を優先的に進める必要がある。

一方、ネコ問題の特徴として、マングースやアライグマは特定外来生物であり増殖が許されず、徹底的な防除を行う対象であることに比べ、対策の対象であるネコを積極的に増殖することが許され、一方では積極的に排除を行うという相反する行為が同時に行われているという点である。ネコは家庭飼育動物であるがゆえに、愛護の対象となっており、外来種と同様な対応が困難な複雑な位置づけとなっている。

西表島におけるネコ対策が成功した理由は、飼いネコの増殖を徹底的に抑えたこと（繁殖制限）、野良ネコを捕獲し島外へ移送したこと、感染症コントロールを実施したこと、効果のある対策を支えるネコ飼養条例を施行したことにある。

西表島では、上記の課題を整理し、実効性のあるネコ対策を実現するために、二〇〇五年環境省と竹富町、NGOさらに神奈川大学法学部が専門的な立場からサポートし、ネコ飼養条例の全面改正に向けた取り組みを始めた。

条例の全面改正に際しては目的を「生物多様性の保全に資する」と大幅に書き換えられ、マイクロチップによる登録制度、特定感染症の検査及び予防接種の義務、繁殖制限の義務（条件付き）、多頭飼育の制限、FIV等の特定感染症のネコの原則飼養禁止が盛り込まれた。また、他の地域の条例では整理されていなかった罰則の規定についても明記され、改正条例では西表島にネコを持ち込む際には、マイクロチップの処置、特定感染症の検査、予防接種が義務付けられ、獣医師による証明書の提出が義務付けられている。またFIVなど特定の感染症のネコの原則持ち込み禁止としているため一定の検疫が施される形となった。関係者間ではこれを環境検疫（野生動物を含めた環境保全にかかわる検疫）と呼び、野生動物に発生しうる事態（ここでは感染症）を予測し、未然に防ぐことを目的とした画期的かつ完成度の高い条例となった。

西表島を訪れ、船を降り、港から集落に入る。県道を走っていても、あれほどいた野良ネコをほとんど見かけることが無くなった。一五年前には想像すらできない状況である。西表島のネコ対策の目標は、イエネコを追い詰める取り組みではない。イエネコが適切に飼育されていれば、全ての島からネコ問題そのものがなくなることは明白である。

（長嶺隆／NPO法人どうぶつたちの病院沖縄）

第三節　引用・参考文献

阿久沢正夫「ヤマネコとFIV（猫免疫不全ウイルス）感染症～貴重な野生動物を絶滅に追い込む」日本生態学会編『外来種ハンドブック』二〇〇二年、二二二―二二三頁

地球生物会議（ALIVE）『平成20年度版全国動物行政アンケート結果報告書（ALIVE資料集№30）』二〇一〇年

東和明「ダイトウオオコウモリ館長の災難」『大東こうもり新聞』

二〇〇四年二月号№19、島まるごとミュージアム　島まるごと館、二〇〇四年
堀越和夫「鳥類保護とネコ問題」『遺伝』61（5）、二〇〇六年、六八―七一頁
堀越和夫、鈴木創、佐々木哲郎、千葉勇人「外来哺乳類による海鳥類への被害状況」『地球環境』14、二〇〇九年、一〇三―一〇五頁
池田透、立澤史郎、寺沢孝毅、西澤有紀子、小倉剛『天売島ノネコ対策への合意形成に関する研究』（財）北海道科学技術総合振興センター平成15年度基盤的研究開発育成事業、二〇〇五年
Izawa, M. 2009. The feral cat (Felis catus Linnaeus, 1758) as a free-living pet for humans and an effective predator, competitor and disease carrier for wildlife. In the Wild Mammals of Japan (S. D. Ohdachi, Y. Ishibashi, M. A. Iwasa and T. Saitoh, eds.) pp. 230-231.
城ヶ原貴道、小倉剛、佐々木健志、嵩原健二、川島由次「沖縄島北部やんばる地域の林道と集落におけるネコ（Felis catus）の食性および在来種への影響」『哺乳類科学』43、二〇〇三年、二九―三七頁
環境省自然環境局沖縄奄美地区自然保護官事務所『平成15年度国立公園民間活用特定自然環境保全活動事業報告書』二〇〇四年、四頁
環境省那覇自然環境事務所『平成20年度西表島における家庭飼育動物の適正飼養推進事業報告書』二〇〇九年、一三頁
環境省那覇自然環境事務所『イリオモテヤマネコ保護増殖事業実施報告書（平成19・20年度）』二〇〇九年、一一頁
環境省『イリオモテヤマネコ保護増殖分科会資料』二〇一一年
九州地区獣医師会連合会ヤマネコ保護協議会『九獣連ヤマネコ保護協議会13年のあゆみ』二〇一二年、一―六二頁
村上興正、鷲谷いづみ「世界の侵略的外来種ワースト１００」村上興正、鷲谷いづみ監修『外来種ハンドブック』地人書館、二〇〇二年、六四―三六五頁
長嶺隆「イエネコ　最も身近な外来哺乳類」『日本の外来哺乳類（管理戦略と生態系保全）』東京大学出版会、二〇一一年、二八五―三一六頁
Nishimura,Y., Y.Goto, K.Yoneda, Y.Endo, T.Mizuno, M.Hamachi, H.Maruyama, H.Kinoshita, S.Koga, M.Komori, S.Fushuku, K.Ushinohama, M.Akuzawa, T.Watari, A.Hasegawa, H.Tsujimoto. 1999. Interspecies Transmission of Feline Immunodeficiency Virus from the Domestic Cat to the Tsushima Cat(Felis bengalensis euptitula) in the Wild. Journal of Virology 73: 7916-7921.
大島成生、金城道男、村山望、小原祐二、東本博之『沖縄島北

部における貴重動物と移入動物の生息状況調査及び移入動物による貴重動物への影響』（財）日本野鳥の会やんばる支部、一九九七年、八六―一〇二頁

岡奈理子、山本麻希「日本有数のオオミズナギドリ繁殖島とネコ問題の取り組み」『月刊海洋』48、二〇一六年、四〇五―四〇八頁

長雄一、綿貫豊「北海道における海鳥類繁殖地の現状」『山階鳥類研究所報告』33（2）、二〇〇二年、一〇七―一四一頁

鈴木創、稲葉慎、鈴木直子、堀越和夫、桑名貴、大沼学、安藤重行、佐々木哲郎「オガサワラオオコウモリの生息状況と絶命回避への課題」第16回野生生物保護学会『日本哺乳類学会2010年度合同大会（岐阜大学）プログラム・講演要旨集』二〇一〇年、一五五頁

Yamada,F., N. Kawauchi, K. Nakata, S. Abe, N.Kotaka, A. Takashima, C. Murata and A. Kuroiwa. 2010. Rediscovery after thirty years since last capture of the critically endangered Okinawa spiny rat Tokudaia muenninki in the northern part of Okinawa Island. Mammal Study 35: 243-255.

第四節　沖縄島北部（やんばる）地域におけるノネコ対策の現状と課題

（一）やんばるの自然とマングース対策

沖縄島北部地域、通称「やんばる」。私がこの地域の名前を知ったのは今から四〇年近く前のこと、ヤンバルクイナと名付けられた新種の鳥が〝発見〟されたというニュースに大変驚き、いつの日か、この鳥がすむ森を訪れたいと思っていた。

「やんばる」は漢字で書くと「山原」であり、琉球王国の拠点である首里城を中心に開発の進んだ沖縄島南部地域とは対極的に、山々が連なり森林が広がっている北部地域一帯のことを指している。行政区として明確な区分があるわけではないが、ヤンバルクイナなどの固有種が生息し、良好な森林が残っている最北部の三村（国頭村、大宜味村、東村）を、ここでは「やんばる」として扱う。

沖縄島は長さ約一〇七キロメートル、面積一二〇七平方キロメートルで南北に細長い島である。その北側三分の一がやんばるである。人口約一四五万人を抱える沖縄島にあってその大部分は那覇市やその近郊など、中南部に集中

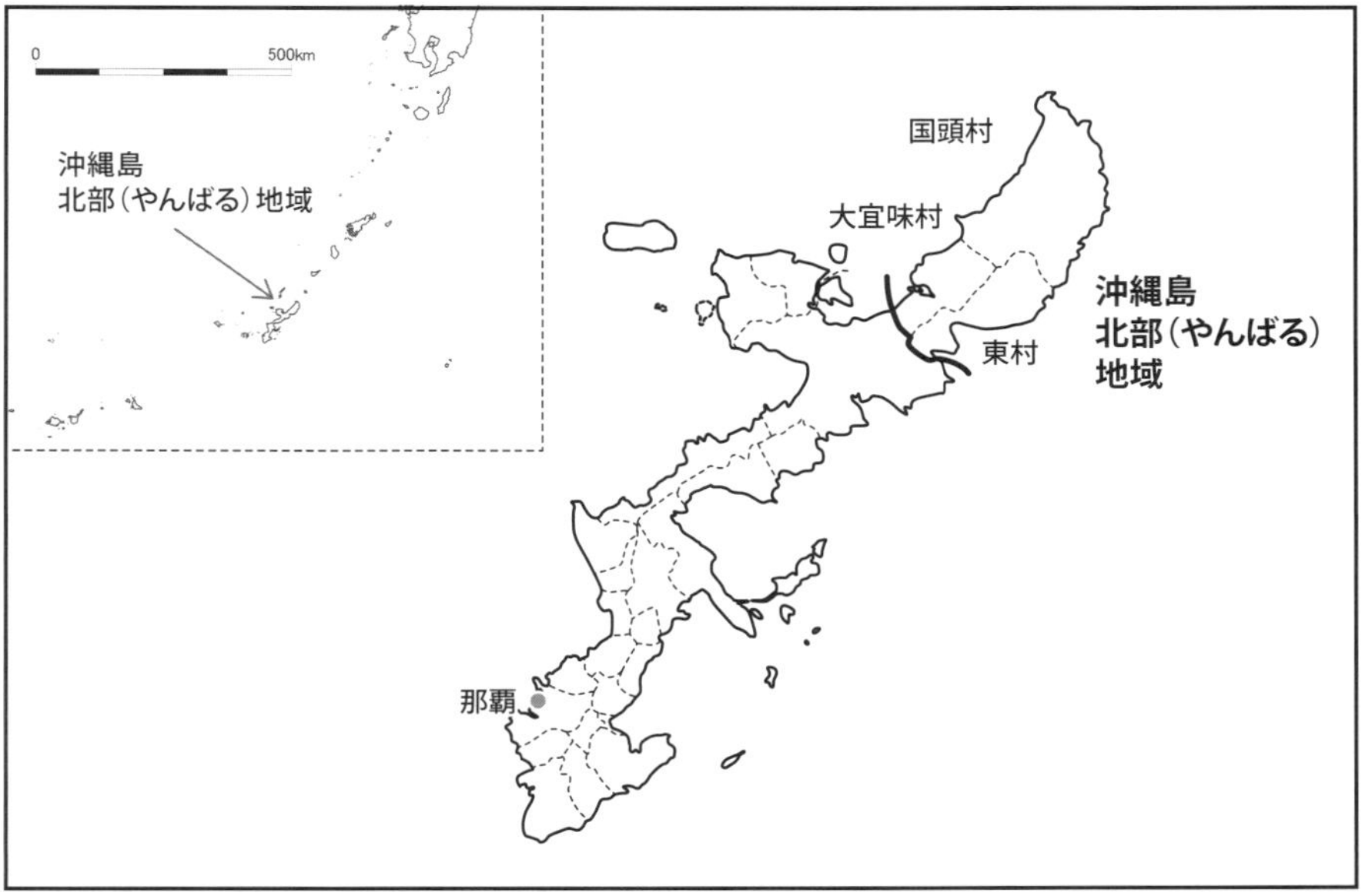

図 4-1　沖縄島北部（やんばる）地域

しており、三村で暮らす人々は全体の一%にも満たない（約〇・九万人、二〇一九年一月）。そして、中南部から姿を消した生きものたちは、このやんばるの森で今日までひっそりと生き残ってきた。ノグチゲラやホントウアカヒゲ、ヤンバルテナガコガネ、オキナワトゲネズミなど（図4-2）、さまざまな分類群にまたがる「ここにしかいない希少な生きもの」たちの宝庫がやんばるなのである。ヤンバルクイナ（図4-3）も、前述の通り、一九八一年に新種として初記載されたが、地元ではアガチー（慌て者）などと呼ばれ、山仕事などで森に入る人々には以前から知られた存在だった。

　沖縄県に生息する陸棲哺乳類一七種のうち、約半分は翼手目であり、食肉目は西表島に棲むイリオモテヤマネコ一種のみである（沖縄県教育委員会、二〇一五）。もともと食肉目がいなかった沖縄本島に、農作物を荒らすネズミや咬傷をもたらすハブを駆除する目的で一九一〇年にマングースが移入された。しかしその生態系への影響は多大なものであった。沖縄南部で放されたマングースはわずか一七頭であったが、じわじわと分布を広げ、一九九〇年代初めにはついにやんばる（大宜味村）に到達した。そのため、二〇〇〇年度から沖縄県が、二〇〇一年度からは環境省が駆除事業を開始、二〇〇五年度には「特定外来生物による生態系等に係る被害の防止に関する法律」が施行された。この防除実施計画に基づき防除事業が実施され、二〇〇六年には大宜味村の塩屋と東村の福地ダム（通称SFライン）にかけて第一北上防止柵が、二〇一三年には塩屋と東村平良を結ぶ第二北上防止柵が設置された。二〇一七年度からは第三期防除実施計画が策定され、二〇二六年度までにSF以北のマングースを完全排除する計画で進められている。

（二）やんばるのノネコ問題と対策

さて、マングースがやんばるに到達する以前に、やんばる地域固有の希少野生動物の生存に大きな影響をあたえていたのがネコである。

宮城（一九七六）は一九七五年のノグチゲラ実態調査中に与那覇岳南部、安田・安波で採取したネコの糞一二個のうち九個からオキナワトゲネズミの体毛が出てきたことを報告している。なお、宮城が報告した与那覇岳南部や安田・安波では、現在、オキナワトゲネズミの生息はまったく確認されていない。

また、城ヶ原ほか（二〇〇三）は、ノネコの在来種への影響を把握するため、大国林道など六林道及び集落（大宜

図 4-2　オキナワトゲネズミ

図 4-3　ヤンバルクイナ

味村）において採取した糞により、食性調査を行った。その結果、林道におけるノネコの餌動物は昆虫類や哺乳類、鳥類、爬虫類など、「やんばるに生息するほとんどの分類群の動物を捕食している」ことがわかった。これらの餌動物のなかには、オキナワトゲネズミやケナガネズミ、ノグチゲラなどの国内希少野生動植物種も含まれており、「ノネコによる捕食圧がオキナワトゲネズミの個体数減少の原因の一つとなっている可能性は極めて高い」こと、「ほぼ同所的に生息する……マングースと比べて、哺乳類および鳥類の出現頻度が高い」こと等があげられている。

こうした問題にいち早く動いたのは、ヤンバルクイナの郷として有名な国頭村安田区の人々であった。県道沿いで頻繁に目撃されるようになった捨て犬・捨て猫のために、安田区の子どもたちが「イヌ・ネコ捨てないで」をテーマに看板作りの活動を開始した。こうした看板を作らざるを得ないほど捨てられる数も多く、捨てられた動物が道端で痩せ衰えたりしていく姿を目の当たりにする中で、どういった文言にするのかは子どもたち自身が考えたそうである。また、区民から飼い犬・飼い猫の飼育マナーについて苦情があったことに加え、放し飼いが希少動物の脅威となっていること（伊計・島袋、二〇〇五）などを受け、安田区活性化委員会では、当時のやんばる自然保護官だった澤志泰正さん（現・近畿地方環境事務所野生生物課課長）を介し、前年一二月に発足したばかりの「ヤンバルクイナたちを守る獣医師の会」の獣医師を招いて、勉強会等を開催した。そうした経緯があり、二〇〇二年五月に安田区では『ネコ飼養に関する規則』を制定した。規則では猫の飼い主に責任を持った飼養を求め、捨て猫との区別のために、マイクロチップの埋め込みを義務づけるとともに、飼育する際には区に登録することとした。安田区の取り組みはメディアを通して広く知られることにもなり、区では猫による生活及び野生動物への被害が顕著に減ることが実感され、区長会などさまざまな集まりでその成果が共有された。

そして二〇〇四年には、国頭村、大宜味村、東村のやんばる三村で「ネコの愛護及び管理に関する条例」が同時に制定されるに至ったのである。

条例の主な内容は以下の通りとなっている。

1. ネコを飼っていることを村に知らせて、村から飼養登録証をもらわなければならない。
2. 飼っているネコが他のネコと識別できるようにマイクロチップの埋め込みを行わなければならない。
3. 避妊・去勢手術などによって、ネコが繁殖し増加するのを抑制するように努める。

4．自分が飼っていないネコに対し、みだりに餌や水などを与えてはいけない。

5．ネコは室内で飼育し、放し飼いはしないように努める。

条例が確実に遵守されれば、ネコ問題はほぼ解決したように思える。しかし、条例には罰則規定がない。そして、集落から発生する野生化したネコに加え、都市部からの捨て猫対策もしっかり取り組まなければならない。

この地域では森林施業が古くから行われてきたものの、陸上交通の開拓が困難で、主な交通輸送手段は海路であった。今国頭村の東西を結び、ヤンバルクイナのロードキルが多く発生している与那〜安田の県道二号線が完成したのは一九五六年と国頭村史（国頭村役場、一九六七）に書かれている。一九七〇年代以降の大型ダム開発や土地改良、林道整備などさまざまな開発行為により森の奥までアプローチしやすくなったことにくわえ、一九八七年に那覇からやんばるの入り口である名護までを結ぶ沖縄自動車道が高速自動車国道として供用開始されると、やんばるは中南部の都市部に住む人々にとって、一気に日帰り圏内となった。それとともに「ゴールデンウィーク後は大量のゴミなどに加え、捨て犬・捨て猫が目立つ」と言う声が多く聞かれるようになった。森に入りやすくなったのは人や車だけでなく、イヌ・ネコにとっても同様であった。

マングースに関しては防除事業により北上防止柵の北側五キロメートル付近まで生息分布範囲が狭まりつつある（環境省那覇自然環境事務所「平成二八年度沖縄島北部地域におけるマングース防除事業の実施結果及び二九年度計画について（お知らせ）」（二〇一七年九月一日報道発表）:URL: http://kyushu.env.go.jp/naha/pre_2017/2829.html）。それに伴い、ヤンバルクイナが確認される範囲も南に広がりつつあるが、新規分散地ではネコに襲われたと思われる死体が見つかるなど、分布拡大を阻む要因の一つとなっている。また、二〇一七年度に沖縄県で行った事業（沖縄県環境部自然保護課、二〇一八）では、やんばるでも限られた地域にしか見られなくなったオキナワトゲネズミの生息域に入り込んだノネコの糞から、オキナワトゲネズミの毛が高い頻度で見つかっており、極めて危機的な状況となっている。

（三）今後の展望

沖縄県と環境省では二〇〇〇年度以降連携してやんばる

でのノネコ対策として捕獲・排除に取り組んでいるものの、山の中には依然としてノネコが生息している。今、求められるのは、三村での確固とした条例運用と、三村以外からの捨て猫対策により、新たな供給を絶つことである。

条例運用に関しては、三村役場や地域ＮＰＯなどで飼養者への指導など普及啓発に取り組んでおり、また、学校教育等でもペットの適正管理に関する講演会を開くなど、少しずつ改善しつつある。しかし、前述の通り、罰則がないことから、条例を守らない人も一定数存在している。これはネコに限ったことでなく、沖縄全体でペットの適正飼養は大きな課題である。たとえば、飼い犬の狂犬病予防注射接種率は全国一低い。二〇一六年度は五〇・一%と、かろうじて五〇%を超えたものの、沖縄県獣医師会ＨＰによれば「実際の狂犬病予防接種率は二五~三〇%程度」という実情である（URL:http://okijyu.jp/kyoukenbyou/06.html:二〇一八年八月三一日確認）。また、冬も温暖な気候である沖縄では、野外に放逐されても生き延びることが多いため、至るところにペット由来と思われる外来種が定着している。都市部の河川でみられる魚はほぼ外来であるし、竹富町黒島・小浜島等のインドクジャクや渡嘉敷島のイノシシなど、農業被害などをもたらすこともある。野外に捨てても生きていけるだろうという安易な思いやりが生態系をじわじわと〝死に追いやって〟いるのである。

沖縄県では、二〇一八年六月に「沖縄県外来種対策指針」（URL:http://www.pref.okinawa.jp/site/kankyo/shizen/hogo/documents/gairaisyushishin.pdf）を策定した。沖縄県の特性・現状を踏まえた外来種対策を総合的・効果的に推進する方針を示し、人の生命・身体、農林水産業への被害を防止するとともに、沖縄県の生物多様性を保全するため、今後、県や市町村をはじめ、さまざまな主体が外来種対策に取り組むための行動計画を策定すること等としている。同年八月には「沖縄県対策外来種リスト」（URL:http://www.pref.okinawa.jp/site/kankyo/shizen/hogo/documents/gairaisyulist.pdf）を策定し、ノネコ・ノイヌについてはマングース等と並んで一四種類あげられた重点対策種のひとつとして、それぞれ早急な対策を進める種と位置づけた。

やんばるでは、特定外来生物であるつる性植物のツルヒヨドリの防除が行われており、三村や県、地域住民を含めた連携した取り組みにより、成果を上げてきている（環境省那覇自然環境事務所、二〇一八）。ネコに関して言えば、三村は条例に基づく管理と室内飼養の徹底を進めるとともに、県は飼われているネコがすべて登録、識別されるよう、他の市町村に働きかける。環境省はノネコの捕獲を行い、それぞれが役割分担して行動を起こせば、ツルヒヨドリと同様に目に見えて成果が出てくるだろうが、そんな取り組みは可能だろうか。条例遵守のためには今のように努力義務ではなく、過料を伴う義務規定とし、飼い主の責務を明確化することも検討すべきである。

一〇年後あるいは二〇年後、やんばるの森はどうなっているのだろう。「むかし、ヤンバルクイナという鳥やオキナワトゲネズミというネズミがいてね……」とならぬよう、地域の人々とともに考え、着実に前に進めたい。

（小野宏治／環境省やんばる自然保護官事務所）

第四節　引用・参考文献

伊計忠、島袋武紀「自然との共生と地域資源の保護そして活用～沖縄県国頭郡国頭村安田区～」『しまたてぃ』No.34、（社）沖縄建設弘済会、二〇〇五年、一六―一八頁

城ヶ原貴通、小倉剛、佐々木健志、嵩原建二、川島由次「沖縄島北部やんばる地域の林道と集落におけるネコ（*Felis canus*）の食性および在来種への影響」『哺乳類科学』43（1）、日本哺乳類学会、二〇〇三年、二九―三七頁

国頭村役場「年表」『国頭村史』一九六七年、七〇三頁

環境省那覇自然環境事務所『平成29年度やんばる国立公園における特定外来生物ツルヒヨドリ等防除活動業務報告書』二〇一八年、六九頁

沖縄県環境部自然保護課『平成29年度ノイヌ・ノネコ対策事業委託業務報告書』二〇一八年、六一―六六頁

沖縄県教育委員会「第7章　陸域の動物　9．哺乳類」『沖縄県史　各論編　第1巻　自然環境』沖縄県教育委員会、二〇一五年、六七四―六八三頁

宮城進「ノグチゲラ生息地における野性化ネコとオキナワトゲネズミ（予報）」『沖縄県天然記念物調査シリーズ第5集　ノグチゲラ *Sapheopio noguchii* (SEEBOHM) 実態調査速報（2）』沖縄県教育委員会、一九七七年、三八―四二頁

第五節　天売島における「ネコ」対策
――人と海鳥と飼い猫の共生を目指して

（一）海鳥の楽園　天売島

天売島は、日本海に面する北海道北部の苫前郡羽幌町に属する周囲約一二キロメートル、漁業を主要産業とする人口約三〇〇人の小さな島である。春から夏にかけて約一〇〇万羽の海鳥が繁殖のために天売島に訪れる。島民は島東部の平坦部で生活をし、海鳥は島西部の崖部分で繁殖をし、人と海鳥が住み分けて生活しており世界的にも珍し

い「人と海鳥が共生する島」となっている。

海鳥繁殖地は高さ約一〇〇メートル以上の断崖絶壁が続き、ここで八種類約一〇〇万羽の海鳥が春から夏にかけて繁殖する。ウミガラスはその鳴き声から「オロロン鳥」とも呼ばれ、日本では天売島が唯一の繁殖地である。他にもウミガラスと同じく天売島が唯一の繁殖地となっているウミスズメ、赤い足と目の周りの白色が特徴的なケイマフリ、天売島が世界最大の繁殖地であるウトウの他、ウミウ、ヒメウ、ウミネコ、オオセグロカモメが繁殖している。

海鳥の楽園と言われる天売島だが、近年は一部の海鳥において生息数の減少がおこっている。例えばウミガラスは、約五〇年前は八〇〇〇羽以上いたが、現在は五〇羽前後に激減しているほか、ウミネコは、約三〇年前は三万羽いたのが一〇〇〇羽前後まで減少している。

これら海鳥の生息数の減少の原因ははっきりとしていないが、様々な要因が考えられている。例えば、エサの減少などの海洋環境の変化、漁網による混獲、過度な観光利用、ハシブトガラス・オオセグロカモメといった捕食者の増加に加え、野良ネコの増加が考えられる。これが天売島における「ネコ」問題である。

(二) 天売島の野良ネコ

現在の対策が行われる前の二〇一四年以前には、天売島では最大で二〇〇～三〇〇匹の野良ネコがいたと推定されている。ただしこの数は無雪期のものであり、積雪期は冬の厳しい風雪などで死亡することでその数は減少し、春になればまた繁殖し増加すると考えられる。

天売島の野良ネコは昔島民がペットとしてやネズミを捕るために連れてきたものが野良ネコ化し増加しており、約三〇年前から海鳥にも影響が出るようになってきたと言われている。

野良ネコの島内での行動は大きく分けて三つのパターンがあると考えられており、一番多いのが市街地だけにいるネコ、次に市街地と海鳥繁殖地を行き来しているネコ、そして海鳥繁殖地のみにいるネコの三パターンである。しかしこれも無雪期に限ってのことであり、積雪期にはほとんどの野良ネコが市街地に集まると思われる。そのため、天売島で生息するネコは程度の差はあるが全て人間生活に関わっていると考えるためノネコは生息しておらず、野良ネコと飼い猫の二種類と考えている。

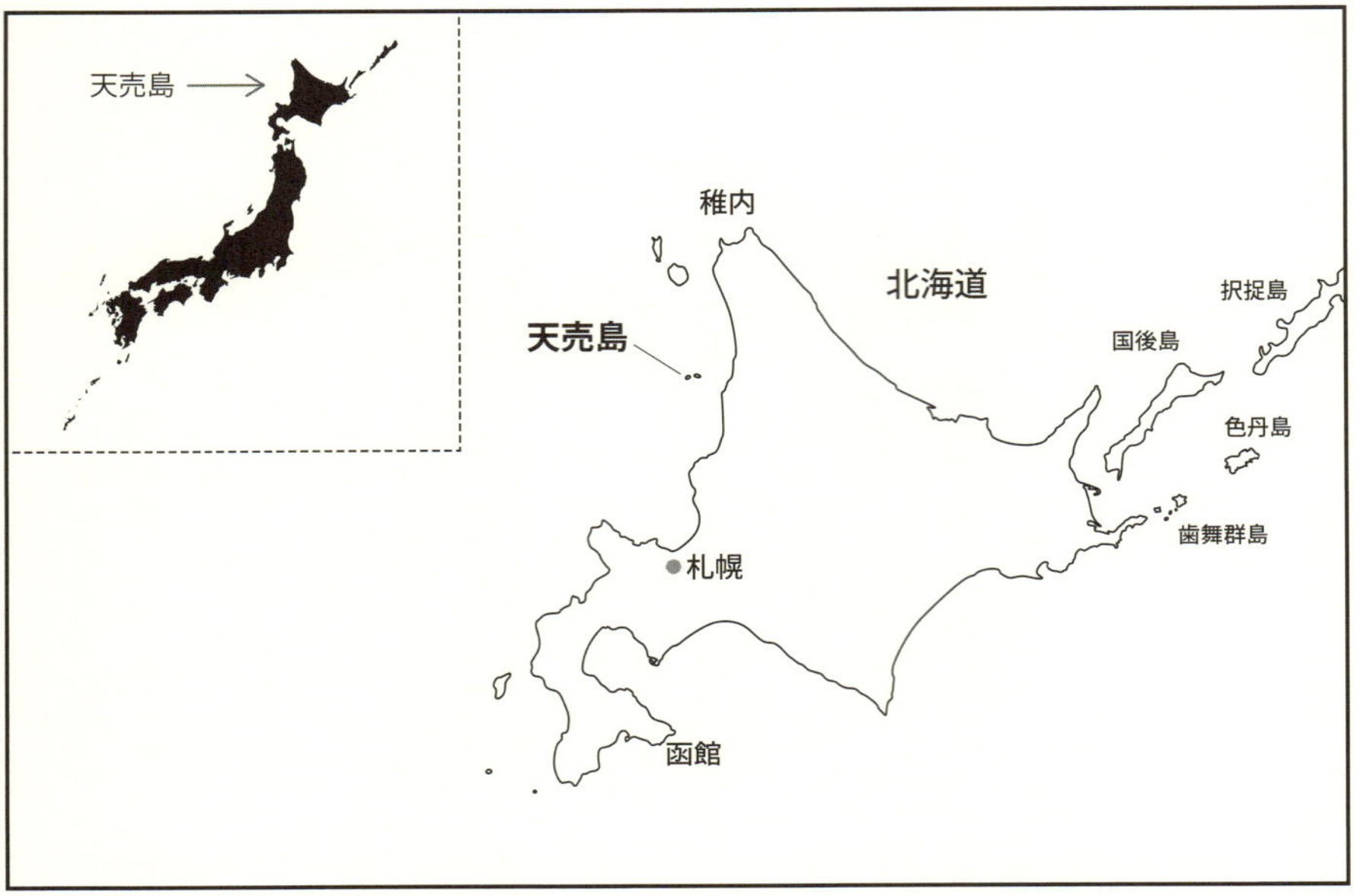

図 5-1　天売島

野良ネコの増加による影響

①海鳥への影響

具体的な影響として、野良ネコが海鳥の成鳥やヒナを襲う「直接的な影響」と、野良ネコが繁殖地に近づくことで親鳥が驚いて飛び立ち、巣内に残った卵やヒナがハシブトガラスやオオセグロカモメなどの捕食者に捕食されるなどの「間接的な影響」がある。ただしすべての種類の海鳥が野良ネコの影響を受けている訳ではなく、影響の度合いは海鳥の繁殖する環境によって違いがあり、特にウミネコ、ウトウ（図5-2、5-3）、ウミスズメ、ケイマフリといった海鳥に影響があると考えられる。

野良ネコによる海鳥への影響を具体的に調べたものとしては、野良ネコの糞による調査とウミネコのヒナの死亡要因を調べたものがある。海鳥の繁殖シーズンに海鳥繁殖地で拾ったネコの糞からウトウやウミネコの痕跡が確認されている。また、ウミネコのヒナの死亡要因を調べたものとしてはネコの捕食による死亡は一九八〇年代は確認されていなかったが、一九九〇年代からはその数が増加している。

通常海鳥のヒナの巣立ちは捕食者となるハシブトガラスやオオセグロカモメが活動しない夜間に行われるが、野良ネコは夜間に活発に活動するため、巣立ちヒナにも影響が及んでいる可能性がある。なお天売島には哺乳類はもともとネズミ類などしか存在せず、中型哺乳類のネコが増加することは海鳥の繁殖にとっては大きな脅威になっていると思われる。

②住民生活への影響

野良ネコの増加による影響は海鳥だけではなく、住民生活にも影響が起きている。市街地では住居への侵入や畑を荒らす、魚を盗むなどの被害が起きており、二〇一〇年に羽幌町役場が行った住民アンケートでは約七割の島民が野良ネコによる被害を受けたことがあるとの結果が出ている。

③野良ネコ自身への影響

雪が多く冬の寒さが厳しい天売島は、野良ネコにとっても決して良い環境とは言えない。通常、家で飼われている猫の場合は一〇～二〇年ほど生きることができるとされているが、天売島で捕獲された野良ネコの年齢は獣医師が歯の摩耗状況や毛並みなどから大半が五歳以下と推定しており、短寿命であると思われる。また凍傷で耳が欠けている猫や病気にかかっている猫も見られる。

（三）天売島の野良ネコ対策

野良ネコの増加により海鳥に影響が出始めていた約三〇

図 5-2　ウトウ

図 5-3　ウトウを襲うネコ（2011 年／国立極地研究所　伊藤元裕）

年前に野良ネコ対策の検討が羽幌町役場や北海道により行われている。当時の計画は野良ネコを捕獲し殺処分するものであったため、動物愛護団体の反対にあい中止になっている。そして、その後野良ネコの不妊去勢手術が行われた。これは島内の野良ネコを捕獲し不妊去勢をした後、放逐する「TNR活動」である。結果、一九九二年から五年間で二一二匹の野良ネコの不妊去勢が行われたが、年数を重ねるにつれ不妊去勢を行った同じ個体ばかりが捕獲され、不妊去勢されていない個体の捕獲率が年々低下していき、全ての野良ネコを捕獲することができないまま五年間で中止となった。その後、海鳥繁殖地に柵を設置しネコの侵入を防ぐなども行ったが、うまくいかなかった。前述の不妊去勢手術によって、繁殖が抑制されたため一時的には島内の野良ネコの数は減少したと予想されるが、不妊去勢されていない猫から子猫が生まれ年数がたち、対策前の状態に戻ったと思われる。

その後、二〇一二年には羽幌町役場によって「天売島ネコ飼養条例」が制定された。猫に関する条例は北海道では初めてである。条例では飼い猫のマイクロチップの挿入も含む登録の実施、屋外飼育する場合の不妊去勢を義務化した他、野良ネコへのみだりなエサやりの禁止などが決められている。この条例をもとに羽幌町役場は北海道獣医師会の獣医師に依頼し島内で飼い猫の不妊去勢手術やマイクロチップの挿入作業が行われ、その当時は二三匹の飼い猫が登録された。（二〇一九年一月現在で約四〇匹が登録されている）

そして二〇一四年より、現在の「天売猫方式」による野良ネコ対策が始まっている。

現在、天売島の野良ネコ対策の実施主体として「人と海鳥と猫が共生する天売島」連絡協議会を設置し、取り組みが行われている。協議会の構成メンバーは、羽幌町役場・北海道庁・環境省羽幌自然保護官事務所・北海道獣医師会・動物愛護団体であり、「海鳥の楽園である天売島の生態系を維持するため、殺処分することなく飼い主のいない猫をなくし、人と海鳥と猫の共生を目指すこと」を目的として関係機関で連携しながら取り組んでいる。

（四）「天売猫方式」による野良ネコ対策と成果

天売島の野良ネコ対策は「天売猫方式」と呼ぶ方法で実施している。まず島内の野良ネコの捕獲は、主に環境省から委託された地元のまちづくり団体が実施している。海鳥繁殖地や市街地などに箱ワナを設置し、捕獲作業を行う。エサはキャットフードの他、魚などできるだけ野良ネコが普段食べているものをエサにするようにしている。目撃はあるが、なかなか捕獲できない野良ネコに関してはエサを交換したり、箱ワナの入口の金属部分を草で覆うなどの工夫を行っている。なお、捕獲したネコは全てマイクロチップを確認し、登録されている飼い猫の混獲でないかどうかを判別している。

捕獲された猫はフェリーで島外搬出され羽幌市街まで運ばれる、そこから行政などが車両で、協力してくれる動物病院まで野良ネコを搬送する。どこの動物病院に搬送するかは北海道獣医師会が調整を行う。札幌市内の動物病院まで車で三時間以上かけて搬送することも多く、中間地点付近で動物愛護団体と連携してリレーを行う体制も構築しており、搬送作業の効率化を図っている。

動物病院に搬送された野良ネコは、健康状態の確認やマイクロチップの挿入、不妊去勢手術、ワクチン接種やウイルス検査などの医療行為が行われる。

医療行為を終えた野良ネコは人に慣れるための馴化作業が行われる。馴化作業を行うのは、北海道海鳥センターや動物愛護団体のシェルターの他、自宅で天売猫を預かり馴化をする預かりボランティア、大学や動物園などがある。協議会では馴化作業を行う段階から「天売猫」と言う愛称をつけている。

そして馴化作業によって人に慣れた天売猫は、協議会や動物愛護団体が定期的に行う天売猫の譲渡会で飼い主に譲渡を行っている。

天売猫方式のポイントは野良ネコの馴化作業と考えている。捕獲当時の野良ネコは人に慣れていない野良ネコがほとんどであり、飼い主に譲渡するためには人に慣らす馴化作業が必要である（人に慣れていない野良ネコを希望する飼い主さんも時々いるが……）。

北海道海鳥センターでの馴化作業はトイレの掃除やエサやりの後に行われる。野良ネコに声をかけたりおもちゃで遊んだりして野良ネコとコミュニケーションをとっている。これら馴化作業はセンター職員だけではなく、約一〇人のボランティアさんが協力してくれている。

自宅などで天売猫を預かり馴化を行うが「預かりボランティア」は、現在約四〇人が登録されている。自宅で人間の生活音を聞きながら馴化をすることで、一時飼育施設で馴化するよりも早く人に慣れると考えている。

二〇一四年から二〇一九年一月までに天売島で一三九匹の野良ネコを捕獲し、うち一三〇匹を島外搬出している。島外搬出した一三〇匹のうち一一三匹を飼い主に譲渡している。取り組みの結果、島内に残っている野良ネコの数は島内での目撃情報などから一〇匹前後まで減少していると想定している。今後もモニタリングを進めながら、野良ネコがゼロになることを目指し、捕獲作業を継続していく。

野良ネコ対策が進むにつれて、その成果が表れている。二〇一七年には市街地に近い黒崎海岸で、一〇〇〇羽を超えるウミネコの繁殖が確認されており、島内全体でのウミネコの繁殖数も増加している。島民によれば、この場所でウミネコの繁殖が確認されたのは、過去に記憶がないとのことである。繁殖地が新たにできるのは様々な要因が関係すると思われるが、野良ネコの減少もその主要な要因になっていると考えている。

また、野良ネコによる住民生活への影響については二〇一六年六月に協議会と北海道大学、酪農学園大学が共同で行った島民アンケートの結果で、約四割の人が野良ネコによる被害が最近減少したと回答している。

さらに野良ネコ自身への影響に関しても捕獲された猫の多くが新しい飼い主宅で適正に飼養されている。

図 5-4　預かりボランティアによる馴化

図 5-5　譲渡会（ホーマック留萌店）

（五）「天売猫方式」の特徴
――野良ネコ対策の協働体制の構築

野良ネコ問題の解決は協議会のみでは難しく、様々な主体と協働を図りながら取り組みを実施している。その一つが羽幌町観光協会天売支部などと連携して行っている野良ネコ問題の解決と天売島の観光振興との両立である。観光振興といっても当然のことながら他地域で行っているような天売島を猫島にしようというような話ではない。

天売猫の飼い主さんや馴化に協力してくれるボランティアさんなど、天売猫の取り組みに関わってもらった人は天売島に関心を持ち、天売猫の故郷である天売島に行ってみたいと考える人が多い。そのため天売猫の取り組みをきっかけに天売島に訪問してもらい、天売島の観光振興につなげていくことに現在取り組んでいる。また天売猫をきっかけに天売島の海鳥のことを知り、海鳥の保全に関心を持ってもらったりするなどの波及効果も現れている。

例えば天売猫の譲渡会などでの天売島を含む羽幌町の特産品の販売や、天売猫の飼い主や預かりボランティアになった方に羽幌から天売島までの往復旅行券「天売猫ふるさと旅行券」を配布したりしている。また、定期的に天売猫ツアーを実施し、天売猫をきっかけに天売島に関心を持ってもらった方に天売島を訪問してもらい、天売猫の取り組みの紹介や一〇〇万羽の海鳥の繁殖地を見学したりしている。

また、譲渡会の実施などでは民間企業との連携も行っている。例えば、ホームセンターにおいて譲渡会を実施することで、協議会側としては譲渡会を目的に来場した人だけでなくホームセンターに来場した人にも譲渡会の様子を見てもらう事ができ、譲渡率の増加につながる、ホームセンター側でもＰＲを行ってもらえる、エサやケージなどの猫グッズが店内で販売されているため、猫の飼育方法をアドバイスしやすいなどのメリットがある。ホームセンター側としては、譲渡会を目的に来場者が増えること、天売猫の譲渡に合わせて猫グッズの販売が増えることなどのメリットがある。

（六）今後の取り組みに向けて

今後協議会では、①野良ネコの生息状況と海鳥の繁殖状況のモニタリングと②飼い猫の適正飼養の促進の方向性で下記の取り組みを実施していく予定である。

まず、①については、島内の野良ネコの生息状況を定期的にモニタリングしながら、野良ネコが確認された際にはその都度捕獲作業を行っていく。また海鳥の繁殖状況についても継続的にモニタリングを行っていく。さらに野良ネコ対策を意味のあるものにするため、ハシブトガラスなどの捕食者対策としてエアライフルによる捕獲や巣落とし作業、島内での生ごみ対策なども強化していく。

また、②については、島内で再び野良ネコ問題が起きることがないよう、島民の人たちに飼い猫の適正飼いの促進を行っていくことは必要不可欠である。そのために飼い猫の不妊去勢や室内飼養が猫の健康にとって良いことを獣医師会や動物愛護団体から伝えていくことが重要であり、定期的に天売島を訪問し啓発活動を行っていく予定である。

また二〇一五年からは島内で「天売猫まつり」というイベントを協議会主催で実施している。これは島内で天売猫の譲渡会の実施や獣医師や愛護団体による講演会、譲渡後の天売猫の様子について飼い主さんからの話や獣医師による飼い猫の健康チェック、愛護団体が中心となった縁日なども行っており、島民と協議会メンバーが交流する機会となっている。また、獣医師による飼い猫の健康チェックやワクチン接種などを現在、年二回程度実施しており、受診する飼い主も徐々に増えてきている。天売猫だよりの配布や天売猫まつりや天売猫ツアーの実施、定期的な獣医師の来島などを通じ、室内飼いを行う飼い主の増加や飼い猫の健康への気遣いなど、飼い猫の適正飼養の理解が少しずつ進んできているように思う。

（竹中康進／元・環境省羽幌自然保護官事務所）

第七章　鹿児島環境学研究会の取り組みの検証と今後の課題

本章は、本書を編集した鹿児島大学鹿児島環境学研究会（以下、「研究会」とする）について取り上げる。そのため本章は、ノネコ問題そのものを取り上げた第六章までと性格を異にする。本章の狙いは、奄美「ノネコ問題」に取り組んだ研究会に焦点を当てて、大学の取り組みとして研究会活動を検証することにある。この取り組みの検証は、教育研究機関としての大学が、地域といかなる関係を築き、社会に貢献していけばよいかについて、一つの経験モデルとして例示することを意図している。

研究会における奄美「ノネコ問題」の取り組みとしては、二回の国際シンポジウム（奄美市と鹿児島市）の開催とノネコ問題啓発冊子（『人もネコも野生動物もすみよい島』）の発行・頒布、また、奄美大島の小学校（龍郷町立大勝小学校）の絵本作成と高校（鹿児島県立大島高等学校）の生物部の小冊子作成への支援活動、そして、本書の刊行などがある。ただし、単に活動を列記しても取り組みの検証にはならない。検証のためには、研究会として各々の取り組みがいかなる経緯や目的をもって実施されたのか、また、その目的はどの程度達成されたのかを検討する必要がある。

この検証作業を行うにあたって、本章ではまず、研究会の立場からこれまでの研究会活動を振りかえることとする。その上で、私たちの活動の意味を外部者の視点で検討してもらった結果を紹介する。具体的には、二〇一八年一一月一五日と一六日の二日間にわたって実施した検証会議の内容紹介となる。検証会議は、本書の執筆者やこれまで研究会と関わりをもった市民団体や行政の方に協力いただき、大学の取り組みに各々の立場から率直な意見をもらった会議のことである。検証会議では、奄美大島と徳之島におけるノネコ問題の最新情報や大学への期待も語ってもらったので、それらも踏まえて今後の方向性についても論じる。なお、研究会活動の詳細は、巻末資料に掲載する鹿児島環境学研究会の活動年表とあわせて参照いただきたい。

第一節　研究会の設立から奄美「ノネコ問題」に至るまで

鹿児島環境学研究会は、鹿児島大学に設置された研究チームで、自然分野、社会分野、人文分野の各領域の教員が参加し、加えて、大学の事務職員や行政・マスコミなどの学外者もメンバーとして実質的な議論や活動に参画している。研究会は、二〇〇八年度に小野寺浩（元環境省自然環境局長）鹿児島大学学長補佐をリーダーにして若手教員を中心に設立された。最初の三年間は、毎年一回のイベント（大きな会合）と市販の書籍を刊行し、鹿児島をフィールドとした地域環境学という研究会としての方向づけ（鹿児島環境学宣言）を行った。書籍のテーマは、「総論および屋久島論」（『鹿児島環境学Ⅰ』二〇〇九）から「奄美論」（『鹿児島環境学Ⅱ』二〇一〇）、「徳之島論」（『鹿児島環境学Ⅲ』二〇一一）へと地域を焦点化する方向で展開した。この道筋は、地域に分け入って論理を鍛えることを目指した研究会の初志に基づくものであった。また、活動当初より奄美の世界自然遺産に向けて、島外者を巻き込んで地元自治体や住民らとの対話（フォーラム）づくりを手掛け、世界自然遺産に関わる委託調査事業にも携わってきた。

研究会四年目以降は、委託事業や書籍の出版に継続して取り組む一方で、大学研究チームとして地域環境学に取り組む具体的な姿の模索、つまり、地域の何をどのように掘り下げていくかについて様々な試みが続いた。たとえば、専門分野を超えた共同研究のあり方を内部で検討したり（『鹿児島環境学 特別編』二〇一三）、大学院教育に関与したり、あるいは、奄美の生物多様性をテーマに学内外の研究者のネットワークを図ったり、環境文化をテーマに地元の関係者と共同研究を立ちあげたりなどである。奄美「ノネコ問題」は、このような試行錯誤の延長線上に登場した。

きっかけは、二〇一五年度に鹿児島環境学担当として星野一昭特任教授が鹿児島大学に着任したことである。このとき提案された研究会の方針が、同年末の週末に奄美大島において国際シンポジウムを開催し、海外からの研究者の参加も得て、島民を巻き込んでノネコ問題への対応の道を探るというものであった。提案の背景には、世界自然遺産登録が具体化しつつある奄美地域において外来種対策が今後大きな課題になることや、そのなかでも特に住民と密接にかかわりのある野生化した飼いネコ（ノネコ）への対応が急務になることの見通しがあった。そこで、月一回の定例会（全七回）を開き、シンポジウムに向けた議論を重ねることになった。

二〇一五年度以降の動きは、いくつかの観点からこれまでの研究会の活動とは異なっていた。まず、これまで研究会では、テーマを絞りこむことを避けてきた嫌いがあった。仮にテーマを定めても、どちらかといえば「奄美の生物多様性」のように大きなくくりで、多様な専門家が関与しやすいことを優先してきた。これに対して今回のテーマ設定は、研究会（大学）側ではなく地域側の事情を優先するものだった。しかもノネコという限定された問題に絞り、専門家として関われる間口を狭める方法を研究会として初めて採用した。また、国際シンポジウム（大きな会合）の開催に目標を絞って、そのために半年以上の時間をかけて研究を重ね、その成果をシンポジウムに還元する方法は、研究会活動やイベントの作り方という点でも目新しかった。

二〇一五年四月に鹿児島大学の奄美拠点である国際島嶼教育研究センター奄美分室に専任教員が常駐したのも幸いした。ニホンザルの専門家である鈴木真理子プロジェクト研究員の着任により、奄美大島と鹿児島大学（鹿児島市）をスカイプ（インターネット電話動画システム）でつなぐ研究会を多用することが可能になった。このことにより、奄美大島在住の様々な方の話を直接伺いながら、地元と大学が共同で課題を探り当てたり、情報の共有化が進んだ。副次的な効果では、奄美分室に集まっていただいた地元の方々同士の相互理解やネットワークも促進された。

ノネコを専門にする者は、研究会の中には皆無であった。このことから研究会の活動は、行政や地元の関係者から話を伺い、メンバー自身が学ぶ定例会から始まった。現場から提供されるノネコの話題をめぐって、異なる専門分野や異業種の立場から様々な疑問が発せられ、応答と討議が進んだ。この過程でノネコをめぐる論点が多岐にわたり、問題の複雑さが浮き彫りになった。詳細は次項で扱うが、実際の研究会活動につながったアイデアの多くが、これら定例会の中で共有されたものだった。

第二節　研究会における奄美「ノネコ問題」の着手方法

ノネコをテーマにした定例会は二〇一五年五月に始まった。初回は二つの報告に基づき現状理解に努めた。最初に、環境省奄美野生生物保護センターの鈴木祥之上席自然保護官より「奄美における外来種問題とノネコに対する対策」について、次に、鹿児島県環境林務部自然保護課から長田啓課長と高橋瑛子氏より「動物愛護行政に関する現状と課題について」の概況説明を受け、検討を行った。

続いて六月には、第一回の定例会を踏まえて多様な切り口でノネコ問題を捉えるために、研究会メンバーがノネコ問題について考えるところを報告し合った。当日の報告者として鹿児島大学側からは、宮本旬子（植物系統学）、宮下正昭（報道論・地域とメディア論）、河合渓（動物生態学・海洋生物学）、藤田志歩（霊長類学）、和あかな（研究国際部／大学事務）、星野一昭（自然環境保全行政）、小栗有子（社会教育学・環境教育学）、学外メンバーでは、岩田治郎（地球温暖化防止全国ネット）、山崎美智子（アイエス通訳システムズ）、高橋瑛子（鹿児島県自然保護課）がそれぞれ発表した（カッコは専門、もしくは、所属）。またこの回

表 2-1　第 1 〜 2 回定例会を踏まえたノネコをめぐる問題の論点整理

1 自然科学／ネコの生物学
・生物種としての特徴（獲物を捕らえる能力の高さなど）
・生活史（繁殖特性など）

2 人文社会科学／哲学・思想・歴史
・家畜化の歴史
・宗教学的観点からみたネコ

3 データで見る人の暮らしとネコのかかわり
・日本における愛玩動物としてのネコの現状
・ネコに対する国民の意識
・ネコの社会的役割（少子高齢化、老人福祉など）
・飼いネコの経済学（飼育経費、ペットフード輸入／移入量・額）
・都市部と農村部の違い

4 奄美大島におけるネコの現状
・飼いネコ、ノラネコ、ノネコの違いとそれぞれの現状（個体数など）
・飼いネコ、ノラネコ、ノネコの功罪（社会的役割を含む）
・ネコに関わる法律・条令（鳥獣保護管理法、動物愛護管理法、飼い猫条令）

5 愛玩動物（ペット）由来の問題
・ネコ以外のペット（アライグマ、ワニガメ、ミドリガメ、昆虫類）の問題

6 奄美の未来像とあるべき飼い主の姿
・高齢者福祉、地域で支える仕組み
・飼い主のあるべき姿、飼い主責任の自覚

には、特別ゲストとして環境省自然環境局より則久雅司動物愛護管理室長も参加し、最新の情報に基づく議論を行った。

第三回の定例会（七月）では、表２‐１のとおりノネコをめぐる問題の論点整理が提示され、国際シンポジウムで扱うべき論点の絞り込みと骨格の検討を行った。この回では、前回参加できなかった高津孝（中国文学・書誌学）、山本智子（海洋生態学・群衆生態学）、丸山健太郎（南日本放送）、深港恭子（鹿児島県歴史資料センター黎明館）が新たに議論に加わった。

第四回の定例会（八月）では、初めて鹿児島大学国際島嶼教育研究センター奄美分室と鹿児島市のキャンパスをスカイプでつなぎ、研究会メンバーの鈴木真理子（動物行動学・霊長類学）より共同研究で進める「奄美大島のネコに関する住民の意識調査」の進捗報告を受けた。この回以降、定例会を毎回奄美分室とつなぐことにより、奄美大島の最新情報を直に得ながら検討を進めることが可能となった。

第五回の定例会（九月）では、国際シンポジウムの骨格がほぼ固まり、研究会から提起する内容の方向性も見えてきた。視点としては、奄美に暮らす人が「奄美の明日」を考え、地元の合意をはかりながら、未来を選択していくためのきっかけとなる情報を提供することであった。そのた

めに必要な情報としては、①「ノネコ問題」とは何かに関する知見、②奄美大島以外の地域の「ノネコ問題」状況、③奄美大島内の状況の違い、④財政への影響、⑤経済への影響などを論点として整理した。同時に、パネルディスカッションで取り上げる論点と構成についても検討を進めた。

七月には、星野と小栗が奄美大島に出向き、パネルディスカッションに参加いただく地元候補者と面談してヒアリングを行った。この結果を第六回の定例研究会（一〇月）において改めて検討し、パネルディスカッションでは、ネコ問題全般に焦点を当て、コーディネーターからの質問に答える形で研究会が提示する論点を中心に議論を進めることに決まった。研究会として選定した論点は次の三点である。一つ目は、奄美大島でいま何が起こっているのか、よくわかっていないことも含めた情報の共有（奄美の今を知る視点）、二つ目は、ネコの問題はひとの問題であり、地域社会のあり方につながる問題であること（奄美の未来を考える視点）、三つ目が、異なる価値の対立から相互理解と合意形成のための仕組みづくり（ネコにとっても幸せな島）を討議の主題とした。

二〇一七年一二月六日に開催した第一回国際シンポジウムの準備は以上のように進行した（シンポジウムの内容はこれ以上詳述しないので、詳細は巻末の年表、もしくは、参考・引用文献にあるシンポジウム報告集を参照いただきたい）。特徴は、研究会メンバーの中で閉じた活動にするのではなく、分からないことは積極的に外部の専門家に協力を求め、地元の方との対話を重視した点にあった。また、専門分野と業種を超えた自由な議論の場が、問題を多角的に捉え、かつ、その中から本質的な問題を探り当てることに寄与した。一連の流れのなかで、地元が必要としていることと、それに対して研究会としてできることが次第に明らかになっていった。

強調しておきたいことは、研究会メンバーの多様性である。専門分野でいえば、自然科学分野だけでなく、人文社会科学分野の層が厚いことが研究会の強みである。また、いわゆる専門家に対して、行政や民間の方が参画することで生活者感覚も加わり、現実と遊離しがちな議論は暮らしに根ざしたものに着地していく。研究会の奄美「ノネコ問題」の取り組みは、二〇一五年度以降も続くが、ここで確認した初年度の取り組みパターン（着手方法）の特徴はその後も継続されることになる。

ところで、第二回定例会のなかでアイデアとして出されたノネコ問題をテーマにした絵本づくりは、二つの方向で展開した。一つは、龍郷町立大勝小学校五年生（担任：板坂直樹教諭）による絵本（図２-１）の作成で、永江直志

図 2-1　龍郷町立大勝小学校 5 年生（2015 年当時）の作成した絵本

図 2-2　鹿児島県立大島高等学校 1 年（2015 年当時）生物部の久保駿太郎さんの作成した冊子

氏（奄美自然学校）に協力を求めて実現した。二つ目は、しばらく振りに活動を再開した鹿児島県立大島高等学校生物部（顧問：岡野智和教諭）の取り組みの支援で、学習成果をまとめた小冊子（図２‐２）の作成や高校への講師派遣という形で研究会として関わりを持った。研究会との関係は、いずれも子どもたちがノネコ問題に自発的に参加できる機会をつくる重要性を共有したことから手掛けたものだった。扱うテーマについて関係者の環を広げていく手法は、この後も研究会の中に定着していくことになった。

第三節　市民団体関係者との対話を通じた研究会活動の検証

（一）検証会議の概要

研究会が二〇一五年度から二〇一八年度にかけて奄美「ノネコ問題」に取り組んだ内容について、研究会の外の人はどのように感じているのだろうか。このことを率直に聞きたいという動機から、二〇一八年一一月一五日に表３‐１に示す方々に参集いただき検証会議を開催した。座長は、研究会の設立当初よりメンバーとして参加し、大学と距離の置ける南日本放送の丸山健太郎が担当した。丸山

表 3-1　市民団体との検証会議の参加者

市民団体関係者	鹿児島環境学研究会
久野優子（一般社団法人奄美猫部）／阿部優子（奄美哺乳類研究会）／美延治郷（ＮＰＯ法人徳之島虹の会）／水田拓（ＮＰＯ法人奄美野鳥の会）／麓憲吾（あまみエフエム・ディ!ウェイヴ）	丸山健太郎（南日本放送・座長）／星野一昭（鹿児島大学産学・地域共創センター）／小栗有子（同大法文学部）／鈴木真理子（同大国際島嶼教育研究センター奄美分室）／中村朋子（同大研究推進部）
	元研究会メンバー：長田啓（元鹿児島県自然保護課長・現環境省自然環境局動物愛護管理室長）

表 3-2　検証会議のテーマと検討内容

テーマ１：第1回奄美国際ノネコ・シンポジウム「奄美の明日を考える」（平成27年10月30日／奄美大島・奄美市開催） （１）企画の準備過程について（研究会の参加、事前接触、アルグレンの訪問など） （２）企画の主旨・内容について（参加・登壇者、報告内容、パネルディスカッション、参加者、ノネコの絵本、小学生のバッチ、高校生物部など） （３）企画のインパクト・その後の波及効果 （４）企画後のフォロー
テーマ２：第2回かごしま国際シンポジウム「ネコで決まる!?　奄美の世界自然遺産！」（平成年28月2日／鹿児島市開催） （１）企画の準備過程について（研究会の参加、事前接触、アルグレンの訪問など） （２）企画の主旨・内容について（参加・登壇者、報告内容、パネルディスカッション、参加者など） （３）企画のインパクト・その後の波及効果 （４）企画後のフォロー
テーマ３：奄美「ノネコ問題」の普及啓発冊子『人もネコも野生動物もすみよい島』 （１）企画の準備過程について （２）企画の主旨・タイミングについて （３）発刊の内容・体裁について （４）発刊のインパクト・その後の波及効果 （５）発刊後のフォロー
テーマ４：鹿児島環境学のこれから-大学と地域との関わり方について その他、自由に意見交換

は、二〇一三年に出版した『鹿児島環境学特別編』（南方新社）のなかで、鹿児島環境学の最初の五年間を振りかえる対談を行っており、二回目の節目となる今回も進行役を引き受けてもらった。

　当日の進め方は、最初に三年間の研究会活動の特徴を紹介したのちに、自己紹介を兼ねてノネコ問題や研究会との関わりを参加者と共有した。その後、四つのテーマに時間を区切って意見交換を行った。四つのテーマと検討内容は表3-2のとおりである。

（二）検証会議から見えてきたこと

検証会議は二時間にわたり、議論のすべてをここで記すわけにはいかない。そこで、まず概括的なことを述べたのちに、特徴的だった意見を紹介する。

今回、市民団体の立場で参加された方のうち、国際シンポジウムのパネリストとして登壇した方が三人（うち一人は二回のシンポジウムに登壇）、残りの方は一部の国際シンポジムに参加した方であった。また、二〇一六年度に奄美「ノネコ問題」の普及啓発冊子を作成した際に、企画会議（スカイプ会議）に参加された方が二人含まれている。したがって、研究会との関わりには、参加者によって濃淡があり、この違いが活動に対する印象を左右するようだった。特に、シンポジウムに実際登壇していない方は、二回開催した国際シンポジウムの印象も薄く、奄美大島や徳之島で類似した会合が多数開催されていることが浮き彫りになった。このような違いがあることを踏まえた上で、いくつか生の声を紹介する。

まず、第一回国際シンポジウムでパネリストとして登壇した二人は、シンポジウムに参加した後の変化を次のように語った。

シンポジウム前からも行政に意見書を出して、こうしたほうがいいとか、ああしたほうがいいとか尋ねていたんですけど、ことごとく跳ね返されて。話すら聞いてくれない状況だったんです。実は。

それでああいう場を借りて、これだけ住民に関係してるネコの問題なのに、住民は蚊帳の外なんじゃないですかと言わせていただいたんです。住民の意見も取り入れた対策にするためにまずは話し合いの場を持っていただけませんか、ということを言いました。

それからいろんな経緯があって、野鳥

図 3-1　市民団体との検証会議の様子

の会さんや哺乳類研究会さんたちとネットワークを組むことになって、そういう力も借りて会議の場に呼んでいただく（引用者挿入：奄美ネコ問題ネットワーク〈ＡＣＮ〉が「奄美大島ノネコ対策ワーキンググループ」に参加）ことが実現したんです。なので、シンポジウムがきっかけだったと思います。（久野氏）

ずっと外来哺乳類というところに関わってきたし、いろんな人が、ネコがすごく増えたという話も聞いていたので、何かアクションは起こしたい。だけど、実際自分たちには科学的データがないというのもあって、後ろめたさというかそういうものがありました。

シンポジウムで訴える側、発信する側になったことで、もっと調査しなきゃいけないとか、自分が言った以上、それに責任を持たなきゃいけないという気持ちを持つようになりました。その後、二〇一六年から本当に小規模ですけど調査を始め、そういうふうにつながってるんで、きっかけにはなったのかなとは思います。（阿部氏）

また、第一回国際シンポジウム以降の三年間にみられる島の変化としては、次のような状況も報告された。

ノネコという言葉だけは知れ渡っていると思います。実は私たちの職場も屋仁川通りにあるんですが、三年前は堂々と交差点の角の辺りで、すごく餌をやってて、すごくネコがたむろしてたのです。今はないっていうか、以前よりはネコの数が減ってる気はします。少しずつ、何となくモラル観というか、そういう意識が生まれてきているような気がしています。（麓氏）

島における変化はもちろん研究会のピンポイントの活動によるものではなく、島の方々の地道な活動のたまものであるにちがいない。ただし、国際シンポジウム以降に現実的な変化がみられた点は、活動間の相乗効果が得られていると推察することはできるだろう。

研究会側からは、二〇一五年当時、鹿児島県自然保護課長として出向し、研究会のメンバーでもあった長田氏（現環境省自然環境局動物愛護管理室長）に同席してもらった。彼は当時の状況を次のように振りかえった。

一つは奄美大島の対策という面でいくと、僕が来たのが、このノネコ問題が研究会で立ち上がるのと同じタイミングで、徳之島では捕獲を始めていた。それこそクロウサギがあと五年で全滅しちゃうかもしれないみたいな話があって。とにかくなんか始めなきゃっていう状況ですが、奄美大島は着手ができていなかったですね。

そのとき行政の立場からすると、整理しなきゃいけないことが山ほどあった。予算の問題だったり、制度解釈の問題だったり、役割分担の話だったり、それから地域の合意形成の話、それから供給源対策の話、収容施設の話。全部整理されてなかったというのがあって、これを短期間でどうやって、やっていかなきゃいけないのか。行政の側としては非常に悩ましい課題だったんです。（長田氏）

そして、研究会に参加した長田氏は、比較的自由に議論ができて、本音で話せる場が研究会であったと述懐した。

次に第二回国際シンポジウムに話を移そう。第二回目は、二〇一六年に鹿児島市で開催した。研究会としての開催目的は、奄美「ノネコ問題」について鹿児島市民・県民に興味関心を持ってもらい、その解決に向けて様々な立場の方々とどのように向き合い、取り組んでいけばよいかを考えることにあった。

このシンポジウムにパネリストとして登壇した方は、皆同じことを発言した。それは、次のような内容だった。


私は、最後に星野先生が締めくくったあの一言で、私は十分だなという感触だった。これは奄美の皆さんが決めたことだから、とやかく言うのはやめましょう。そういうところに私は、あの会議の意味があったと思っています。

地元の人たちが本当にいろいろ議論して、こうしようと決めてるのに、鹿児島辺りや他から見てて、殺生は駄目だとかっていう議論になってくる。地元が一生懸命考えて、真剣に悩んで判断した上で決めてることですから、そのようにしてもらえればなと私はあの一言で十分というふうな感じでした。（美延氏）

ここは、少し補足が必要だろう。当日コーディネーターを務めた星野の発言は、パネルディスカッションの最後に「鹿児島全体、オール鹿児島で支える視点」から丸山（検証会議の座長）がコメントした内容を受けている。丸山は、次のように語った。

このノネコ問題は、時間との争いの中で、今も話がありましたけれども、殺処分というふうな厳しい選択、局面ということも十分あるんだろうと思います。でも、そうなっていこうとしているときに、「ノネコを馴化して、飼ってくれますか」というときに、鹿児島で誰かが受け入れてくれますか。飼ってくれますかっていうと、そこは相当に難しいということが本当にあり得るかっていうと、そこは相当に難しいんだろうと思います。そうやって、私たちがノネコを引き受けることが難しいとするならば、私たちにできることは、奄美の方々が苦悩の末に判断し、決断されたことに対して、決して傍観者的な立場に立たず、奄美の方々の判断をきちんと尊重することしかないのではないか。オール鹿児島というのはそこだろうと思いました。(「かごしま国際ノネコ・シンポジウム」記録集、二〇一七)

また、本書第一章の内容とも重なる内容として、丸山は次のようにも述べている。

ノネコ問題というのは日本全体のある種の課題でもあるんじゃないかと考えました。ですから、ノネコ問題に対して、苦悩の末に、キレイ事ではない、ある意味、哲学を含めたソリューションというものを提示することができれば、それは日本の先駆的なモデルになるんじゃないかと思いました。さらにいうと、奄美という地域のコミュニティがしっかりしているところからしか、それは構築できないんじゃないかという気もしています。そのためにも、今、世界遺産に向けた奄美の課題を奄美だけのものにしないということが大事なんだと思います。(同右)

翻って検証会議では、次のような疑問が改めて投げかけられた。

地図にないコミュニティの価値観とか、そういう意見とかをこのリアルな世界と、本当に相対的に並べていいものかっていうのは、本当、議論せんといかんですよね。

地域で暮らす中で、物事を動かしたり、意見するということは、必ず対面的な反動が伴います。ちゃんと陰の部分もあれば、陽の部分もあるのですから。地域で暮らし、その課題と関わるということは、陰と光の一元的な世界観で物事を考え、折り合うことだと思うのです。地図にないコミュニティは、現実味が薄く、一方的な理想論も多い。そこは二元的で、対面側の都合や価値観を加味し難い環境だと思う。(麓氏)

ようするに、ノネコ問題の解決には、地域の広がりだったり、長い時間軸を必要とすることを考えると、地図上にあるリアルなコミュニティでないと解決できないというか、歯車一つ動かせない。この重たい事実を検証会議で再確認することになった。

一方、次のようなコメントも出された。

言ってみれば、こう集まってるわれわれも、やっぱり同質だと思うんですね。ノネコ管理計画を賛成する側にいるわけですから。

現場にいても立場によって、すごく問題の捉え方とか、アプローチの仕方っていうのは違うなっていうのをつくづく感じます。それぞれ事情があったり、自分の正しいと思うことがあったりして活動しているので、簡単に何が正解で誰が正義かに分けることができないと思う。自分たちの信じる正義に基づいていろいろ批判してきてもやっぱり真摯に語らい、あるいはそういうことが重要だなというふうに思います。（水田氏）

検証会議の議論はその後も続いた。その中で一つ強く感じたことがある。それは、現場の差し迫った課題は常に変化しているということだ。今回の集まりは、研究会の活動を一緒に振り返ってもらうことが目的だったが、最新の現場状況をむしろ確認する場となった。たとえば、「すでに四〇〇〇匹のネコに避妊去勢（徳之島）をしたが、全然終わった気がしない」、「捕獲するネコのほとんどが耳カット（避妊去勢）されておらず、避妊去勢しなかったネコがどんどん繁殖している」、「山に設置する四カ所あるカメラに毎週ノネコが映っているが罠の前は素通り。逆に、明らかに飼い主が山に持ち込んだと思われるネコが罠カゴにいる」などだ。

研究会では、努めてその時々で地元にとって必要と思われたことに取り組んできた。二つの国際シンポジウムは、奄美「ノネコ問題」を主題に掲げ、多様な関係者が対等に議論できる場の必要性を感じたことが動機だったし、絵本（小学生作成）や小冊子（高校生作成）づくりの支援は、次を担う世代に議論に参加してもらうきっかけにしたかった。ノネコ問題啓発冊子は、奄美「ノネコ問題」を継続して議論する上で、問題を考える土台となるノネコをめぐる基本情報を共有できる手軽な媒体が必要だと判断した。

これら研究会としての試みは、地元で問題に取り組む人々によって手掛けられた活動に合流して、問題解決に向けた大きなうねりをつくり出す流れに乗れたのではないか。これは、検証会議を終えた一つの感想である。同時に、刻一刻変化する現場の問題状況を常に感知しつつ、近い未来に起こりうることを予測して提言を行い、かつ遠い未来をも照らす役割が研究会として、あるいは、地域環境学の研究に求められるのではないかということを確認する機会となった。

第四節　行政関係者との対話を通じた研究会活動の検証

（一）検証会議の概要

二〇一八年一一月一六日には、第三節で紹介した検証会議と同じ目的で、参加者を行政関係者にのみに絞って会議を開催した。座長は、前回と同様に研究会メンバーの丸山が担当し、内容も表3‐2と同じ流れで進行した。参加者は表4‐1に示すとおりである。

（二）検証会議から見えてきたこと

行政関係者との検証会議は、行政上の課題が明確であったこともあり、市民団体との対話の時よりも奄美「ノネコ問題」をめぐって当時何が問題で、その問題に対して研究会がどのように作用したのかが見えやすい会議となった。総じていえば、行政を中心にして見た場合、研究会として認識できていなかった広範囲なつながりが地域の中で展開していた。そのつながりは、行政と市民団体、行政と学校や集落、行政と大学、行政と議員、行政の異なる階層間などにみられた。きっかけも、ある時は研究会の開催した国際シンポジウムであったり、ある時は絵本だったり、また、ある時は普及啓発冊子だったりとその時々で波及をもたらした要素は異なっていた。次にそれらを紹介していきたい。

まず、奄美猫部の久野氏が奄美市で開催した国際シンポジウムの成果として挙げた奄美ネコ問題ネットワーク（ACN）の行政組織を母体とする奄美大島ノネコ対策ワーキンググループへの参加について、行政側はどう受け止めていたのだろうか。検証会議に参加した桑原氏は次のように発言した。

平成二八年に私が四月に来て、四月の下旬にACNを呼

表 4-1　行政機関との検証会議の参加者

行政関係者	鹿児島環境学研究会
藤江俊生・山下克蔵（奄美市）、桑原庸輔（大島支庁）、小林淳一（龍郷町）、吉野琢哉（天城町）、千葉康人・早瀬穂奈美・水田拓（環境省奄美自然保護官事務所）、沢登良馬（環境省徳之島自然保護官事務所）	丸山健太郎（南日本放送・座長）／星野一昭（鹿児島大学産学・地域共創センター）／小栗有子（同大法文学部） 元研究会メンバー：長田啓（元鹿児島県自然保護課長・現環境省自然環境局動物愛護管理室長）

図 4-1　行政機関との検証会議の様子

んで会議をやったわけですが、それまでの経緯を私は全く分かっていなかった。ただ、奄美大島ノネコ対策ワーキンググループをするに当たっては、こちらで用意している資料やこういうことについて議論しようというのが、当然少しはあったんですけど、それについて反対するような意見が出ると、もう議論が進んでいかないんじゃないかという不安が最初はあった。でもそこは、一回目から前向きに話ができたので良かったと思っている。（桑原氏）

桑原氏は、奄美大島ノネコ対策ワーキンググループの事務局としてシンポジウム開催後に着任している。これに対して市民団体との検証会議から引き続き出席した長田氏は、当時の記憶をたどりながら、ＡＣＮの参加が決定するまでに何カ月かかかり、最初は行政も慎重だったという。そして「一緒に考えていく場をつくりましょう、行政機関で相談していきますと、私が最後に言いました。だから、本当にこの国際シンポジウムが、ＡＣＮとかに入ってもらうのに直結してるんですよ」と語った。ちなみに長田氏が、実際にシンポジウムで話した内容は次のとおりである。

その中でご指摘をいただきましたネコ対策について、行政の中ではいろいろと話し合いが行われているようだけどけれども、地域の側にその話し合いの状況が見えてこない。だから、是非、地域の関係団体も議論ができる場を作ってほしいというご提案をいただきました。その中で行政の方も皆さん参加しておられましたので、そこである程度ご意見を伺って、何らかのかたちでその地域の方と一緒にネコ問題について考えていく場を作りましょう。（「あまみ国際ノネコ・シンポジウム」記録集、二〇一六）

ＡＣＮの受け入れの経緯はこれ以上分からなかったが、国際シンポジウムが行政と市民団体をつなぐクッション役になったことが推察された。また、長田氏は、行政として決めるべきこととやるべきことがたくさんあった平成二七年当時の状況を次のように指摘した。

あまりに決まっていないことが多過ぎるので、一番大事な地域合意形成っていうところに、行政としては直接的に踏み込みにくかったという状況だったと思うんです。

そのときに必ずしもノネコ対策について、全面賛成という立場じゃない人にも話をしてもらうような形でやるっていうのは行政ではできなかったと思います。そういう意味で、研究会という形で、奄美で大きく問題提起ということは、行政にとっては大きな後押しになったと思います。幅広い意見がここで披露されたというのは、すごく重要だったんじゃないかなと思います。（長田氏）

奄美市で開催した国際シンポジウムは、地域との対話を開始するための行政側が一歩を踏み出す機会になったのかもしれないということがここからも推察される。

ところで、このシンポジウムには、絵本を作成した龍郷町の大勝小学校五年生と校長先生、その保護者の方々にも参加いただき、五年生には直接絵本を参加者に手渡してもらった。研究会としては、絵本作成をシンポジウムに間に合わせて、小学生のノネコに対する思いや考えを参加者に伝え、小学生にも議論に参加してもらいたいと考えていた。果たして絵本作成はどのような意味があったのだろうか。小林氏の話を紹介したい。

龍郷町の大勝小学校の児童たちは、ネコの対策、飼い猫のところから始まって、ネコの対策について先生方と一緒に話し合って、またそういった冊子ができたということで、地元としても、すごく大きく反響がありまして。特に親御さんに何人か知り合いがいて、直接言われたんですけども、自分の子どもがこういった問題に対して、これほど真剣に取り組んでいる姿に感動したということをよく聞きました。それを見た方からも、こういった本は龍郷町のネコの取り組みを後押ししてくれる、そういった存在だったかなというふうに思います。シンポジウムの中でも確か触れられていたと思うんですけれども、この冊子は今もよく小学校の中でも話があるというふうに聞いています。（小林氏）

奄美大島や奄美市という大きな括りでは見えない、地元の町や集落ならではの地に足のついた広がりを小林氏の話で知るところとなった。大勝小学校五年生が作成した絵本は、徳之島でもネコの講演会を開催する際の一つの資料として活用されているという報告もあった。

次に、鹿児島市で開催した国際シンポジウムに話を移すと、市民団体との検証会議と同じ意見が次のように聞かれた。

自分たちは奄美のことで一生懸命やるんですが、今、奄美でそういうことが起こっているかと鹿児島の市民や県民の方々に知ってもらういい機会になればなと思っていました。私のほうが一番ありがたいと思ったのは、丸山さんが多分おっしゃったことで、奄美のほうで決定したことには、鹿児島の皆さんにもバックアップしてもらいたいという意見を頂いたことです。これが一番うれしかったです。（藤江氏）

鹿児島市の国際シンポジウムでは、本学の共同獣医学部と奄美市行政がつながる契機になったことも話題に上った。きっかけは、研究会メンバーの星野が本学の宮本篤共同獣医学部長をお誘いして参加してもらったことである。この時パネリストとして登壇した久野氏（奄美猫部）が、「奄美は本当に人材がいなくて、動いてくれる人がまずいないので、それをどうやって集めるかっていう問題もありますし、（中略）獣医師がまず足りません。どうか、鹿児島大学の獣医学の先生もいらっしゃっているようなので、ぜひ。研修の場としても最適な場所だと思います。どうかご協力をよろしくお願いします。」と発言したことに対して宮本氏が、「今のご提案、学部長として持ち帰って検討する」と応答したことが発端になっている（「かごしま国際ノネコ・シンポジウム」記録集、二〇一七）。

山下氏からは、共同獣医学部では、二〇一八年度の計画として奄美市に獣医を六回送り、二日間かけてTNR手術を手伝ってもらうとの説明があり、次の発言があった。

今、自分は初めて知ったんですけど、このシンポジウムのおかげで。もともと奄美市と鹿大さんで協定を結んでいまして、実際その一環としてあるんですけども。こういうのがあって、手伝っていただけるようになったのかなというのがあります。平成三二年度までやっていただくことになっているのですが、あともう少し延ばしていただけないか検討しているところです。（山下氏）

鹿児島市の国際シンポジウムでも、奄美市の場合と同じように人と人の出会いをもたらし、その出会いが契機となって組織と組織を結びつけ、事業に展開する動きを確認することができた。

ここまで国際シンポジウムの開催によるその後の動向について検討してきたが、さらに気になることがあった。それは、国際シンポジウムであったことの意味であり、より具体的には、二度にわたって来日してもらったニュージーランド保全管理研究所研究員であるアル・グレン氏の与えた影響のことである。研究会の招聘の意図としては、ニュージーランドは世界でも外来種対策を先頭で走っている国であり、ノネコはすべて殺処分している。そのような海外の実態を知ることがこれからの奄美を考える上で必要ではないかと判断した。

この疑問について奄美市では、グレン氏の来日に合わせて議員からのニュージランドの実情を知りたいという要請を受けて会合を開いたという。担当した藤江氏は、その後の動きを次のように語った。

アル・グレンさんのお話を伺ってからは、議員の方々もノネコに対する取り組みがどうなっているかとか、終生収容するのか、殺処分するのかなどどんどん議論が出てきて。(中略)委員会の中とか、個人的に話をする中で、議員のほうからも意見が盛んに出てくるようになったのは、このときからかなというふうに考えています。(藤江氏)

海外の情報がどのように受け止められていたのかについては、意外なことに議員の間で広く受け止められていることが今回わかった。また、議員へのノネコ問題啓発冊子の配布に加えて、議員らは個別に市民団体との意見交換会などの勉強会を重ねていることも明らかにされた。

検証会議に集まった方の話を重ねてみると、奄美「ノネコ問題」に対して行政を中心とした地域の立体的な動きが見えてくる。この状況を千葉氏は次のように実にうまく表現した。

今、奄美大島の中で自然保護に関する様々な事業が行われているんですけれども、市町村と県と国がここまで連携して取り組んでいる事業というのは、他にはないんじゃないかなと思います。問題の厳しさというか、深刻さ、機微なところもあるので、必然的にそうなっているのかもしれませんが、強固な連携で風通し良く一枚岩で取り組み、一つの方向に向かってやれているのは非常に素晴らしいことだなと思っております。(千葉氏)

行政関係者との検証会議では、研究会の取り組みを次の展開のために行政側が上手に用いている様子が伺えた。バトン渡しがうまくいったと見えるのはなぜなのだろうか。一つ指摘できることは、情報はただ発信されればよいものではなく、どんな内容がいつのタイミングで誰に向けてなされる必要があるのかを考えることが大切だということではないだろうか。

研究会で作成したノネコ問題啓発冊子には、国内外の事例が盛り込まれているが、これらの情報も必要性が迫られて初めて価値をもつ。例えば、小笠原モデルの真似をすべきという電話の応対は、小笠原の事例を知らなければできないものだ。このことに関連して早瀬氏は次のように強調した。

> 計画や対策を考える上で、検討する材料は必ず必要だと思っています。島の環境だったり、バックグランドはそれぞれ全然違います。そういった中で、ある対策がどこで採用できて、どこは変えなくてはいけないのかは、奄美大島独自のやり方で考えていかなければならないのです。島の状況が違うから他の島と同じやり方が必ず奄美大島でも正しいとはいえません。（早瀬氏）

早瀬氏の発言は、奄美「ノネコ問題」を多角的で多層的な視点で考えなければいけないと考える研究会の見解とも一致する。このようなニーズの共通了解が成立するところに初めて、研究会と地元の間の応答関係も成立するのではないだろうか。研究会では、第二節で詳述したように、地元の方にも協力いただき何度も検討を繰り返し、準備を重ねてきた。時間はかかる方法ではあるが、この過程は決して間違いではなかったことが、検証会議を通して見えてきたことであった。

第五節　研究会への要望と今後の課題

検証会議では、研究会への今後の要望についても語ってもらった。ここで出された要望は、別の見方をすれば、それは現場が抱える課題でもあるということだ。このことを念頭にまず、徳之島から寄せられた内容を確認してみたい。徳之島からの発言では、隣り合う奄美大島と徳之島の間でも島の事情がずいぶん異なる点が強調された。吉野氏は、徳之島の状況を次のように解説した。

> 徳之島の島民性というか地域性は、考えるよりもまず行動するみたいなところがあります。当然ネコ対策にしても、何かを始めるのはすごく早いですし、突き進んでいける島

です。ただ一方で、中長期的なビジョンとか計画という面では遅れがちになってしまいます。
今日の最初の議論で地域の合意形成とか、さまざまな考え方が出てきたという話がありましたが、徳之島では大きな合意形成で悩んだことがあまりなかったと思います。徳之島の中にも違う考え方を持った方々がいらっしゃると思いますが、そういった方々が組織になりにくい人口規模なのかもしれません。（吉野氏）

そして、沢登氏は具体的に次のように語った。

ネコ対策については、徳之島が奄美大島より先に捕獲をスタートしたんですけども、野良ネコのTNRを今ものすごい数をやっているにもかかわらず、ノネコがたくさん捕獲されている。ということは、成功しているかどうかっていうのはもっとこれから先の判断になると思います。
奄美大島と徳之島は、島の成り立ちや島民性というのは似ているところはあると思うんですけども、ネコ対策のやり方というのは全然違ってくると思うんです。例えばノネコを収容する施設の体制や設備、島にいる獣医師の数というのも全然違いますから、徳之島独自のやり方を今後考えていかなければなりません。

ただ、現時点で外部研究者等との連携がまだまだ強くなく、他の外部の団体との連携をもっと強化していく必要があるのかなと感じています。（沢登氏）

先にノネコの捕獲を進めた徳之島と捕獲よりもノネコ管理計画を先に進めた奄美大島の違いがここでは浮き彫りになった。捕獲したノネコを飼育して、新しい飼い主を探すための拠点施設であるニャンダーランド（徳之島）にも受け入れ頭数に限界がある。ひたすら増え続けるノネコにすべて対応できるわけではない。収容の限界も近く、喫緊の課題として徳之島版のノネコ管理計画の必要性が確認された。吉野氏と沢登氏の要望は、現場の状況を踏まえて研究会だけでなく環境省に対してももう少し徳之島に目を向けてもらいたいという内容であった。
山下氏の次の発言も、住民と最も近い市役所に身をおくからこそみえる課題なのだろう。

普及啓発にシンポジウムとかいろいろして頂いているんですけど、やっぱりネコに興味のある人ばかりが来ているような感じがします。ネコの被害に遭っている人なんかを掘り起こせる感じのシンポジウムを考えないといかんのでしょうけど、どういうふうにしたらそういった人たちが参

加しやすくなるのか。そんなシンポジウムをお互いで考えていけたらいいなと思います。（山下氏）

山下氏は行政窓口に来る人の中には、ネコの糞尿やネコが勝手に家に入りこんだりするなどネコ被害を受ける側の住民も決して少なくないという。山下氏の発言は、奄美「ノネコ問題」について一緒に考えるべき当事者が他にももっといることを知らせる内容であった。

長田氏からは、やや奄美に限定しない「ノネコ問題」をめぐる次のような意見が出された。

動物愛護をやっていて思うのは、論争がいつもあるんですけど、それは多分一義的にはゴールを共有していないからだと思っています。ゴールが共有できていなければ、ゴールに至るまでの手法が一致するわけがないのです。北海道に行こうとしている人と、沖縄に行こうとしている人が、どっちの電車に乗るかで論争しているようなものですから、それは当然違いますよね。

将来像みたいなものを議論して共有することはすごく難しいけど、そういったことにトライしてみる価値はあるんではないかと思います。共有するための議論は大事だろうと思うし、特に地域の関係者との対話を重視する研究会みたいなところならさらに先に進められるように思うんです。（長田氏）

ゴールの共有という観点でいえば、奄美の現在の状況を麓氏の次の発言から伺い知ることができる。

最近メディアだったり、久野さんがやっていることで、連携ができるようになってきたなというのをすごく感じています。なんかこう波長というか、みんながだんだん合い始めてきたなというのがあり、こういうグループをうまくつくると島はちゃんと変わってくるんじゃないかなというのがあります。（麓氏）

麓氏のこの発言は、奄美大島五市町村が参加する自然保護協議会が、麓氏らが発案した唄島プロジェクト（奄美出身の島唄の唄者、アーティストが集結して、ひとつの唄をつくりあげるプロジェクトで「懐かしい未来へ」を二〇一八年一〇月にリリースした）に賛同してくれたことを象徴的な変化の出来事として紹介した直後のものである。麓氏は続いて、次のようにも語った。

モラル観づくりだったり、自分たちの愛する島をどういうふうに守っていくかっていうところから、いろんな手段が設けられていくと思います。世界自然遺産の登録までに島を思うことだったり、島らしさだったり、次世代につなぐ島っていうものをわれわれが考え、話せる場を度々設けつつ、行政も民間も鹿大の皆さんも共有しながら進めていきたいなと思います。（麓氏）

鹿児島市で開催した国際シンポジウムについて、市民団体と行政を問わず、奄美の決断を尊重し、支援するという研究会の立場を好意的に受け止めてもらったことは先に述べた。この理由を改めて考えてみると、それは奄美「ノネコ問題」が目指す共通ゴールが、「次世代につなぐ島」という一点で島の中での合意ができていたからではないだろうかと思う。「ノネコ問題」の解決をめぐり奄美大島モデルと徳之島モデルが形成されつつある中で、最も大事な教訓は、長田氏の言葉を借りれば、それはゴールの共有が関係者の不断の対話努力によって獲得されつつあるという現実の動きの中にあるのだろう。

研究会の活動を振りかえると、初めて開催した奄美国際シンポジウムの狙いは「奄美に暮らす人が「奄美の明日」を考え、地元の合意をはかりながら、未来を選択していくためのきっかけとなる情報を提供すること」にあった。沢登氏や麓氏をはじめ、多くの方が連携という言葉を用いており、研究会は情報提供だけでなく、対話に参加する一つの関係団体として地元に受け入れられていることを感じることができた。同時に、山下氏や長田氏の指摘にもあったように、対話の輪を島内外にさらに広げていくことが研究会の課題として示されたように思う。

一方で、次のような要望も寄せられた。

研究会の中でも予防原則という考えをかなり大切にしてきたと思いますが、予防原則は予防なので、ちゃんと科学的に明らかにしていくというのも学問の側の責務としてあると思います。手遅れにならないように、今は予防原則を適応してやっているけど、ノネコによる影響の定量的評価などいつかは研究によって明らかにされなければならないものもあると思います。（長田氏）

科学的根拠の重要性は、頭数管理の問題に留まらず、奄美大島で策定した生態系保全のためのノネコ管理計画のもつ法的根拠の検討としても話題になった。研究機関としての大学や大学の名前を冠する研究会に期待されることとしては当然であろう。ただし、研究会設立後しばらくは、大学としても野生動物を保全する観点からの哺乳類研究者は不在の状態だった。専門領域の層と研究者の数でいえば、大都市圏など人口の多い地域に立地する大学等とは比較にならない。そこで、個別の専門領域に応える研究には、学外研究者の協力を得て研究の組織化を図るなどの工夫が必要になるだろう。

また、教育機関としての大学への要望としては、獣医教育の中に個体として動物をみるだけではなく、生態系保全という観点も学べる教育をして欲しいという声があった。

研究会への要望は、そのまま大学への要望とも置き換えられる。地元との対話のなかで聞かれた声を大学という組織にいかに届け、対策を講じていけるのかということも研究会が今後取り組まなければいけない課題であろう。

最後に、奄美「ノネコ問題」というテーマを鹿児島環境学研究会の初志に照らして考察しておきたい。

鹿児島環境学を最初に提唱した小野寺（鹿児島環境学研究会編、二〇〇九）は、鹿児島環境学の考え方として第一に環境問題を日常から問い直すこと、第二に、地球温暖化対策（人間活動から捉えた環境問題）と生物多様性保全（生物側から捉えた環境問題）という二つの環境保全上の概念・目標を関係づけ、統合していくこと、第三に、現場から考えることの三つを示した。この観点に立てば、奄美「ノネコ問題」というテーマ性は、ここで示す特徴をすべて含んでいる。奄美「ノネコ問題」の論点が多岐に渡り、問題の複雑さを露わにするのは偶然ではなく、テーマが優れているからではないかと思われる。

小野寺は続けて、環境問題の三つの特質として次を挙げた（同上）。一つは、環境問題の本質はあくまでも諸要素間の適正なバランスを求めることにあり、二つには、環境問題は現在の科学的知見では到底科学的分析に堪えないこと、三つには、求められる環境の量および質が、社会性を帯びたものであることだ。その上で、「現場で具体的に起きていることを、そこに暮らしている人びとの感覚を通して見、仔細に分析して環境にかかわる諸問題を整理し体系化することを目指す」と宣言した。

研究会の設立から八年目にしてようやくテーマを具体的に絞り込み、四年がさらに経過した。現場主義を掲げ、「現場的解決を観察し分析していくこと、つまり現場の知恵を帰納していくという方法論」（同上）の確立には、研究会としてはまだ至らない。ここに到達するためには、奄美「ノネコ問題」の取り組みの検証が、研究会という枠を超えてなされなければならないのではないかと考える。

手始めとしては、千葉氏が研究会への要望として指摘したように「行政にはでき得ない、いろんな冊子で記録に残していくこと、この本もそうなんですけど、奄美のノネコ対策は日本の中ではすごく先進的な取り組みだと思うので、他の地域でも参考になるような形で情報発信することを引き続き期待したい」に応えて、最初の一歩として本書を世に送り、次なる課題に立ち向かいたい。

（小栗有子／鹿児島大学法文学部）

参考・引用文献

『「奄美の明日を考える奄美国際ノネコ・シンポジウム」記録集』鹿児島大学鹿児島環境学研究会発行、二〇一六年
http://kankyo.rdc.kagoshima-u.ac.jp/wp2016/wp-content/uploads/2017/06/amanonekosinpo-kirokushu.pdf（二〇一八年二月一日最終閲覧）

鹿児島県立大島高等学校生物部 久保駿太郎、鹿児島大学鹿児島環境学研究会編「奄美の明日を考える　ヒトとネコ、そして自然との共生を目指して」環境省那覇自然環境事務所発行、二〇一六年
http://kankyo.rdc.kagoshima-u.ac.jp/wp2016/wp-content/uploads/2016/05/%E5%A5%84%E7%BE%8E%E3%81%AE%E6%98%8E%E6%97%A5%E3%82%92%E8%80%83%E3%81%88%E3%82%8B.pdf（二〇一八年二月一日最終閲覧）

鹿児島大学鹿児島環境学研究会編『鹿児島環境学Ⅰ』南方新社、二〇〇九年

鹿児島大学鹿児島環境学研究会編『鹿児島環境学Ⅱ』南方新社、二〇一〇年

鹿児島大学鹿児島環境学研究会編『鹿児島環境学Ⅲ』南方新社、二〇一一年

鹿児島大学鹿児島環境学研究会編『鹿児島環境学　特別編』南方新社、二〇一三年

龍郷町立大勝小学校五年生二〇名、鹿児島大学鹿児島環境学研究会編「ネコはお外にいていいの？」環境省那覇自然環境事務所発行、二〇一五年
http://kankyo.rdc.kagoshima-u.ac.jp/wp2016/wp-content/uploads/2017/07/%E3%83%8D%E3%82%B3%E3%81%AF%E3%81%8A%E5%A4%96%E3%81%AB%E3%81%84%E3%81%A6%E3%81%84%E3%81%84%E3%81%AE%EF%BC%9F-s.pdf（二〇一八年二月一日最終閲覧）

『「ネコで決まる⁉　奄美の世界自然遺産！かごしま国際ノネコ・シンポジウム」記録集』鹿児島大学鹿児島環境学研究会発行、二〇一七年
http://kankyo.rdc.kagoshima-u.ac.jp/wp2016/wp-content/uploads/2017/06/kagononekosinpo-kirokushu.pdf.pdf（二〇一八年二月一日最終閲覧）

『人もネコも野生動物もすみよい島』鹿児島大学鹿児島環境学研究会発行、二〇一七年

http://kankyo.rdc.kagoshima-u.ac.jp/wp2016/wp-content/uploads/2017/07/DLver.nonekohukyu.pdf（二〇一八年一月一日最終閲覧）

Column 2

ノネコ問題の年表を作成して

ネコと暮らした経験のある人は、そのかわいらしさや気ままさ、身体能力の高さに魅力を感じて癒やされる一方、その爪と牙の恐ろしさや、自分の興味や要求のために発揮する忍耐力と知恵の高さを痛感したことがあるはずだ。ネコは人を翻弄する。それは、人の社会とネコとの関係でも同様なのではないかとノネコ問題に取り組む離島と動物愛護に関する行政の動きを中心にした年表を作成しながら思った。

年表を追っていく。年表上、どの島においてもネコは人を通して広がっていった外来生物である。現在から約九〇年前の一九二五年、入植の際に人が持ち込んだネコが野生化し、固有種の鳥類を絶滅させたことをきっかけに、ニュージーランドのスティーブン島で世界最初のノネコの駆除が行われた。約八〇年前の一九三四年には、漁業者などの外部の人間により持ち込まれ野生化したネコ（ノネコ）の捕食が原因で、小笠原諸島固有の鳥類の絶滅が多くなった可能性が示されている。約七〇年前の一九五〇年、狩猟法の狩猟鳥獣リストにノイヌ・ノネコが含まれ、約五〇年前の一九六三年の国会では、「ノネコという種類のネコがいるのか？　野良猫と飼い猫とノネコの区別がつくのか？」という、現在のインターネット上と変わらない議論がなされており、この頃から既に、概念としてのネコが人を翻弄していたのかと驚く。

四〇年前の一九七〇年代後半より、沖縄では野生化したネコ（ノネコ）によるオキナワトゲネズミやケナガネズミへの捕食圧が発表されるようになった。奄美大島では三〇年前の一九八〇年代後半、マングースの生態系への影響を調べるため、地元有志が仕掛けたワナにネコや子ネコが捕獲されることがあり、一九九八年には、森林総合研究所の山田文雄氏が学会でアマミノクロウサギへのノネコの影響について触れた。二〇〇〇年代後半より、ノネコ・ノイヌによるアマミノクロウサギ等への被害が顕著になってきたことを機に、二〇〇八年、環境省・県・地元自治体が協同で飼い猫の適正飼養条例の策定（二〇一一年公布）などの活動に取り組み、二〇一五年には地元の活動団体が加わって話し合いを重ねながら、二〇一八年に「奄美大島における生態系保全のためのノネコ管理計画」を策定、同年、島内のノネコを捕獲・避妊去勢手術等の後、譲渡までノネコを飼養する「奄美ノネコセンター」が設置され、この施設は奄美五市町村（奄美市・大和村・宇検村・瀬戸内町・龍郷町）で設立された「奄美大島ねこ対策協議会」によって運用されている。

一九九〇年代に入ると、ネコが固有種の鳥類を襲う被害等を抑えるために、北海道の天売島（一九九二年）や東京都の小笠原諸島（一九九六年）で野良猫のTNRが開始される。どちらの島でも野良猫の数が一時的に減少したが、避妊去勢手術後に島内に戻された野良猫、TNRを逃れて繁殖し続けるネコたちは当然、鳥類を襲った。解決の糸口は、ネコを島外に移すこと。天売島ではTNR活動開始から約二〇年後の二〇一二年、小笠原諸島では九年後の二〇〇五年に、島内の野良猫、ノネコを捕獲・避妊去勢手術等後、島外への譲渡活動を始め、現在も島内の野良猫、ノネコの完全排除に向けて取り組みを続けている。

年表にそれぞれの事例を置いてみると、外来生物であるネコによる島固有種への被害が見え始め、最終的な対策が取られるまでに一〇年から三〇年の時間を要していることが分かる。その間にもネコは増え続け、被害は続く。これは、人と身近に暮らすネコのかわいらしさが判断を鈍らせ、完全排除の二の足を踏ませるためではないか。やはりネコは人を翻弄しているのではないだろうか。人はネコをコントロールできるのか？　この年表はその挑戦への足跡なのだ。

（中村朋子／鹿児島大学研究推進部研究協力課研究協力係）

資料編

時代	年	国・県・海外の動き	市町村の動き	地域の動きほか（市民団体や研究教育機関等）
飛鳥	675年	「殺生禁断の詔勅」（天武天皇）		
飛鳥	676年	「放生の詔勅」（天武天皇）		
江戸	1687年	「生類憐みの令」発令		
明治	1873年	「鳥獣猟規則」制定		
明治	1892年	「狩猟規則」勅令		
明治	1895年	「狩猟法（旧）」制定（3月）		
大正	1912年			「日本鳥学会」発足
大正	1918年	「狩猟法（旧）」が全面改正され、鳥獣保護管理法の骨格となる新「狩猟法」が誕生（4月）		
大正	1921年	ルリカケスを国の天然記念物に指定（3月）		
大正	1925年	ニュージーランドのスティーブン島で世界最初のノネコ駆除が行われる		

昭和			
１９３４年			「日本野鳥の会」創立 山下氏、野鳥の会会報誌「野鳥」にて「ボニン島（小笠原諸島）の鳥」を発表。その中で、小笠原諸島固有種の鳥類の絶滅が多くなったのは部分的には野生化したネコによる捕食が起因するとした
１９４６年	連合軍最高指令部の覚え書きにより、奄美群島が本土と分離され、米軍政府下に統治される（２月）		
１９４９年	狩猟法施行規則が一部改正され、狩猟鳥獣の種類としてノイヌ・ノネコ（当時は、のいぬ、のねこと表記）が記載された（昭和24年農林省令第１０２号）		
１９５３年	「奄美群島に関する日本国とアメリカ合衆国との間の協定」により奄美群島が本土復帰。鹿児島県大島支庁が再び設置される（12月）		
１９５４年	「奄美群島復興特別措置法」制定（６月）		
１９５６年	「自然公園法」制定（６月）		
１９６３年	「狩猟法」を改正し、「鳥獣保護及狩猟ニ関スル法律」に改称（３月） アマミノクロウサギを国の特別天然		

	記念物に指定（7月）		
1964年	林野庁長官が姫路簡易裁判所からの照会に対して『ノネコ』とは、常時山野にて、野生の鳥獣等を捕食し、生息している『ネコ』をいう」と回答 「奄美群島復興特別措置法」を「奄美群島振興特別措置法」に改題		
1967年			阿部学氏「天売島で繁殖するウトウの生態と野犬（?）による被害について」を報告（日本鳥学会 日本鳥学会誌「鳥」18（83））
1969年			高良鉄夫氏「尖閣列島の海鳥について（農学科）」にて、アホウドリ等の海鳥の激減の原因が野生ネコによるものと報告（琉球大学学術報告第16号）
1970年	アカヒゲを国の天然記念物に指定（1月）		
1971年	オオトラツグミ、カラスバト、オーストンアカゲラを国の天然記念物に指定（5月） 環境庁発足（7月）		
1972年	トゲネズミ、ケナガネズミを国の天然記念物に指定（5月） 「自然環境保全法」制定（6月）		

昭和							
1973年	1974年	1976年	1979年	1981年	1988年	1989年	1992年
「動物の保護及び管理に関する法律」（動物保護法）制定（10月）	奄美群島国定公園指定（2月） 「奄美群島振興特別措置法」を「奄美群島振興開発特別措置法」に改題		鹿児島県立奄美少年自然の家開設（6月）				「生物多様性条約」作成（6月） 「絶滅のおそれのある野生動植物の種の保存に関する法律（種の保存
						奄美大島でのマングースによる農業被害（野菜・果実・養鶏等）が目立つようになる	天売島、ノラネコのTNR活動開始（97年まで）
		宮城進氏「ノグチゲラ生息地における野生化ネコとオキナワトゲネズミ（予報）」を発表（沖縄県天然記念物調査シリーズ第5集ノグチゲラ）	名瀬市（現奄美市名瀬）にハブ駆除対策のためマングースを導入	沖縄県教育委員会「沖縄県天然記念物調査シリーズ第22集 ケナガネズミの実態調査報告書」にて、ノネコによる捕食圧について発表	「奄美野鳥の会」発足（11月）	奄美大島の地元有志がマングースの生態系への影響調査実施 「奄美哺乳類研究会」発足	

平成			
	法）」制定（６月）		
１９９３年	「生物多様性条約」を日本が締結（５月） 「環境基本法」制定（11月） 屋久島が世界自然遺産に登録される（12月）	名瀬市（現奄美市）でマングースの有害鳥獣捕獲開始	
１９９５年	「生物多様性国家戦略（第１次）」策定（10月）	大和村でマングースの有害鳥獣捕獲開始	
１９９６年	鹿児島県　有害鳥獣捕獲補助開始。マングース１頭あたり９００円の報奨金助成交付 環境庁「島嶼地域の移入種駆除・制御モデル事業（マングース）」として、調査を開始（99年度まで）	小笠原諸島固有種の鳥類ハハジマメグロのネコによる被害をきっかけに小笠原ネコ対策事業を開始（小笠原村が人の管理下にないネコのＴＮＲ等）	ツシマヤマネコへのＦＩＶ感染が判明イリオモテヤマネコへのＦＩＶ感染を防ぐため、西表島で発足したネコの飼い主の会「マヤー小探偵団」が飼いネコの不妊化手術、ウイルス検査医、適正飼育を通じたヤマネコ保護の取り組みを開始
１９９７年			大島成生氏ほか（財）日本野鳥の会やんばる支部「沖縄県北部における貴重動物と移入動物の生息状況及び移入動物による貴重動物への影響」にてノネコの影響を発表
１９９８年	ＩＵＣＮ「世界の侵略的外来種ワースト１００」を選定。ノネコが掲載される	「小笠原村飼いネコ適正飼養条例」制定（12月） 名瀬市（現奄美市）住用町でマングースの有害鳥獣捕獲開始ネコ適正飼養条例	森林総合研究所　山田文雄氏ほか日本熱帯生態学会にて、「希少種アマミノクロウサギ、Ｐｅｎｔａｌａｇｕｓ　ｆｕｒｎｅｓｓｉの現状と保全」を発表し、ノネコの影響についても触れる。（７月）
１９９９年	「動物の保護及び管理に関する法律」から「動物の愛護及び管理に関する法律（動物愛護管理法）」に改正（12月）		
２０００年	環境庁、大和村に奄美野生生物保護センターを開設（４月）。奄美大島に		

平成			
	て本格的なマングース駆除開始		
2001年	中央省庁再編により環境庁を改組し、「環境省」設置（1月）	「竹富町ねこ飼養条例」制定（3月） 「大和村における野生生物の保護に関する条例」制定（6月）	奄美哺乳類研究会、「奄美・マングース・プロジェクト」を発足 九州地区獣医師連合会による西表動物診療所が開設（飼いネコの適正飼養への取組を強化）
2002年	「鳥獣保護及狩猟ニ関スル法律」をひらがな書き口語体にするため全部改正し、「鳥獣の保護及び狩猟の適正化に関する法律」（鳥獣保護法）を制定（7月） 沖縄県　沖縄本島北部（やんばる）にてノネコの捕獲・排除開始。「やんばるにおける移入（外来）動物問題を考えるシンポジウム」開催		河内紀浩ほか沖縄県生物学会誌にて「沖縄島北部森林域における移入食肉目（ジャワマングース・ノネコ・ノイヌ）の分布及び食性について」を発表 日本生態学会が日本の侵略的外来種ワースト100を定め、ノネコが掲載され、同年発行の『外来種ハンドブック（地人書館）』に川上和人氏の「小笠原諸島のノネコとネズミ類」が掲載される 長雄一氏・綿貫豊氏、山階鳥類学雑誌33（2）「北海道における海鳥類繁殖地の現状」にて90年代以降のネコの海鳥類補食被害を報告
2003年	環境省中央環境審議会野生生物部会第3回移入種対策小委員会「環境省における移入種駆除事業について」にて、ノネコについての議事あり（4月） 鹿児島県　イボイモリ、イシカワガエル、オビトカゲモドキを県の天然記念物に指定（4月） 環境省と林野庁が設置した「世界自然遺産候補地に関する検討会」が奄美群島を含む琉球諸島を世界自然遺産候補地として選定（5月）		琉球大学農学部生産環境学科亜熱帯動物学講座 城ヶ原貴通氏ほかが哺乳類科学に論文「沖縄島北部やんばる地域の林道と集落におけるネコ（Felis catus）の食性

	鹿児島県「奄美群島自然共生プラン」策定（９月）、「奄美群島重要生態系地域調査事業」を実施（05年まで） 鹿児島県「希少野生動植物の保護に関する条例」制定 鹿児島県　農業被害低減により、マングースの報奨金助成交付を終了		および在来種への影響」を発表
２００４年	「特定外来生物による生態系等に係る被害の防止に関する法律（外来生物法）」制定（６月）：ジャワマングースが特定外来生物に指定される 環境省　竹富町のゴミ捨て場にいるノラネコの保護捕獲事業を開始	沖縄県国頭村・大宜味村・東村「ネコの愛護及び管理に関する条例」制定（９月）	特定非営利活動法人ディ設立（11月） 沖縄県獣医師会　環境省の竹富町のノラネコ保護捕獲事業請負
２００５年	鹿児島県　オットンガエルを県の天然記念物に指定（４月） 「動物愛護管理法」改正（６月）：動物取扱業の規制強化、特定動物の飼育規制の一律化、実験動物への配慮、罰則の強化など 環境省「奄美大島におけるジャワマングース防除実施計画」を策定（６月） 環境省・都・村等の行政機関、ＮＰＯ法人小笠原自然文化研究所により「小笠原ネコに関する連絡会議」を発足し、「小笠原ネコプロジェクト」を開始	奄美群島広域事務組合「奄美ミュージアム構想」策定（３月）	環境省「奄美大島におけるジャワマングース防除実施計画」を受けて、一般財団法人自然環境研究センターがマングース防除のプロ集団「奄美マングースバスターズ」を編成 小笠原諸島、母島でネコが海鳥をくわえている写真が撮影され、父島ではネコが目撃される。ボランティアによるノネコの捕獲開始 「私たちの自然」（通巻４７６）（日本鳥類保護連盟）にて、常田邦彦氏の「移入種を考える　沖縄やんばるの希少動物を追いつめるマングースとノネコ」が掲載される
２００６年		奄美市「希少野生動植物の保護に関	

平成	2006年	2007年	2008年
	鹿児島県「奄美群島希少野生生物保護対策協議会」設置（5月）、「奄美群島自然環境保全再生推進事業」を実施（07年度まで）	環境省奄美野生生物保護センターが学術捕獲許可を得て、09年までの間、ノネコの食性分析調査を行う（4月）	鹿児島県主催で「奄美大島ノイヌ・ノネコ対策検討会」を設立し（2月）、各種メディアでの啓発活動、小中学生向き啓発資料の作成・配布等に着手 環境省那覇自然環境事務所「奄美地域の自然資源の保全・活用に関する検討会」設置（3月） 「生物多様性基本法」制定（6月） 環境省奄美野生生物保護センターがアマミノクロウサギ生息状況等モニタリング調査において設置していた自動撮影用センサーカメラに、ノネコがアマミノクロウサギをくわえた衝撃的な写真が撮影された。（6月）
	する条例」制定（3月） 「小笠原ネコに関する連絡会議」を中心に、東京獣医師会や専門家、島民との「島ねこ懇談会」を開催	「奄美群島の世界自然遺産登録推進協議会」設立（1月）事務局：奄美群島広域事務組合 徳之島でノイヌまたはノネコによるアマミノクロウサギへの被害が確認される	
	NPO法人小笠原自然文化研究所が捕獲したネコの一時飼養施設（通称「ねこ待合所」）を整備	あまみエフエム　ディ！ウェイヴ開局（5月） 東京大学大学院農学生命科学研究科亘悠哉氏ほかが保全生態学研究に「奄美大島の森林におけるイヌの食性：特に希少種に対する捕食について」を発表し、ノネコの希少種に対する影響についても言及（00年5月から06年11月の間に、奄美大島の森林で採取したイヌの糞の内容物分析）	「鹿児島大学鹿児島環境学研究会ワーキンググループ」発足（7月） 奄美哺乳類研究会、地元自然保護団体、鹿児島県猟友会大島支部、WWFジャパン等の団体が連名で、「イヌ・ネコの適切な飼養管理に関する要望書」を県知事宛に提出 NPO法人小笠原自然文化研究所が助成金を活用し、東京都獣医師会による「小笠原どうぶつ医療派遣団」を結成。小笠原での動物派遣診療開始

年			
	環境省奄美野生生物保護センター奄美大島・徳之島にてペット（犬と猫）「マイクロチップ装着支援モデル事業」を開始（12月） 鹿児島県「奄美群島自然共生事業」を実施		（16年度まで）
２００９年	環境省「奄美地域の国立公園指定及び管理に関する検討会」設置 環境省奄美自然保護官事務所、アマミノクロウサギ等の交通事故防止キャンペーンを開始 鹿児島県「徳之島ノイヌ・ノネコ対策検討会」を設置し（7月）、各種啓発活動に着手	天城町に「アマミノクロウサギ観察小屋」が完成（10月）	鹿児島環境学研究会「鹿児島環境学シンポジウム」開催（1月） 鹿児島環境学研究会「鹿児島環境学Ｉ」（8月）「鹿児島環境キーワード事典」（9月）を（共に南方新社）出版、奄美市にて「奄美公開セミナー」を開催（9月）
２０１０年	鹿児島県「ノイヌ・ノネコ対策検討会」を開催し、各種啓発活動や、奄美大島各市町村の「ねこの適正飼養条例」制定支援のため、沖縄県から講師を招聘し、公開セミナー「ペットと野生生物と人との共生を目指して」（奄美市）を7月に開催 環境省、小笠原諸島でのネコ捕獲を通年事業化 「環境省徳之島事務室」（天城町）を設置		鹿児島環境学研究会　環境省より「持続的な地域づくりに資する琉球弧の世界自然遺産登録に向けた課題と方策に関する検討業務」を受託、「鹿児島環境学Ⅱ」（南方新社）出版（9月）
２０１１年			鹿児島環境学研究会「徳之島フォーラム」開催（1月） 森林総合研究所 山田文雄氏「ｂａｙ

平成	2011年	2012年	2013年
	アマミハナサキガエルを鹿児島県の天然記念物に指定（4月） 環境省奄美野生生物保護センター奄美大島でのノネコの捕獲及び譲渡を本格化させ、2年間で島内外合わせて27頭を譲渡（鹿児島県獣医師会、地元フェリー会社協力）	環境省　徳之島での試験的なノネコ捕獲調査を実施 動物愛護管理法が改正され（9月）、「人と動物の共生する社会の実現」が目的に明記された 環境省「奄美地域の国立公園指定・世界遺産登録に向けた地域づくり検討会」設置	環境省「第2期奄美大島におけるフイリマングース防除実施計画」を策定 環境省　「奄美群島世界自然遺産登録推進事業」開始 環境省徳之島自然保護官事務所を開設し、自然保護官が常駐となる（10月） 鹿児島県「奄美大島ノイヌ・ノネコ対策検討会」内に「奄美大島野良猫対
	奄美5市町村が「飼い猫の適正な飼養及び管理に関する条例」（飼い猫条例）を制定（大和村、宇検村、瀬戸内町、龍郷町：6月、奄美市：7月）	「天売島ネコ飼養条例」制定（3月） 徳之島町、天城町、伊仙町「希少野生動植物の保護に関する条例」制定（9月）	奄美市　ノラネコへのTNR事業を開始 龍郷町、大和村、瀬戸内町、宇検村「希少野生動植物の保護に関する条例」制定（6月） 徳之島3町「飼い猫の適正な飼養及
	FMザ・フリントストーン」にて、アマミノクロウサギの生態とノネコの捕食リスクについて述べる（1月） 「NPO法人徳之島虹の会」発足（3月） 鹿児島環境学研究会　環境省より「琉球弧の世界自然遺産登録に向けた科学的知見に基づく管理体制の構築に向けた検討業務」を受託、「鹿児島環境学Ⅲ」（南方新社）を出版（9月）	NPO法人徳之島虹の会　環境省奄美野生生物保護センターのノネコ捕獲調査請負 鹿児島環境学研究会 国際シンポジウム2012「奄美世界自然遺産への道」（鹿児島市）、「徳之島共同研究発表会」（天城町）を開催、鹿児島環境学シンポジウム「奄美群島の生物多様性3・4」開催（鹿児島市）	鹿児島環境学研究会　「鹿児島環境学 特別編」（南方新社）、「鹿児島の100人　100の風景」（南日本新聞社）を出版 鹿児島県環境学研究会が編集協力し、田畑満大氏「新編　南島雑話の中の植物」を発行

	策ワーキンググループ」を設立し、具体的対応策等を検討 鹿児島県 公開セミナー「犬・ねこの適正飼養に向けて」（徳之島）や、奄美大島、徳之島にて、希少野生動植物の保護についての説明会を開催	び管理に関する条例」（飼い猫条例）制定（12月）	鹿児島環境学研究会「きばりゅっ島！―今を生きる―」、「【聞き書き】シマのくらし、つなぐ思い」を発行
２０１４年	環境省 生態系被害防止外来種リストを作成（ノネコが記載される）（３月） 鹿児島県「生物多様性鹿児島県戦略」策定（３月） 環境省徳之島自然保護官事務所・徳之島３町による「徳之島ノネコ対策ミーティング」開催（11月） 環境省 徳之島でのノネコ捕獲事業開始（12月）	徳之島林道山クビリ線でノネコによる被害と思われるアマミノクロウサギの死体が８月10日から９月10日の間に９回発見される 天城町が旧クリーンセンター内にノネコ収容のための施設を手作りで整備 大和村 ノラネコのＴＮＲ事業を開始（11月） 奄美群島広域事務組合と鹿児島大学が包括連携協定締結（11月）	「奄美猫部」発足（７月） 奄美哺乳類研究会等地元自然保護団体８団体と研究者３人との連名で「奄美大島・徳之島におけるノネコ対策に関する陳情書」を環境大臣、鹿児島県知事に向けて提出（11月） 徳之島３町と連携して公益財団法人どうぶつ基金が「徳之島ごとさくらねこＴＮＲ事業」開始（11月から16年１月まで） 鹿児島県獣医師会、奄美大島・徳之島のノネコ受入開始（14年12月25日付南日本新聞）
２０１５年	環境省奄美野生生物保護センター 奄美群島希少野生生物保護増殖検討会設置（１月） 環境省徳之島視事務所 猫の適正飼養セミナー開催（徳之島町、天城町）（１月） 環境省主催「希少種があぶない！希	奄美５市町村連携「奄美大島生物多様性地域戦略」策定（３月） 天城町が、既存施設を改修して「ノネコ収容施設」設置・運営（６月） 徳之島町に「徳之島動物病院」開院	日本哺乳類学会「奄美大島と徳之島におけるノネコ対策緊急実施についての要望書」を環境大臣、鹿児島県知事に向けて提出（１月） 鹿児島大学 奄美群島拠点「国際島嶼教育研究センター奄美分室」を奄美市名瀬に設置（４月） 奄美野鳥の会・奄美哺乳類研究会・奄美猫部による「奄美大島ノネコ対策ネットワーク（ＡＣＮ）」発足（11月） 鹿児島環境学研究会、環境省奄美自

平成	
	2016年
少種とノネコ・ノラネコシンポジウム」（東京・大阪）開催（2月） 環境省主催「希少種を脅かしているネコたち～シンポジウム　希少種生息地のネコ問題」開催（福岡）（2月）	ニュージーランド政府、絶滅寸前に追い込まれた飛べないオウム、カカポなどの固有種を守るため、2050年までに外来の捕食動物を根絶する計画を発表。（7月） 環境省自然環境局と鹿児島大学が「自然環境保全に係る連携・協力に関する協定書」を締結。（10月）
（6月） 「徳之島三町ネコ対策協議会」設立し、ノラネコのTNR事業を継続（10月）	徳之島3町がノラネコのTNR事業及び飼いネコの不妊去勢手術を開始。地方創生加速化交付金事業としてノネコ収容施設を増築し、「ニャンダーランド」と改称（管理運営は徳之島3町ネコ対策協議会） 「おがさわら人とペットと野生動物が共存する島づくり協議会」（事務局：小笠原村）を設立 瀬戸内町・宇検村・龍郷町　ノラネコのTNR事業を開始
然保護官事務所、鹿児島県、地元の環境教育団体との協同ワークショップを通して、龍郷町立大勝小学校5年生とともに絵本「ネコはお外にいていいの？」を発行（12月）、「奄美の明日を考える　奄美国際ノネコ・シンポジウム」開催（奄美市）（12月） NPO法人徳之島虹の会　環境省のノネコ捕獲事業務請負（15年度から）	大島高校生物部・鹿児島環境学研究会　高校生教材「奄美の明日を考える　ヒトとネコ、そして自然との共生を目指して」を発行（3月） 京都大学塩野崎和美氏「奄美大島における外来種としてのイエネコが希少在来哺乳類に及ぼす影響と希少種保全を目的とした対策についての研究」を発表（5月） ニュージーランド保全管理研究所のアル・グレン博士が日本学術振興会の外国人招へい研究者として奄美大島と徳之島に滞在（10月） 鹿児島環境学研究会「ネコで決まる⁉奄美の世界自然遺産！かごしま国際ノネコ・シンポジウム」開催（鹿児島市）（10月）

	２０１７年	２０１８年
	環境省徳之島自然保護官事務所が設置していた自動撮影用センサーカメラに、徳之島町でアマミノクロウサギを捕食するノネコの写真が始めて撮影される（１月） 奄美群島国立公園指定（３月） 環境省・県・奄美大島５市町村でやむを得ない場合の安楽死を含んだノネコ管理計画を策定し、対策を実行していく方針を表明（９月） 国際自然保護連合（ＩＵＣＮ）による、奄美大島、徳之島、沖縄島北部及び西表島世界自然遺産候補地現地調査の実施（10月）	
	「おがさわら人とペットと野生動物が共存する島づくり協議会」（事務局：小笠原村）により、世界遺産センター内に動物対処室が設置され、獣医師が常駐	
「一般社団法人奄美猫部」を発足（４月）龍郷ＦＭにて「マヤゆぬんきゃぶり」月一放送開始。講演会「今、奄美の森で…」（５月・７月）、トークイベント（６月）等開催 ＡＣＮ、「捨て猫防止キャンペーン」ＣＭ制作・放送、講演会「今、奄美の森で…」、「リーガルキャット　ネコ問題を法律から考える」「奄美の自然と森のこと」開催、奄美市内小学校にて出前授業を実施（16年度）	ＡＣＮ主催イベント「奄美の森と猫のこと。」開催、奄美ＦＭにて「ＡＣＮ捨て猫防止」ＣＭ放送、奄美市の小中学校にてノネコをテーマにした出前授業を実施（８月） 外来ネコ問題研究会「外来ネコ問題シンポジウム」開催（ＡＣＮ参加）（８月） 日本鳥学会公開シンポジウム「生態学者　ＶＳ外来生物　本気で根絶、本気で再生　奄美・沖縄・小笠原」開催（９月） ＮＰＯ法人ゴールゼロ、署名活動「世界遺産を口実に、奄美や沖縄の猫を安易に殺処分しないでください！」開始（９月）	鹿児島大学国際島嶼教育研究センター奄美分室、ノネコがアマミノクロウサギの幼獣を襲う瞬間を撮影（２月）

平成

2018年

環境省・県・奄美大島5市町村「奄美大島における生態系保全のためのノネコ管理計画」策定（3月）

UNESCOより世界自然遺産登録記載延期の勧告（5月）

日本政府、世界自然遺産登録推薦書取り下げ（6月）

環境省、「奄美大島における生態系保全のためのノネコ管理計画」に基づき、ノネコの譲渡希望者募集（6月）、ノネコ捕獲作業を開始（7月）

天城町のアマミノクロウサギ観察小屋近くで、ケナガネズミを捕食するネコが撮影される（2月）

環境省・県・奄美大島5市町村「奄美大島における生態系保全のためのノネコ管理計画」策定（3月）

奄美こども環境調査隊（奄美市教育委員会・南海日日新聞社主催）、奄美猫部長久野優子氏を講師にノネコ問題についての講義を受ける。奄美市名瀬のゆいの島どうぶつ病院（伊藤圭子院長）を見学（7月）

奄美大島ねこ対策協議会「奄美ノネコセンター」（奄美市名瀬）の運用開始（7月）

奄美ノネコセンターにて、メスネコ1頭、オスネコ1頭を譲渡（8月）

鹿児島環境学研究会「屋久島から学ぶ、本音で語る奄美の世界自然遺産」（奄美市）開催（3月）、「人もネコの野生動物もすみよい島」を発行（3月）

NPO法人ゴールゼロ、署名「世界遺産を口実に、奄美や沖縄の猫を安易に殺処分しないでをください！」5万通を環境大臣、公益社団法人日本ユネスコ協会連盟、IUCN、沖縄県知事、鹿児島県知事、奄美市、大島郡龍郷町、徳之島三町ネコ対策協議会、外来ネコ問題研究会に提出（4月）

鹿児島市議が奄美のノネコ問題に関する意見交換会を開催。鹿児島環境学研究会の星野特任教授とNPO法人ゴールゼロの斉藤代表がスピーカーとして登壇（5月）

ACN、奄美市内の小中学校にて出前授業、高校にて生徒向けの講演実施（6月）

外来ネコ問題研究会・森林総合研究所、公開シンポジウム「島の自然と未来を考えよう　第1回奄美大島と御蔵島の最新のネコ問題研究から」「第2回徳之島と御蔵島の最新のネコ問題研究から」を開催

鹿児島大学共同獣医学部が奄美市のTNR活動への協力開始（8月）

NPO法人動物たちを守る会ケルビム（沖縄県）が「奄美大島や沖縄本島北部で捕獲された猫を保護するシェ

	ルターを運営したい‼」を目的にクラウドファンディング募集。また、オスネコ1匹の譲渡を受ける。（8月）
	公益財団法人どうぶつ基金 無料不妊手術病院「あまみさくらねこ病院」を開設（8月）

（中村朋子作成）

奄美大島における生態系保全のためのノネコ管理計画（二〇一八年度～二〇二七年度）

環境省那覇自然環境事務所　鹿児島県
奄美市　大和村　宇検村　瀬戸内町　龍郷町

1．はじめに

奄美大島には、アマミノクロウサギやアマミヤマシギをはじめ、多くの固有種や絶滅危惧種を含む貴重な在来種が生息・生育している。奄美大島では、一九七九年に持ち込まれたマングースが増加して在来種を捕食し、在来生態系へ大きな影響を及ぼした。このため環境省は、二〇〇〇年から本格的なマングース防除事業に乗り出し、現在はマングースの個体数の減少・分布域の縮小が進み、在来種が回復しつつある（Fukasawa et al 2013, Watari et al 2013）。

一方で近年、森林内においてノネコの目撃頻度が増加し、ノネコの森林内での繁殖や希少種の捕殺も確認されるなど、ノネコによる希少種への影響防止が新たな課題となっている。ネコは、国際自然保護連合（ＩＵＣＮ）の種の保存委員会が外来種の脅威について注意喚起するために作成した「世界の侵略的外来種ワースト１００（100 of the world's worst invasive alien species）」にも選ばれ、世界的にも特に生態系等に被害が深刻な種として位置づけられている。また、「我が国の生態系等に被害を及ぼすおそれのある外来種リスト（生態系被害防止外来種リスト）（環境省・農林水産省、二〇一四）」においても、ノネコは総合的に対策が必要な外来種、かつ特に緊急性が高く各主体がそれぞれの役割において積極的に防除を行う必要がある緊急対策外来種に分類されている。「外来種被害防止行動計画（環境省・農林水産省・国土交通省、二〇一五）」では、侵略的外来種の侵入・定着が確認された場合には被害が顕在化する前に対応する方が、被害が顕在化してから対応するのに比べはるかに効果的であり、生態系等に与える影響も少なくてすみ、さらには駆除等が必要な個体の数も最小限に抑えることができることから、早期に迅速に防除を図ることが重要であるとしている。

このことも踏まえ、関係機関が連携して迅速にノネコの対策を進めるべく、本管理計画を策定するものである。

2. 現状と課題

2-1 ネコの生態

リビアヤマネコを祖先とし、農耕の発達とともに穀物を荒らすネズミを捕まえる益獣として飼い慣らされて誕生したイエネコ（Driscoll et al. 2007）は、一般にネコと称される。人から与えられた餌を食べるが、本来狩猟能力が高く、屋外にいる個体は、人から意図的又は非意図的に与えられた餌以外に、小型哺乳類、鳥類、爬虫類、両生類、昆虫類なども食べ、また、食べる目的以外でも動物を襲う習性がある。繁殖力も高く、生後四〜一二ヶ月で繁殖可能となり、一度の出産数は四〜八頭、母体の栄養状態がよければ年に二〜四回出産する（環境省、二〇一一）。

2-2 奄美大島におけるノネコの生息状況

マングースや在来種のモニタリングのために森林内に設置された多数のセンサーカメラでは、ネコも撮影されている。二〇一一年から二〇一四年に撮影されたネコの画像を解析した結果、奄美大島の森林内に広くノネコが分布することが確認され、その頭数は約六〇〇〜一二〇〇頭と推定された（環境省那覇自然環境事務所、二〇一五）。

また、このセンサーカメラに母ネコと生後二ヶ月程度と見られる子ネコ三頭が撮影され、更にその約四ヶ月後にその子ネコのうち一頭が再び撮影された事例等も確認されており、ノネコは森林内で繁殖し成長していると考えられる（環境省那覇自然環境事務所、二〇一五）。

今後も森林内での繁殖や周辺地域からの流入により個体数が増加すると懸念される。

2-3 集落等からの供給

奄美大島にはもともと肉食性哺乳類は生息しておらず、ネコは人為的に持ち込まれたものである。集落や集落周辺の畑には、これまでの放し飼いの習慣からネコが多数生息している。これは、猛毒を持つハブが餌となるネズミを求めて家屋や畑など人の生活圏にも出没することから、ネズミ対策やハブ対策として、飼い猫が放し飼いにされてきたことによるものである。このような背景から、島民の間で飼い猫は外で飼うものという意識が今も強い。更に、こうした飼い猫や集落付近にいるが飼い主のいない所謂ノラネコは多くがこれまで不妊去勢されていないことや、餌の質が向上したことに伴って寿命がのび、より繁殖しやすくなったことなども影響して、集落等でノラネコが増加してきた（※1）。奄美大島では、その地形の特徴から、内湾と山に挟まれた狭い平地に集落が形成されており、集落から山との距離が非常に近いため、集落にいる放し飼いの猫やノラネコは、簡単に森林内へと入っていくことが可能であり、実際にネコが林道等を利用していることが確認されている。そうしたことから、集落にいる放し飼いの猫やノラネコが森林内に入り、野生動物を襲うことや、その一部が野生化してノネコ個体数が増加することが懸念される。

※1　近年集中的にＴＮＲが実施されている集落の中にはノラネコ個体数が横ばいとなった例も確認されている。なお、ＴＮＲとは、ノラネコを捕獲（Trap）し、不妊・去勢措置（Neuter）を行い、捕獲した元の場所へ返す（Return）取組。

２-４　ノネコによる希少種、在来生態系への影響

奄美大島は、本来は肉食性哺乳類がいない島であり、ハブを頂点とした生態系の中で様々な生物がはぐくまれてきた。アマミノクロウサギ、ケナガネズミ、アマミトゲネズミ、アマミハナサキガエル、アマミイシカワガエル、オットンガエル、アマミヤマシギ、オオトラツグミ、ルリカケスなどの希少種が生息しており、奄美大島にだけ生息する固有種も多い。一九七九年にハブと外来種のクマネズミ対策としてマングースが島外から持ち込まれ、島内の生態系に大打撃を与えた。近年、マングース防除事業によって、マングースは減少し、希少種が回復傾向である一方で、ノネコが希少種を含む在来生態系にとって新たな脅威となっている。

二〇〇八年に奄美大島の森林内でアマミノクロウサギをくわえたノネコが撮影されて以来、オーストンオオアカゲラ、アマミトゲネズミ、アマミヤマシギ（以上いずれも固有種）、ケナガネズミ、カエル類をくわえているノネコが撮影・目撃されている。二〇一七年三月には、ノネコがアマミノクロウサギの幼獣を捕殺する様子がセンサーカメラに記録された（鈴木・大海、二〇一七）。

また、二〇〇〇年から二〇一七年一二月末までに奄美野生生物保護センターが収容した野生動物の死体の中にも、ネコに襲われて死亡したと思われるアマミノクロウサギやアマミトゲネズミ、ケナガネズミの死体が確認されている。

奄美大島の森林内で採取したノネコの糞を分析した結果、糞（一〇二個）のうちの九七個（九五・一％）から哺乳類の毛や骨が検出されている。中でも在来の希少哺乳類の割合が高く、主要な餌資源とされていることが判った（種別の出現頻度（※２）はケナガネズミ（四三・一％）、アマミトゲネズミ（三八・二％）、アマミノクロウサギ（一五・七％）、在来種以外には、外来種クマネ

ズミ（三九・二%）。他にも、ルリカケスやリュウキュウアオヘビ、アマミマダラカマドウマ、ジネズミ類など、合計一二種類の在来種が糞から出現した。ノネコ一頭が一日に摂取している餌の量の平均は、三七八・四グラムと見積もられ、この量は、ケナガネズミとアマミノクロウサギでは一頭ずつ、アマミトゲネズミだと三頭は必要になる（塩野崎、二〇一六）。森林内に生息するノネコの数は約六〇〇～一二〇〇頭（推定生息数）と推定されていることから、希少種に及ぼすノネコの捕殺影響は甚大なものとなる可能性が高い。

さらに、世界中の島嶼域でノネコが在来種の絶滅に関与していることが、様々な研究によって明らかになっている(Medina et al. 2011. Nogales et al. 2013)。特に固有種の多い島嶼では、生態系からのノネコの排除が生物多様性保全上きわめて重要な課題であることが、繰り返し指摘されている。

このように、希少種をはじめとする在来種を捕殺していることが既に把握されており、早急にノネコを生態系から排除する対策を講じなければ、在来生態系に大きな影響を及ぼすものと考えられる。

※2　各餌動物が出現した糞の個数／分析した糞の総数（一〇二個）×一〇〇（%）

3. 対象地域

奄美大島

4. 管理計画の期間

二〇一八年四月～二〇二八年三月

5. 管理計画の目標

多くの固有種・希少種を含む奄美大島の生態系に対してノネコが及ぼす潜在的、顕在化した影響を取り除き、さらにノネコの発生源対策を講じることで、同島独自の在来生態系の保全に資する。

6. 基本方針

本管理計画の実施にあたっては、関係する行政機関及び地域団体が連携して、ノネコ対策（捕獲等）とその発生源対策（ノラネコの個体数低減及び飼い猫の適正飼養の推進）を並行して進めることとする。またこれらの取組の進捗状況等を踏まえながら、順応的な管理を行うこととする。

本取組は継続的に実施し迅速に目標を達成することが重要であることを踏まえ、各関係機関は継続的な人員及び予算確保に努めることとする。

7. 管理計画の目標達成のために必要な活動及び実施体制等

7-1 希少種生息域（森林内）からのノネコの捕獲排除

（1）体制

環境省、鹿児島県、奄美市、大和村、宇検村、瀬戸内町、龍郷町が役割分担をして実施する。捕獲・モニタリングは環境省が、捕獲個体の収容施設の整備は鹿児島県の補助事業を活用し、奄美市等五市町村で構成する「奄美大島ねこ対策協議会」が、捕獲個体の一時飼養等は同協議会が実施することを基本とする。

（2）実施地域

奄美大島の森林内

（3）捕獲・モニタリングの進め方

ノネコの分布等生息状況をセンサーカメラ等でモニタリングし、捕獲については希少種保護上の重要性とノネコの分布状況を踏まえて希少種への影響が特に大きいと考えられる地域から優先順位をつけて進めるなど、効果的効率的な捕獲に努めることとする。また同時に、在来種の生息状況もセンサーカメラ等でモニタリングする。

モニタリングについては、マングース防除事業など他事業において得られるデータの活用や、目撃情報の収集活用など、効率的な方法に留意して実施することとする。

なお森林内のネコはノネコがほとんどと推測されるものの、一部には、一時的に森林内に侵入しているノラネコや飼い猫も捕獲される可能性があるが、これらも希少種等を捕殺して在来生態系へ影響を及ぼすおそれがあることから本計画に基づき対処する。

（4）捕獲後の対応

森林内で捕獲したネコは野外に再放逐すれば再び森林内に戻り希少種や在来生態系へ影響を及ぼす可能性があることから、捕獲個体は野外に戻さないよう対応する（※３）。

捕獲個体のなかに、鑑札やマイクロチップなどにより飼い主が確認できる個体がいた場合は飼い主へ引き渡しを行う。首輪を装着しているなどの個体がいた場合は、地元役場にて一週間公示し、飼い主確認を行う。公示後、飼い主が確認できた場合には、飼い主へ引き渡しを行う。飼い主が確認できなかった場合は、所有者が判明しないネコとして県が引き取る。

上記以外の個体については、飼養を希望する者への譲渡に努め、譲渡できなかった個体は、できる限り苦痛を与えない方法を用いて安楽死させることとする。飼い主へ引き渡しを行う又は譲受希望者へ譲渡する際は、奄美大島内においては動物の愛護及び管理に関する法律(以下「動愛法」)及び五市町村の「飼い猫の適正な飼養及び管理に関する条例」(以下「条例」)を遵守するとともに完全に室内で飼養することを、また奄美大島外においては動愛法及び各市町村条例等に則って適切に飼養することを指導し確認した上で引き渡し等を行う。

※3　同じく奄美群島内の徳之島でも希少種保護を目的として森林内のノネコを捕獲排除するノネコ対策を実施しているが、森林内での捕獲個体は野外に戻すことがないよう対応をとっている。

7-2　ノネコの発生源対策のための活動及び実施体制等

ノネコを増やさないために、ノネコ発生源となりうるノラネコ及び不適切に飼養されている飼い猫についても、飼い猫の適正飼養やノラネコの増加抑制等の取組を推進する。これらの取組はノネコ対策を着実かつ効率的に進めるために重要である。

(1)　体制

環境省、鹿児島県、奄美市、大和村、宇検村、瀬戸内町、龍郷町が役割分担をして実施する。ネコ問題についての普及啓発は環境省、鹿児島県、五市町村が連携して実施し、条例に基づく適正飼養推進や飼い猫の不妊去勢、ノラネコのTNR事業等は五市町村が中心となり関係団体等と連携して実施する。

(2)　実施地域

奄美大島の集落及び集落周辺

(3)　取組及びその進め方

①飼い猫の適正な飼養及び管理に関する条例

二〇一一年度に奄美大島五市町村それぞれで飼い猫条例が制定された。これにより、飼い猫の登録が義務付けられ(※4)、室内飼育や繁殖制限が推奨された。また、奄美市の条例では、みだりな餌やりが禁止された。

条例が制定されてから五年後、さらに飼い猫の適正飼養を進めるために、二〇一七年三月議会と六月議会にて条例が改正され、五市町村においてマイクロチップの装着(※5)や繁殖制限が義務化され、五頭以上の多頭飼育は許可制になった。また、条例で義務付けられた飼い猫登録申請やマイクロチップ装着などに違反した場合、五万円以下の過料が設定された。また室内飼育の努力規定が新設された。

また、これまでマイクロチップ装着推進のために、環境省と奄美市が装着支援事業を実施してきた（※6）。今後、五市町村で実施していく予定である。

今後、五市町村が中心となって飼い猫条例に基づき適正な飼養を一層推進し、新たなノラネコ、ノネコの発生を予防していく。

※4　二〇一七年一二月末時点で四四四四頭登録
※5　二〇一七年一二月時点で装着率は約三〇％
※6　二〇一七年一二月時点の装着頭数：環境省事業一三一四頭（二〇〇八年度〜）、奄美市事業二三頭（二〇一七年一二月〜）

②飼い猫の不妊去勢助成事業及びノラネコのＴＮＲ事業
奄美大島五市町村は、鹿児島県獣医師会等と協力し、飼い猫やノラネコ対策の取組を行っている。飼い猫に対しては、二〇一三年度から不妊去勢手術の助成事業を行っている（※7）。また、集落周辺に生息するノラネコに対しては、ＴＮＲ事業を行っている。二〇一三年度に奄美市、二〇一四年度に大和村がそれぞれ事業を開始し、二〇一六年度からは五市町村全てが事業を展開している（※8）。

今後、ＴＮＲを進めつつ、その効果については検証し、順応的にノラネコ対策を見直していく。

五市町村が中心となって関係団体等と連携してこれらの飼い猫やノラネコへの対策を推進し、新たなノネコの発生を予防していく。

※7　二〇一三年度〜二〇一五年度まで鹿児島県獣医師会によって不妊去勢手術の助成事業が行われ、それ以降は五市町村が不妊去勢手術の助成事業を行っている。二〇一七年一二月末までに一八一三頭施術した。
※8　二〇一七年一二月末までに二〇三三頭施術した。

③普及啓発活動
奄美大島におけるネコ問題に対する認識や飼い猫の適正飼養に対する意識の向上のため、環境省、鹿児島県、奄美大島五市町村、民間団体、鹿児島大学等が、シンポジウムやイベント、チラシ配布、出前授業などの普及啓発活動を行っている。また、島外在住の有識者も奄美大島と徳之島にて普及啓発活動に取り組んでいる。

ネコ問題や飼い猫の適正飼養に対する意識向上や、動愛法や条例に定める飼い猫の登録、マイクロチップ装着、繁殖制限、みだりな餌やりの禁止等の遵守等について、連携して更なる普及啓発に努めるものとする。

8．計画の評価と見直し

計画の達成のために、定期的にノネコ捕獲の実施状況や排除の達成状況、ノラネコ及び飼い猫対策の実施状況について適宜評価を行うとともに、実施方法等については専門家の意見を踏まえて具体的に検討、見直しを行うこととする。

引用文献

環境省那覇自然環境事務所（二〇一五）『平成26年度奄美大島生態系維持・回復事業ノネコ生息状況等把握調査業務報告書』

Driscoll CA, Menotti-Raymaond M, Roca AL, Hope K, Johnson WE, Geffen E, Delibes M, Pontier D, Kitchener AC, Yamaguchi N, O'Brien SJ, Macdonald D(2007)The near eastern origin of cat domestication. Science, 317:519-523（中東を起源とするネコの家畜化）

Fukasawa K, Miyashita T, Hashimoto T, Tatara M, Abe S(2013)Differential population responses of native and alien rodents to an invasive predator,habitat alteration and plant masting. Proceedings of the Royal Society B-Biological Science,280:20132075（在来及び外来ネズミ類の侵略的外来捕食者・ハビタット改変・堅果の豊凶に対する異なる反応）

平城達哉、木元侑菜、岩本千鶴「奄美大島におけるアマミノクロウサギ Pentalagus furnessi のロードキル」『哺乳類科学』57（2）、二四九—二六五頁

環境省（二〇一一）『もっと飼いたい？ 犬や猫の複数頭・多頭飼育を始める前に』

環境省、農林水産省（二〇一四）『我が国の生態系等に被害を及ぼすおそれのある外来種リスト』

環境省、農林水産省、国土交通省（二〇一五）『外来種被害防止行動計画～生物多様性条約・愛知目標の達成に向けて～』

Lowe S, Browne M, Boudjelas S, De Poorter M. (2000) 100 of the World's Worst Invasive Alien Species A selection from the Global Invasive Species Database. The Invasive Species Specialist Group (ISSG) a specialist group of the Species Survival Commission (SSC) of the World Conservation Union (IUCN), 12pp.Aliens 12

Medina,Félix M, Elsa Bonnaud, Eric Vidal, Bernie R. Tershy, Erika S. Zavaleta, C. Josh Donlan, Bradford S. Keitt, Matthieu Le Corre, Sarah V. Horwath and Manuel Nogales. 2011. A global review of the impacts of invasive cats on island endangered vertebrates. Global Change Biology 17: 3503-3510.（要旨のみ参照）

塩野﨑和美（二〇一六）「好物は希少哺乳類奄美大島のノネ

コのお話」『奄美群島の自然史学 亜熱帯島嶼の生物多様性』二七一—二八九頁、東海大学出版部

Shionosaki, K., F. Yamada, T. Ishikawa and S. Shibata. 2015. Feral cat diet and predation on endangered endemic mammals on a biodiversity hot spot (Amami- Ohshima Island, Japan). Wildlife Research, 42: 343-352.

鈴木真理子、大海昌平（二〇一七）「奄美大島における自動撮影カメラによるアマミノクロウサギの離乳期幼獣個体へのイエネコ捕獲の事例」『哺乳類科学』57（2）、印刷中

Watari Y, Nishijima S, Fukasawa M, Yamada F, Abe S, Miyashita T(2013)Evaluating the "recovery level" of endangered species without prior information before alien invasion. Ecology and Evolution, 3: 4711-4721（外来種侵入以前の情報がなくても絶滅危惧種の回復度を評価する）

※（編注）本書への掲載にあたり、算用数字を漢数字に変換している。

参考資料1：ノネコによる在来の希少種の捕殺例（赤外線センサーカメラによる撮影）

2008年6月27日 宇検村森林内
アマミノクロウサギ

2012年3月12日 奄美市森林内
ケナガネズミ

2014年6月7日 龍郷町森林内
オーストンオオアカゲラ

参考資料2：森林内で確認されたノネコの親子の例（赤外線センサーカメラによる撮影）

2011年6月7日 瀬戸内町森林内
親ネコ1頭と子ネコ3頭

参考資料３：アマミノクロウサギと希少ネズミ類（アマミトゲネズミとケナガネズミ）の死亡個体発見状況

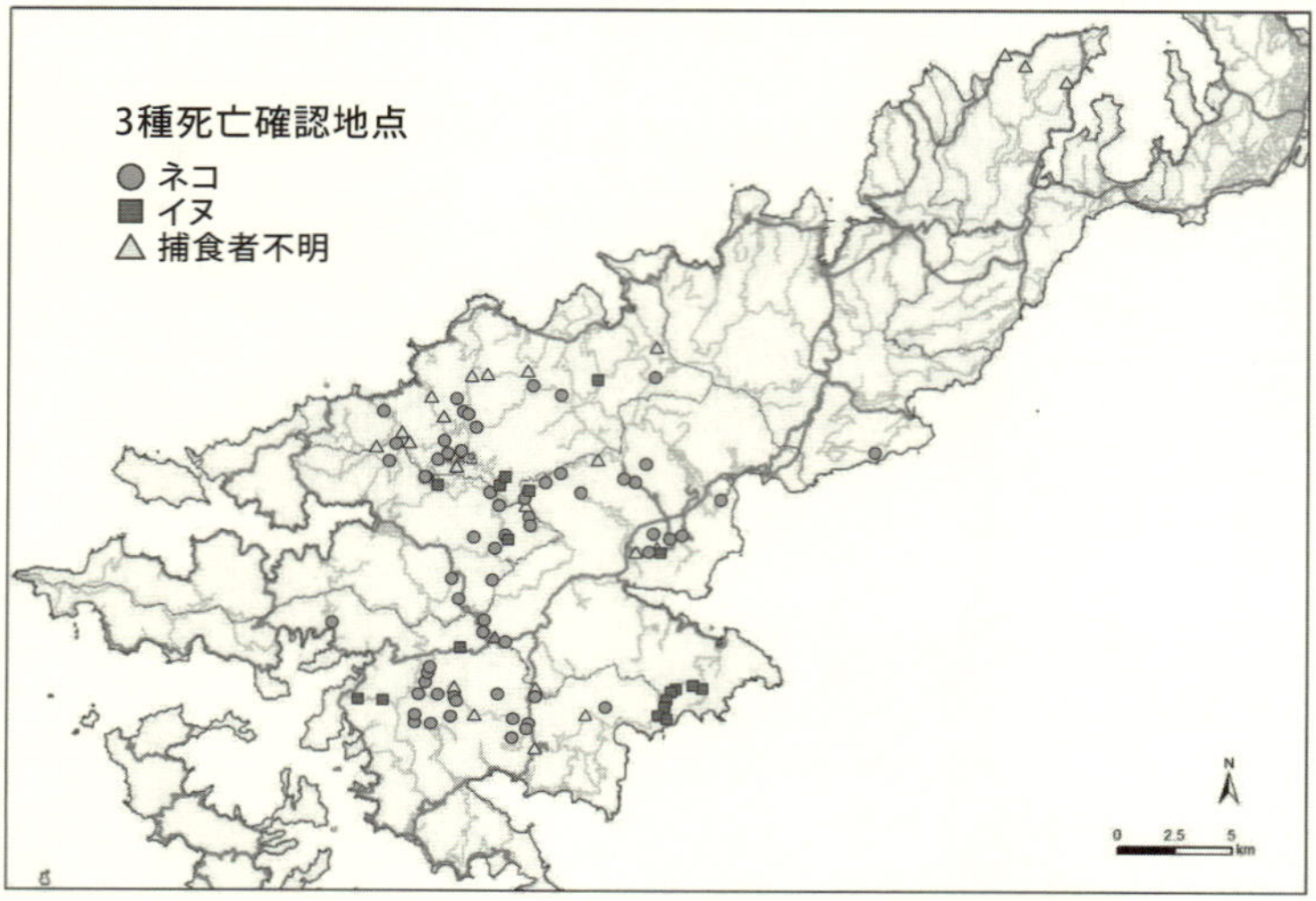

図.アマミノクロウサギ（2000年から2017年12月末）、アマミトゲネズミとケナガネズミ（2011年4月から2017年12月末）の死亡個体の確認地点と死因（ネコ、イヌ、捕殺者不明）について　※（編注）確認地点のマークは編集部で改変

2000 年から 2017 年 12 月末までに確認されたアマミノクロウサギ死亡個体、2011 年 4 月から 2017 年 12 月末までに確認された希少ネズミ類（アマミトゲネズミとケナガネズミ）の死亡個体のうち、ノネコ等の肉食動物により捕殺された個体はアマミノクロウサギ 11.2%（83 個体）、希少ネズミ類 38.7%（53 個体）である（奄美野生生物保護センター未発表データ）。ただし、島内の死亡個体のうち発見されるものはごく一部であり、発見されるのは道路上が多い。また森林内で回収された死体で死因が特定できるものは少なく（平城ほか、2017）、原因不明と分類した中にも体の一部だけ見つかるなどノネコ等の肉食性哺乳類による捕殺の可能性が疑われるものが含まれている。この個体数は実態のごく一部であり、実際にノネコ等の肉食性哺乳類に捕殺された個体の実数や割合はこのデータより高いと推察される。なお、同期間中の 3 種の死亡個体のうち、交通事故と思われるものは、アマミノクロウサギ 25.7%、希少ネズミ類 11.7%、また、死因が原因不明の死体は、アマミノクロウサギ 64.7%、希少ネズミ類 49.6%である（奄美野生生物保護センター未発表データ）。

奄美市飼い猫の適正な飼養及び管理に関する条例

平成二三年七月二〇日条例第一六号

改正　平成二九年三月二九日条例第一三号
平成二九年七月一〇日条例第二三号

奄美市飼い猫の適正な飼養及び管理に関する条例

（目的）

第一条　この条例は、飼い猫の適正な飼養及び管理に関する事項を定めることにより、市民の動物愛護の意識を高めるとともに飼い猫の野生化及び放し飼いによるアマミノクロウサギその他の野生生物（以下「野生生物」という。）への被害を防止し、もって地域生活環境の向上並びに自然環境及び生態系の保全を図ることを目的とする。

（定義）

第二条　この条例において、次の各号に掲げる用語の意義は、当該各号に定めるところによる。

（1）飼い主　ねこを所有し、又は飼養及び管理する者をいう。

（2）飼い猫　飼い主が所有し、又は飼養及び管理するねこをいう。

（3）マイクロチップ　マイクロチップは、国際標準化機構（ＩＳＯ）に定めた規格のマイクロチップ読取機に対応する体内埋込型のものをいう。

（4）繁殖制限　飼い猫の避妊手術、去勢手術その他の繁殖をできなくするための措置をいう。

（市の責務）

第三条　市は、関係行政機関、各種団体等と連携して、第一条の目的を達成するための施策を実施するものとする。

（飼い主の責務）

第四条　飼い主は、飼い猫の生態、習性及び生理を理解し、かつ、愛情をもって接するとともに、終生にわたり飼養及び管理するように努めなければならない。

2　飼い主は、飼い猫を適正に飼養及び管理することにより、健康及び安全を保持するとともに、飼い猫が飼い主以外の者に迷惑を及ぼすことのないようにしなければならない。

3　飼い主は、人と飼い猫と野生生物との共生に配慮しつつ、飼い猫が野生生物に害を加えることのないようにしなければならない。

4　飼い主は、飼い猫を室内で飼養及び管理し、屋外で飼い猫を放し飼いにしないように努めなければならない。

5　飼い主は、やむを得ず飼い猫を屋外で放し飼いにする場合には、繁殖制限の措置を講じなければならない。

一部改正〔平成二九年条例一三号〕

（登録及び飼い猫の明示）

第五条　飼い主は、飼い猫を取得した日（生後九〇日以内の飼い猫を取得した場合にあっては、生後九〇日を経過した日）又は本市に転入した日から三〇日以内に、規則で定めるところにより市長に登録申請をしなければならない。

2　市長は、前項の申請があったときは、その旨を登録し、飼い主に飼い猫の鑑札を交付するものとする。

3　飼い主は、飼い猫の飼養及び管理に当たっては、登録を受けたことが判明できるように首輪等を用いて鑑札を明示しなければならない。

4　飼い主は、第一項の登録を行った場合においては、規則に定める期間内に、マイクロチップの埋込みの処置及びその個体識別番号の届出を行わなければならない。

一部改正〔平成二九年条例一三号〕

（登録手数料）

第六条　飼い主は、前条の申請の際に、飼い猫一匹につき五〇〇円の登録手数料を納付しなければならない。

（鑑札の再交付）

第七条　飼い主は、鑑札を亡失し、若しくは損傷したときはその事由を記載し、又は損傷した場合にはその鑑札を添え、三〇日以内に市長に鑑札の再交付を申請しなければならない。この場合において、飼い主は、一件につき二五〇円の再交付登録手数料を納付しなければならない。

（登録の変更及び抹消）

第八条　飼い主は、飼い猫に死亡又は譲渡の事由が生じた場合には、当該事由が生じた日から起算して三〇日以内に、市長にその旨を届け出、登録の変更又は抹消の手続を行わなければならない。

一部改正〔平成二九年条例一三号〕

（適正飼養及び管理並びに生活環境の保全）

第九条　飼い主は、次に掲げる事項を遵守し、地域の生活環境の向上と飼い猫の適正な飼養及び管理しなければならない。

（1）飼い猫に餌及び水を適正に与えること。

（2）飼い猫の疾病の予防や健康の保持に必要な措置を講ずること。

（3）飼い猫の糞便等を適正に処理し、悪臭又はノミ、ハエその他の衛生害虫の発生を防止すること。

一部改正〔平成二九年条例一三号〕

（餌やりの禁止）

第一〇条　市内では、飼い猫以外のねこに対し、みだりに餌や水などを与えてはならない。

一部改正〔平成二九年条例一三号〕

（遺棄の禁止）

第一一条　飼い主は、飼い猫を責任を持って終生飼養及び管理し、遺棄してはならない。

一部改正〔平成二九年条例一三号〕

（飼い猫の譲渡）

第一二条　飼い主は、やむを得ず適正に飼い猫を継続して飼養及び管理することができなくなった場合においては、適正に飼養及び管理できる者に飼い猫を譲渡するよう努めなければならない。

一部改正〔平成二九年条例一三号〕

（多頭飼養の制限）

第一三条　飼い主は、飼い猫（生後九〇日以内のものを除く。）を五匹以上飼養し、又は保管してはならない。ただし、市長が許可した場合は、この限りではない。

2　前項の許可を受けようとする者は、規則で定めるところにより、市長に許可の申請をしなければならない。

3　市長は、前項の申請に係る飼養等について、第四条、第五条、第九条、第一〇条及び第一一条に規定する事項が遵守されているほか、飼い猫の健康及び安全の保持並びに周辺の生活環境及び生態系の保全に支障がないと認められる場合でなければ、第一項の許可をしてはならない。

4　市長は、第一項の許可を受けた者がこの条例若しくはこの条例に基づく命令の規定又はこの条例に基づく処分に違反した場合は、その許可を取り消すことができる。

追加〔平成二九年条例一三号〕

（報告及び調査）

第一四条　市長は、この条例の施行に必要な範囲内において、飼い主その他の関係者に対し、飼い猫の飼養及び管理の状況について報告を求めることができる。

2　市長は、この条例の実施について必要があると認めたときは、調査のため必要な範囲内において、職員に関係のある場所に立入調査させ、又は関係者に聴取させることができる。

3　前項の場合において、立入調査をする職員は、身分を証明する証票を携帯し、関係者の請求があったときは、これを提示しなければならない。

（指導、勧告及び命令）

第一五条　市長は、第四条第一項、第二項若しくは第四項又は第五条第三項の規定を遵守していないと認められる者に対し、当該規定に従い、必要な措置をとるべきことを指導することができる。

2　市長は、第四条第三項若しくは第五項、第五条第一項若しくは第四項、第八条、第九条各号、第一〇条又は第一三条第一項の規定に違反していると認められる者に対し、当該規定に従い、必要な措置をとるべきことを指導し、又は文書により勧告することができる。

3　市長は、前項の規定による勧告を受けた者がその勧告に係る措置をとらなかった場合において、特に必要があると認めるときは、その者に対し、その勧告に係る措置をとるべきことを命じることができる。

全部改正〔平成二九年条例二三号〕

（過料）

第一六条　前条第三項の規定により命じられた措置を行わなかった者は、五万円以下の過料に処する。

2　第一四条第一項の規定による報告をせず、若しくは虚偽の報告をし、同条第二項の規定による調査を拒み、妨げ、若しくは忌避し、又は同項の規定による質問に対して回答をせず、若しくは虚偽の回答をした者は、二万円以下の過料に処する。

追加〔平成二九年条例二三号〕

（委任）

第一七条　この条例の施行に関し、必要な事項は、規則で定める。

一部改正〔平成二九年条例二三号〕

附則

この条例は、平成二三年一〇月一日から施行する。

附則（平成二九年三月二九日条例第一三号）

改正　平成二九年七月一〇日条例第二三号

（施行期日）

1　この条例は、平成二九年四月一日から施行する。ただし、第四条の改正規定（「努めなければならない」を「しなければならない」に改める部分を除く。）、第一〇条を削る改正規定、第一一条中「市民は、」を「市内では、」に改め、同条を第一〇条とし、第一二条を第一一条とし、第一三条を第一二条とし、同条の次に次の一条を加える改正規定及び第一五条の改正規定は、平成二九年一〇月一日から施行する。

一部改正〔平成二九年条例二三号〕

（経過措置）

2　改正後の奄美市飼い猫の適正な飼養及び管理に関する条例（以下「新条例」という。）第五条第四項の規定は、平成二九年四月一日以後に同条第一項の規定による登録申請が行われたものについて適用し、同日前に登録申請が行われたものについては、なお従前の例による。

3　平成二九年一〇月一日前に新条例第五条第一項の規定による登録申請が行われた飼い猫については、同条例第一三条の規定により市長が許可したものとみなす。

附則（平成二九年七月一〇日条例第二三号）

（施行期日）

1　この条例は、平成三〇年一月一日から施行する。ただし、次項の規定は、公布の日から施行する。

（奄美市飼い猫の適正な飼養及び管理に関する条例の一部を改正する条例の一部改正）

2　奄美市飼い猫の適正な飼養及び管理に関する条例の一部を改正する条例（平成二九年奄美市条例第一三号）の一部を次のように改正する。

（次のよう略）

※（編注）本書への掲載にあたり、算用数字を漢数字に変換している。

【抄録1】

「奄美の明日を考える奄美国際ノネコ・シンポジウム」

開催日時／二〇一五年一二月六日（日）一三時半〜一六時半

開催場所／奄美観光ホテル三階ホール（奄美市名瀬地区）

シンポジウムの前半では、環境省奄美野生生物保護センター・鈴木祥之上席自然保護官（当時）が、「世界自然遺産登録に向けた現状と外来種対策」と題し、一万頭を超えていたマングースが百頭以下に減った一方、山中で野生化したネコ（ノネコ）が希少野生動物にとって脅威となっていることを紹介し、対策の現状と課題について報告した。

ニュージーランド保全管理研究所のアル・グレン博士は、島嶼地域での外来種対策について紹介し、世界最初のネコ駆除が九〇年前に行われたこと、これまでネコ駆除が行われた島の最大面積は約三〇〇平方キロメートル、人口は最大の島でも千人程度であり、奄美大島のように面積が約七〇〇平方キロメートルもあり、人口が六万人を超える地域でのノネコ対策への挑戦は世界的に前例がない取り組みであることを示した。

鹿児島大学からは二つの調査研究報告があった。国際島嶼教育研究センター奄美分室所属の鈴木真理子プロジェクト研究員は、国立環境研究所・北海道大学と共同で行ったネコに関する住民意識調査の結果から、奄美大島の多くの人が特にノネコについては何らかの管理をすべきであり、飼い猫の山への放棄が問題の根源であると認識していることを報告した。

同大鹿児島環境学研究会の小栗有子准教授は、ネコの問題はどの立場（ネコが好きか嫌いか）から、どういう視点から考えるか（人間側、ネコ側、野生動物側）によって問題の見え方が変わり、考える物差しを合わせることが重要と指摘し、今後多様な関係者が協力し合える作業を通じて合意形成を図ることが必要だと強調した。

シンポジウム後半では、鹿児島環境学研究会の星野一昭特任教授がコーディネーター役となり、奄美大島在住の五人をパネリストにパネルディスカッション「奄美の明日を語る」が行われた。

九年前に奄美市にカフェを開店した久野優子さんは、野良猫の多さやネコにとっての悲惨な状況を目の当たりにし、野良猫の避妊去勢やネコの適正飼育の普及啓発などの取り組みを始め、二〇一四年夏に活動団体奄美猫部を設立した経緯に触れ、官民が同じ方向を向いて協働作業でネコの様々な問題に取り組む必要性を強調した。

科学的な根拠に基づいて奄美の希少な野生動物の保護を訴えてきた奄美哺乳類研究会の阿部優子さんは、ノネコだけでなく、山裾の集落の飼い猫や野良猫が希少動物を捕食している可能性を指摘し、ノネコ問題解決には時間的余裕がないことを踏まえた早急な対策が必要であることを行政関係者に強く訴えた。

しーまブログの運営を通じて島の情報発信に努めている深田小次郎さんは、奄美猫部の久野優子さんのブログをきっかけにノネコ問題の重要性を認識し、この問題の発信に取り組みたいと思い、関心のない人にいかに興味を持ってもらい、双方のやり取りによって人を巻き込む大切さといった観点から、集落のネコを写真に撮ってネコの名前を付け、みんなで管理・共有する「ネコアプリ」を提案した。

鹿児島県立大島高校一年生（当時）の久保駿太郎さんは、奄美大島の野生動植物を調査している生物部の活動でノネコ問題を調べ、現状を変えなくてはいけないと強く感じたことを報告した。その中で、ネコを悪者扱いするのではなく、ネコがペットとして共生できるように、みんなで考えていける環境をつくっていきたいことや、世界自然遺産登録に関しては、登録の前に観光客増加など予想される事態への対策をとっておくべきであると大人たちに向けて発言した。

二〇年以上前に奄美大島に移住した愛猫家でもあるピアニスト／作曲家の村松健さんは、移住当時にはネコが似合う島という印象を受けたことに触れ、ノネコ問題はネコを愛している人がネコとどう付き合うかが問われている問題だとして、ネコ好きの愛情を良い方向に向けることが重要であると述べた。また、奄美の未来を考える際に「島特有（固有）の」で終わらせずに、何がどのように特有（固有）で貴重なのかについて理解を深める重要性を指摘した。

コーディネーターの星野一昭特任教授は、パネリストの議論を受けて、ノネコ問題、野良猫問題そして飼い猫について、地域で考える仕組みを作ることの重要性を強調し、例えば、地域ぐるみで集落のネコを調べ、見守る取り組みを行うこと、今後の開発が期待される「ネコアプリ」を活用すること、ネコ好きの方の協力が得られる方策をみんなで考えていく必要性を指摘した。鹿児島環境学研究会としてもこうした取り組みを一緒に考えていきたいと述べ、パネルディスカッションは締めくくられた。

〈追記1〉鹿児島県立大島高校一年生（当時）久保駿太郎さんのノネコ問題をテーマにした調査は、冊子「奄美の明日を

考える ヒトとネコ、そして自然との共生を目指して」にまとめられており、鹿児島環境学プロジェクトのサイトより閲覧及びダウンロードができる（http://kankyo.rdc.kagoshima-u.ac.jp/wp2016/wp-content/uploads/2016/05/奄美の明日を考える.pdf）。

〈追記2〉当シンポジウムで配布され、来場者から大好評を得た絵本「ネコはお外にいていいいの？」は、鹿児島環境学研究会が龍郷町立大勝小学校五年生（当時）に向けて行ったノネコ問題普及啓発活動を通して、児童が考え、感じたこと、島に住む人たちに伝えたいことをまとめたものである。（絵・文ともに龍郷町立大勝小学校五年生児童が担当）絵本「ネコはお外にいていいの？」は、鹿児島環境学プロジェクトのサイトより閲覧及びダウンロードができる（http://kankyo.rdc.kagoshima-u.ac.jp/wp2016/wp-content/uploads/2017/07/ネコはお外にいていいの%EF%BC%9F-s.pdf）。

【抄録2】

「ネコで決まる⁉ 奄美の世界自然遺産！ かごしま国際ノネコ・シンポジウム」

開催日時／二〇一六年一〇月三〇日（日）一三時半〜一六時半

開催場所／かごしま県民交流センター（鹿児島市山下町）

シンポジウム前半、最初に登壇した環境省徳之島自然保護官事務所の渡邊春隆自然保護官（当時）は、「世界自然遺産登録に向けた現状と外来種対策」と題して、奄美大島の現状とともに、徳之島でも捨てられたネコや野良猫が山中でアマミノクロウサギなどの希少な野生動物を捕食している現状を紹介し、ノネコ対策の現状と課題について報告した。

続いてニュージーランド保全管理研究所のアル・グレン博士からは、島嶼地域での侵略的外来種対策の紹介があった。面積約七〇〇平方キロメートル以上、人口六万人を超える奄美大島のノネコ問題への挑戦は世界的に前例がない取り組みであり、駆除だけでなく、侵略的外来種の特定地域への囲い込みや、希少生物のコア地域での保護対策を提案した。

鹿児島大学鹿児島環境学研究会からは小栗有子准教授が、奄美固有の空間の中で人・ネコ・野生生物の共存バランスが崩れ、新たな関わり方が問われていることを指摘し、今後は多様な関係者が協力し合える作業を通じて合意形成を図ることが必要だと強調した。

シンポジウム後半では、星野一昭特任教授をコーディネーター役に、公益社団法人鹿児島県獣医師会坂本紘会長と、奄美大島、徳之島でノネコ問題に取り組んでいる三名のパネリストが登壇し、パネルディスカッション「奄美とかごしまの『つながり』を語る」が行われた。

一般社団法人奄美猫部代表の久野優子さんは、「人もネコも野生生物も住みよい奄美大島！」をスローガンに奄美大島で、奄美野鳥の会や奄美哺乳類研究会とともに、ネコの適正飼育の普及啓発や野良猫の避妊去勢などに取り組む様子を紹介しながら、人間の生活環境の変化に伴い、野良猫に関するトラブルが増えてきたことや、ネコが世界的にも侵略的外来種になったということは、希少生物のいる地域だけではなく、全世界でネコとの関わり方を見直す必要があることだと訴えた。

ＮＰＯ法人徳之島虹の会理事の美延治郷さんは、二〇一五年度から環境省と取り組んでいるノネコ対策や野生生物の保護活動やネコの適正飼育の普及啓発活動、徳之島三町ねこ対策協議会が運営を担う「ニャンダーランド」（捕獲したノネコを飼育し、譲渡先を探す拠点施設）について紹介しながら、ネコのＴＮＲ（捕獲・不妊化・放獣）をしているが、ネコの移動能力を考えると野生生物の宝庫である徳之島には本来「放獣」してよい場所はないこと、ネコ問題の原因は人間にあり、ネコ対策は人間教育であることを強く訴えた。

ゆいの島どうぶつ病院長の伊藤圭子さんは一般社団法人奄美猫部の副部長でもあり、奄美大島でのネコのＴＮＲにおける行政との関わりについて紹介しながら、地域の方々に島の自然のすばらしさに気づいてもらうとともに、ノネコ問題や猫の飼養問題についてもっと危機意識を持ってもらいたいこと、そして、ネコをはじめ動物は責任を持って飼うものであることを獣医師として伝えていきたいと強調した。

公益社団法人鹿児島県獣医師会会長の坂本紘さんは、侵略的外来種としてのネコに対するニュージーランドと日本との意識の違いについての考えや、これまで九州各地で取り組んできたネコのＴＮＲにおける現場の厳しい状況について述べ、ノネコ対策が手遅れにならないように官民共同で進めていく必要があることを強く訴えた。

会場からは、鹿児島県自然保護課長の長田さん（当時）がノネコ対策における行政の役割について、鹿児島市平川動物公園でアマミノクロウサギを担当している主任の落合さんが野生動物保護と普及啓発活動の観点から動物園の役割について説明した。ＮＰＯ法人犬猫と共生できる社会をめざす会鹿児島理事長の杉木さんは、ネコの譲渡活動の厳しさや、ノネコ問題が奄美地域だけでなく、県民全体で考えるべき危機的問題であると指摘し、南日本放送の丸山さんは、ノネコの譲渡が厳しい現状を踏まえて奄美地域の判断を尊重することが重要だと強調した。

パネルディスカッションは、コーディネーターの星野一昭特任教授がこれまでの議論を受け、ノネコ問題の事実をみんなで共有して現実的な判断をし、みんながその判断に責任を持って、苦渋の決断をした奄美大島・徳之島地域の判断をオール鹿児島で尊重し支える重要性を強調して、締めくくられた。

鹿児島大学鹿児島環境学研究会の活動年表

鹿児島環境学研究会が「ノネコ問題」に着手する以前			
	鹿児島環境学研究会の動き		
	主な活動		メンバーの参加時期
2003 （平成15） 年度			
2006 （平成18） 年度			
2007 （平成19） 年度			
2008 （平成20） 年度	 イベント 研究会	7月：鹿児島環境学ワーキンググループ(WG)発足 1月：鹿児島環境学シンポジウム（300人） 鹿児島環境学の宣言 ・鹿児島環境学WG会合第1回～11回　全11回	○鹿児島大学 7月：小野寺浩（学長補佐）／西村明（法文学部人文学科准教授）／河合渓（多島圏研究センター准教授）／川西正美（研究協力係課課長）／飯山久夫（同課課長代理）／下之園俊之（同課係員） 9月：井村隆介（理学部地球環境科学科准教授） 2月：小栗有子（生涯学習教育研究センター准教授）／宮本旬子（理学部地球環境科学科准教授） ○学外 7月：丸山健太郎（南日本放送経営企画本部総務部長）／堀上勝（鹿児島県環境保護課長） 8月：有村智明（鹿児島県企画課主幹） 11月：岩田治郎（鹿児島県環境管理課長） 2月：山崎美智子（アイエス通訳システムズ代表取締役） ○サポーター 木部暢子（鹿児島大学法文学部長）、阿部美紀子（同大理学部生命化学科教授・理事）
2009 （平成21） 年度	出版 出版 イベント 報告書 研究会	8月：『鹿児島環境学Ⅰ』（南方新社）の出版 9月：『鹿児島キーワード辞典』（南方新社）の出版 9月：奄美公開セミナー（100人） ・「自然共生型地域づくりの観点に立った自然世界遺産のあり方に関する検討業務」報告書の作成（環境省委託調査事業） ・鹿児島環境学WG会合第12回～13回　全2回	○鹿児島大学 和あかな（研究協力課研究協力係）
2010 （平成22） 年度	出版 普及 報告書 研究会	9月：『鹿児島環境学Ⅱ』（南方新社）の出版 1月：徳之島フォーラム：徳之島の未来、世界遺産（437人） ・「持続可能な地域づくりに資する琉球弧の世界遺産登録に向けた課題と方策に関する検討業務」報告書の作成（環境省委託調査事業） ・鹿児島環境学WG会合第14回～21回　全8回	○鹿児島大学 高津孝（法文学部教授）／岡野隆宏（教育センター特任准教授）／浦崎和広（研究協力課研究協力係） ○学外 門田夫佐子（南日本新聞社政経部）、深港恭子（薩摩伝承館学芸員）
2011 （平成23） 年度	出版 イベント 報告書 教育 連携 研究会	9月：『鹿児島環境学Ⅲ』の出版 2月：鹿児島環境学ミーティングin瀬戸内（36人） ・「琉球弧の世界遺産登録に向けた科学的知見に基づく管理体制の構築に向けた検討業務」報告書の作成（環境省委託調査事業） ・大学院講義：鹿児島環境学Ⅰ、鹿児島環境学Ⅱ ・学内意見交換会　全2回 ・鹿児島環境学WG会合第22回～27回　全6回（内1回は合宿）	
2012 （平成24） 年度	出版 発行物 イベント イベント イベント 報告書 教育 連携 連携 研究会 研究会	5月：『鹿児島環境学Ⅲ』第38回南日本出版文化賞（南日本新聞社主催）受賞 ・「鹿児島環境学研究報告書」の刊行 11月：国際シンポジウム「奄美世界遺産への道：（346人） 11月：徳之島共同研究発表会（75人） 12月～1月：シンポジウム「奄美群島の生物多様性1～3」 ・「屋久島・小笠原等の島しょ型世界自然遺産をモデルにしたネットワーク構築等の業務」報告書（環境委託調査事業） ・大学院講義：鹿児島環境学Ⅰ／鹿児島環境学Ⅱ（合宿） ・学内意見交換会　全3回 ・鹿児島県との共同事業「鹿児島県生物多様性地域戦略の策定」 ・鹿児島環境学WG会合第28回～38回　全11回（内1回は合宿） ・鹿児島環境学定例研究会　全7回	○鹿児島大学 宮下正昭（法文学部准教授）／松崎聖一（研究協力課研究協力係）
2013 （平成25） 年度	出版 連携 出版 イベント 報告書 教育 研究会	11月：『鹿児島の100人、100の風景』の出版（南日本新聞社）の出版 11月：観光かごしま大キャンペーン推進協議会と受託研究契約を締結 『【聞き書き】シマのくらし、つなぐ思い』の作成 12月：『鹿児島環境学・特別編』（南方新社）の出版 ・シンポジウム「奄美群島の生物多様性4」 ・「地域の環境文化に依拠した世界自然遺産のあり方に関する調査検討業務」報告書（環境委託調査事業）／『新編　南島雑話の中の植物』（田畑満大氏・著）の作成 ・大学院講義：鹿児島環境学Ⅰ、鹿児島環境学Ⅱ（合宿） ・鹿児島環境学WG会合第39回～43回　全5回	○鹿児島大学 小林善仁（法文学部准教授）／山本智子（水産学部准教授）
2014 （平成26） 年度	出版 研究会 研究会	・『きばりゅ島－今を生きる』の作成と頒布 ・鹿児島環境学WG会合第44回～50回　全7回 ・鹿児島環境学定例研究会　全7回	

鹿児島環境学研究会が「ノネコ問題」に着手して以後			
2015 （平成27） 年度	研究会	4月：第51回鹿児島環境学研究会WG開催	○鹿児島大学 星野一昭（COCセンター特任教授）／藤田志歩（共同獣医学部准教授）／鈴木真理子（国際島嶼教育研究センター奄美分室プロジェクト研究員）／安武博隆（研究協力課課長）／尾崎誠（研究協力課研究協力係長） ○鹿児島県 長田啓（環境林務部自然保護課課長）／高橋瑛子（環境林務部自然保護課課）
	研究会	5月：第52回鹿児島環境学研究会WG開催 ・平成27年度の活動計画、予算について ・奄美大島・徳之島出張報告とノネコシンポジウム企画素案について 5月：第1回鹿児島環境学定例研究会開催 ・報告1：「外来種と奄美大島・徳之島におけるネコの問題について」 環境省奄美自然保護官事務所　鈴木祥之氏 ・報告2：「動物愛護行政に関する現状と課題について」 鹿児島県環境林務部自然保護課　長田啓氏	
	研究会	6月：第53回鹿児島環境学研究会WG開催 ・ノネコ問題について ※特別ゲスト：環境省自然環境局動物愛護管理室　則久雅司氏	
	研究会	7月：第54回鹿児島環境学研究会WG開催 ・鹿児島環境学の目的とこれまでのアプローチの再確認 ・ノネコ問題をめぐる論点提起 ・ノネコシンポジウム企画案の内容検討	
	研究会	8月：第55回鹿児島環境学研究会WG開催 ・ノネコシンポジウムの準備状況 ・猫学の基礎（星野一昭氏） ・奄美大島のネコに関する住民の意識調査 （国際島嶼教育研究センター奄美分室　鈴木真理子氏）	
	研究会	9月：第56回鹿児島環境学研究会WG開催 ・ノネコシンポジウムの準備状況 ・ネコに関するデータ紹介 ・奄美大島のネコに関する住民意識調査進捗状況報告 ・鹿児島環境学研究会としてのシンポジウム報告内容の検討	
	連携	・「平成27年度奄美大島におけるノネコ対策推進啓発業務」（環境省委託事業）	
		10月：鹿児島大学鹿児島環境学研究会WGメンバー　小野寺浩氏　MBC賞受賞	
	研究会	11月：第57回鹿児島環境学研究会WG開 ・ノネコシンポジウムの準備状況 ・ネコに関するデータ紹介 ・奄美大島のネコに関する住民意識調査進捗状況報告 ・パネルディスカッションの進め方の検討 ・鹿児島環境学研究会としてのシンポジウム報告内容の検討	
	研究会	11月：第58回鹿児島環境学研究会WG開催	
	研究会	11月：第59回鹿児島環境学研究会WG開催 11月：第2回鹿児島環境学定例研究会開催 ・話題提供者：田中準氏（環境省屋久島自然保護官事務所） 「屋久島の最新状況について」	
	発行物	12月：絵本『ネコはお外にいていいの？』の発行（龍郷町立大勝小学校5年生著） ・龍郷町立大勝小学校の5年生児童(20人）に講座を実施した成果物として作成。協力：永江直志氏（奄美自然学校）、阿部優子氏（奄美哺乳類研究会）　板坂直樹氏（龍郷町立大勝小学校）、高橋瑛子氏（鹿児島県環境林務部自然保護課）、藤田志歩氏（鹿児島大学鹿児島環境学研究会）	
	発行物	12月：小冊子『奄美の明日を考える　ヒトとネコ　そして自然との共生を目指して』（生物部久保駿太郎氏著） ・鹿児島県立大島高校にて、1･2年生(35人）に講座「奄美大島の固有種と外来種」を実施した成果物として作成。協力：鈴木真理子氏、藤井琢磨氏（鹿児島大学国際島嶼教育研究センター奄美分室）、岩本千鶴氏（環境省奄美自然保護官事務所）、伊藤圭子氏（獣医師）、服部正策氏（東京大学医科学研究所奄美病害動物研究施設）、西真弘氏（九州両性爬虫類研究会員）、藤田志歩氏（鹿児島大学鹿児島環境学研究会）、興克樹氏（奄美海洋生物研究会）	
	イベント	12月「奄美の明日を考える奄美国際ノネコ・シンポジウム」開催 主　　催：鹿児島大学鹿児島環境学研究会 時　　間：13:30～16:30 会　　場：奄美観光ホテル（奄美市） 参加人数：約150人 概　　要： ・基調講演1「世界自然遺産登録に向けた現状と外来種対策」 環境省奄美自然保護官事務所　鈴木祥之氏 ・基調講演2　「ニュージーランドの外来種対策」 ニュージーランド保全管理研究所　アル・グレン氏 ・報告1　「奄美大島のネコに関する聞き取り調査結果と鹿大奄美分室の取り組み」 鹿児島大学鹿児島環境学研究会　鈴木真理子氏 ・報告2　「ノネコ問題を考える視点と鹿大鹿児島環境学研究会の取り組み」 鹿児島大学鹿児島環境学研究会　小栗有子氏 ・パネルディスカッション　「奄美の明日を語る」 パネリスト：久野優子氏（奄美猫部）、阿部優子氏（奄美哺乳類研究会）、 深田小次郎氏（しーま代表）、村松健氏（ピアニスト/作曲家） 久保駿太郎氏（鹿児島県立大島高校生物部） コーディネーター：鹿児島大学鹿児島環境学研究会　星野一昭氏	
	研究会	1月：第60回鹿児島環境学研究会WG開催 ・ノネコ・シンポジウムの振り返り ・平成28年度の活動について	
	研究会	2月：第61回鹿児島環境学研究会WG開催 ・来年度の活動に向けた動きと基本的な方向について 第2回鹿児島環境学定例研究会開催 ・話題提供者：楠田氏（楠田書店：奄美大島） 「奄美大島で必要とされる書物と研究テーマについて」	
	研究会	3月：第62回鹿児島環境学研究会WG開催 ・平成28年度の研究会活動について	

2016 （平成28） 年度	研究会	4月：第63回鹿児島環境学研究会WG開催 ・平成28年度の研究会活動について ・ノネコ問題普及啓発冊子の作成について ※特別ゲスト：阿部優子氏（奄美哺乳類研究会）、久野優子氏（奄美猫部）、 伊藤圭子氏（獣医師）、久保駿太郎氏（鹿児島県立大島高校生物部）、 鈴木祥之氏（環境省奄美自然保護官事務所）、 川畑雄二氏（鹿児島県環境林務部自然保護課野生生物係）	○鹿児島大学 鈴木英治（理学部教授）／牧野暁世（ＣＯＣ＋グループ特任助教／尾崎誠（研究協力課課長代理）／中村友貴（研究協力課研究協力係長）／中村朋子（研究協力課研究協力係）
	研究会	5月：第64回鹿児島環境学研究会WG開催 ・新企画本の作成について ・ノネコ問題普及啓発冊子の作成について ・平成28年度ノネコシンポジウム（鹿児島市内）について	
	研究会	6月：第65回鹿児島環境学研究会WG開催 ・新企画本の作成について ・ノネコ問題普及啓発冊子の作成について ・平成28年度ノネコシンポジウム（鹿児島市内）について	
	研究会	7月：第66回鹿児島環境学研究会WG開催 ・新企画本の作成について ・ノネコ問題普及啓発冊子の作成について ・平成28年度ノネコシンポジウム（鹿児島市内）について	
	研究会	8月：鹿児島大学前田学長・環境省自然環境局動物愛護管理室則久室長対談「語り合いを通して（人と動物）の新たな関係を奄美から世界へ」 第67回鹿児島環境学研究会WG開催 ・新企画本の作成について ・ノネコ関係について 8月：第3回鹿児島環境学定例研究会開催 ・話題提供者：則久雅司氏（環境省自然環境局動物愛護管理室） 「人と動物が共生する社会とは」	
	連携	10月：日本学術振興会からの受託事業締結（2016/10/12～016/11/1）」 「平成28年度外国人研究者短期招へいプログラム」 ニュージーランド保全管理研究所　アル・グレン氏 徳之島、奄美大島での外来種対策調査同行のほか,行政関係者との意見交換、鹿児島県立大島高校での講演を実施、鹿児島大学関係者との意見交換や鹿児島環境学研究会WGでの話題提供など	
	研究会	10月：第68回鹿児島環境学研究会WG開催 ・ノネコ関係について 10月：第4回鹿児島環境学定例研究会開催 奄美大島で日々海とかかわりあって暮らしている方と語る 「奄美の資源（自然・環境文化）の管理の課題と展望～世界自然遺産登録後の奄美を考える」	
	外部	環境省からの受託事業締結（2017年3月報告） 「平成28年度奄美大島におけるノネコ対策推進啓発業務」	
	イベント	10月：「ネコで決まる！?奄美の世界自然遺産！かごしま国際ノネコ・シンポジウム」開催 主　　催：鹿児島大学鹿児島環境学研究会 共　　催：環境省那覇自然環境事務所、鹿児島県 時　　間：13:30～16:30 会　　場：かごしま県民交流センター（鹿児島市） 参加人数：約100人 概　　要： ・基調講演1「世界自然遺産登録に向けた現状と外来種対策」 環境省徳之島自然保護官事務所　渡邊春隆氏 ・基調講演2「島嶼地域における侵略的外来種の管理」 ニュージーランド保全管理研究所 アル・グレン氏 ・基調講演3「ノネコ問題の深さと広がり」 鹿児島大学鹿児島環境学研究会　小栗有子氏 ・パネルディスカッション　「奄美とかごしまの『つながり』」 パネリスト：久野優子氏（一般社団法人奄美猫部代表）、 美延治郷氏（NPO法人徳之島虹の会理事）、 伊藤圭子氏（ゆいの島どうぶつ病院院長）、 坂本紘氏（鹿児島県獣医師会会長） コーディネーター：鹿児島大学鹿児島環境学研究会　星野一昭氏	
	連携	10月：「国立大学法人鹿児島大学と環境省自然環境局との自然環境保全に係る連携・協力に関する協定書」締結式	
	研究会	11月：第69回鹿児島環境学研究会WG開催 ・鹿児島大学と環境省自然環境局との協定について 11月：第5回鹿児島環境学定例研究会開催 ・話題提供者：田中準氏（環境省屋久島自然保護官事務所） 「屋久島と世界遺産」	
	研究会	12月：第70回鹿児島環境学研究会WG開催 ・ノネコ関係について（普及啓発冊子） 12月：第4回鹿児島環境学定例研究会開催 奄美大島で日々山とかかわりあって暮らしている方と語るⅠ 「奄美の資源（自然・環境文化）の管理の課題と展望～世界自然遺産登録後の奄美を考える」	
	研究会	2月：第7Ⅰ回鹿児島環境学研究会WG開催 ・ノネコ関係について 2月：第5回鹿児島環境学定例研究会開催 奄美大島で日々山とかかわりあって暮らしている方と語るⅡ 「奄美の資源（自然・環境文化）の管理の課題と展望～世界自然遺産登録後の奄美を考える」	

	研究会	3月：第72回鹿児島大学鹿児島環境学研究会in奄美大島 「屋久島から学ぶ、本音で語る奄美の世界自然遺産」開催 主　　催：鹿児島大学鹿児島環境学研究会 時　　間：18:00～20:30 会　　場：奄美観光ホテル（奄美市） 参加人数：約100人 概　　要： ・第1部 講演会 環境省屋久島自然保護官事務所　田中準氏 ・第2部 質疑応答・意見交換	
	発行物	3月：ノネコ問題普及啓発冊子『人もネコも野生動物もすみよい島』を作成・発行。奄美地域内外での活用を促進した ※2017年度に増刷	
2017（平成29）年度	イベント	6月：鹿児島大学鹿児島環境学研究会　平成29年度特別セミナー 国連大学長・国連事務次長デイビッド・マローン博士鹿児島大学来訪記念講演会 「持続可能な開発目標（SDGs）の可能性とリスク」開催 主　　催：鹿児島大学（鹿児島環境学研究会） 会　　場：鹿児島大学法文学部3号館104号室 時　　間：16:00～17:00 参加人数：約70人	○鹿児島大学 小澤結花(研究協力課長) ○学外 羽井佐幸宏(鹿児島県環境林務部自然保護課長)
	研究会	6月：第73回鹿児島環境学研究会WG開催 ・平成29年度の研究会活動について ・新企画本の作成について	
	研究会	11月：第74回鹿児島環境学研究会WG開催 ・奄美群島国立公園における環境文化に関するシンポジウムについて 11月：第1回鹿児島環境学定例研究会開催 話題提供者：田中準氏（環境省屋久島自然保護官事務所） 「屋久島の最新状況について」	
	連携	・「平成29年度世界自然遺産推薦地・奄美大島における環境文化に関するシンポジウム開催補助業務」（環境省委託事業）	
	研究会	12月：第75回鹿児島環境学研究会WG開催 12月：第2回鹿児島環境学定例研究会開催	
	イベント	1月：「秋名・幾里の環境文化を知る・見つけるシンポジウム」開催 主　　催：鹿児島大学鹿児島環境学研究会 時　　間：2018年1月28日(日)13:00～17:30 会　　場：秋名コミュニティセンター（大島郡龍郷町） 参加人数：約100人 概　　要： ・第1部「環境文化」を知る 「環境文化」ってなんだろう？事例を比べてみよう。 ・第2部 足元にある「環境文化」をさがす あれも？これも！秋名・幾里の「環境文化」とは？ ・第3部「環境文化」をしらべる 散策しながら、秋名・幾里集落の「環境文化」を見つけてみよう。 ・「秋名・幾里の環境文化を知る・見つけるシンポジウム」宣言	
2018（平成30）年度	イベント	5月：「奄美の猫問題を知る・学ぶ会」参加・登壇 時　　間：18:30～20:00 会　　場：かごしま環境未来館　2階多目的ホール 主　　催：のぐち英一郎鹿児島市議会議員 パネリスト：鹿児島大学鹿児島環境学研究会　星野一昭氏 NPO法人ゴールゼロ代表 齊籐朋子獣医師(moco動物病院：東京都) 参加人数：25人 概　　要：1)星野一昭氏「奄美のノネコ問題について」 2)齊籐朋子獣医師 「世界遺産を口実に、奄美や沖縄の猫を安易に殺処分しないでください！」署名活動をはじめとした、殺処分ゼロを目指す活動について 3)奄美猫部代表　久野優子さんからのメッセージ 4)意見交換	
	研究会	5月：第76回鹿児島環境学研究会WG開催 5月：第1回鹿児島環境学定例研究会開催	
	研究会	9月：第77回鹿児島環境学研究会WG開催 9月：第2回鹿児島環境学定例研究会開催 平成29年度環境文化シンポジウム後の取り組みに関する秋名・幾里地区の皆さんとの情報意見交換会	
	研究会	10月：第78回鹿児島環境学研究会WG開催 10月：第3回鹿児島環境学定例研究会開催　第2回環境文化シンポジウム開催に向けて-1	
	研究会	11月：第79回鹿児島環境学研究会WG開催 11月：第4回鹿児島環境学定例研究会開催 環境省屋久島自然保護官事務所　柘植規江首席自然保護官「屋久島の最新状況について」	
	研究会	11月：書籍「奄美のノネコ問題」に係る検証会議 11/15：ノネコ問題に関わる民間団体との意見交換 11/16：ノネコ問題に関わる行政関係との意見交換	
	研究会	11月：第79回鹿児島環境学研究会WG開催 11月：第5回鹿児島環境学定例研究会開催 第2回環境文化シンポジウム開催に向けて-2	
	研究会	第80回鹿児島環境学研究会WG開催 第6回鹿児島環境学定例研究会開催 環境省奄美自然保護官事務所　千葉康人上席自然保護官「奄美の最新状況について」	
	研究会	第80回鹿児島環境学研究会WG開催 第7回鹿児島環境学定例研究会開催　第2回環境文化シンポジウム開催に向けて-3	

	イベント	1/11：エクスカーション開催（龍郷町秋名・幾里集落及び住用町市集落の散策） 1/12：エクスカーション開催（大和村国直集落の散策） 1/12：「シンポジウム　シマ（環境文化）を考える」開催 主　　催：鹿児島大学鹿児島環境学研究会 時　　間：2019年1月12日（土）13:30～17:30 会　　場：大和村防災センター（大島郡大和村） 参加人数：約70人 概　　要： ・第1部　シマの環境文化を知る・共有する ・第2部　シマの伝統行事のこれから ・第3部　移住者×地元で「シマの価値」を再発見	
		日本政府がユネスコ世界遺産委員会に提出した奄美沖縄4島世界自然遺産推薦書の172頁で、鹿児島環境学研究会作成のノネコ問題普及啓発冊子「人もネコも野生動物もすみよい島」が紹介された。	

※大学事務職と鹿児島県自然保護課長は、在任期間中のみの限定期間のメンバーである

「鹿児島環境学宣言」

環境問題は21世紀最大の課題である。それは二重の意味をもっている。第1は外部にある環境の破壊であり、第2は私たちの内にあった自然に対する感性の喪失である。

環境問題は自然科学や技術文明の、あるいは政治や制度の問題である。また、芸術や市民運動、地域づくりの課題でもあるだろう。しかしより根本的には、自然の一部としてのヒトと、自然を操作する主体としての人間、この人間存在の二重性と矛盾から生じるものである。さらには私たちがいまだ、これらを刺し貫く思想と価値観を見出せないということでもある。

テーマは複雑多岐にわたって、これまでの学問的領域を軽々と超えるだろう。解決の手掛かりは机上ではなく現場にある。現場とはすなわちそこにある自然であり、自然とともに生きてきた人間の歴史の謂である。長い時間が積み上げてきた人々の知恵を驚きとともに発掘し、現代の知性を大胆に加味して、未来への新たな関係を紡いでいくこと。解決への道筋は、現場でのそうしたねばり強い作業にこそある。

自然、環境との共生や調和に必要なもの。それは私たちを取り巻く自然、環境の回復と再生である。しかし同時に欠かせないのは私たち自身の再生である。このための試みは、科学的、論理的、かつ体系的であることが求められるだろう。ただそれ以上に大事なことは、取り戻したいきもの達への感覚と地域の暮らしとの緊張感の中で、現場に即した具体性とでもいうべきものを発見していくことにある。

私たちは、精緻な批評であるよりは、たとえ小さくても具体的な提案を目指す。世界と未来に向けて確かなものを提案するために、ここ鹿児島であしもとを見つめ直すことから始める。それが鹿児島環境学の出発点である。

※「宣言文」は2009年1月24日、鹿児島環境学シンポジウムで発表された。鹿児島環境学の精神を表すものである。

Declaration of Kagoshima Environmental Studies Program

The demands on human cultures in dealing with environmental degradation will likely be the biggest challenge of the 21st century. The issue arises from dual foundations. Firstly, we are destroying the environment around us. Secondly, we have lost the sensibilities towards nature that once resided inside us.

The environment is discussed most frequently in the context of either the natural sciences and technological civilizations or politics and institutions; the discussion also finds voice in art, citizens' movements and community building. At its root, however, the issue originates from the duality and paradox of human existence: homo-sapiens as an embodied species embedded right into the natural world, and humans as cultural entities capable of manipulating nature from a position above and transcending nature. In the realm of pragmatic ideas, humans have yet to develop an ideology that embraces both of these elements.

The subject matter required for consideration covers a broad range of topics and may extend far beyond traditional academic fields. The missing clues may lie not in abstract thinking but in our experience of the real embodied world. The real embodied world in this context means our presence in, and continuous interaction with, the nature that surrounds us, a place of engagement where we can become aware of truths contingent on the long history of coexistence between humans and nature. What we need to do is discover the amazing wisdom humans have accumulated over millennia, mix it audaciously with the present-day intellect and start building a new relationship with our future. We need to work persistently in the real world to find practical solutions.

To coexist symbiotically and harmoniously with nature and the environment, we must start with restoring and resuscitating the nature and environment closest to hand. We also need to reinvent ourselves. In doing so, we need to take a scientific, logical and systematic approach; yet, importantly, we also need to acquire a sense of reality that allows us to strike a balance with, and ease the tension between, our regained sensibilities towards a naturally attuned life and the materialistic needs of our everyday life.

The program envisioned herein makes clear that we would rather prepare and present small but concrete proposals than act in the role of sophisticated critic. We have chosen Kagoshima in order that we may take a closer look at what should be done and consider how a solid proposal can be made to the world-present and future. That is the first step we will take towards setting the Kagoshima Environmental Studies program in motion.

（文責／山崎美智子）

あとがき

鹿児島環境学担当の特任教授として鹿児島大学に赴任した二〇一五年四月、鹿児島環境学研究会として、鹿児島の自然環境問題にどのように取り組むことが適当なのか、悩むことが多かった。

鹿児島環境学研究会では二〇〇九年に発表した鹿児島環境学宣言を踏まえて、世界自然遺産登録を目指す奄美大島と徳之島に軸足を置いた活動を進め、その成果は三冊の書籍にまとめられた。両島の世界自然遺産登録に向けた大学の専門知の提供といえる取り組みだった。また、鹿児島の環境と人の暮らしを見つめ関わることとの意義を学問的に考察した特別編「地域を照らす交響学」も出版している。

次に取り組むべきテーマは何かを考えるとき、鹿児島環境学宣言にある「私たちは、精緻な批評であるよりはたとえ小さくても具体的な提案を目指す」との方針が気になった。これまでの鹿児島環境学研究会の取り組みが総論的であったとすれば、これからの取り組みはより具体的な課題に対する取り組みにする必要があると考え、奄美大島のノネコ問題を研究会活動のテーマにした。

世界自然遺産登録を目指して、行政を中心に民間団体の協力も得ながら自然環境保全の取り組みが進められている奄美大島にとって、ノネコ問題の解決が最も大きな課題であると考えたからである。

一九七九年に放され、奄美大島の希少生物に甚大な被害を及ぼしたマングースについては、環境省により大規模な駆除作戦が展開され、二〇〇〇年当時には一万頭を超えると考えられていた個体数が現在は五〇頭以下にまでに減少していると推定されている。二〇一八年四月から一二月の間、マングースは一頭しか捕獲されず、二〇二二年度の根絶目標の達成が現実的な段階に至っている。

しかし、ノネコについてはマングースとは事情が異なる。ペットとして愛玩されているネコ、そのものだからだ。山中で野生化したネコはノネコと呼ばれ、奄美大島では世界自然遺産の価値を有するアマミノクロウサギやアマミトゲネズミなどの希少生物を捕食し、その生存に脅威を及ぼしているにもかかわらず、対策は遅れていた。

ノネコの供給源としては、不妊化されていない飼いネコから生まれた子ネコや山に入り込んで集落には戻らない野良ネコや飼いネコが挙げられる。奄美大島の人口は六万人を超えるので、飼いネコや野良ネコは相当な数に上る。このため、ネコをペットとして飼っている人の理解と協力が欠かせないのだ。

こうした事情から、鹿児島環境学研究会は奄美大島のノネコ問題に焦点を当てた活動を進めることになった。活動内容の詳細は、第七章に記載したとおりである。

二〇一八年三月にようやく「奄美大島における生態系保全のためのノネコ管理計画」が国、県、地元市町村により決定された。ノネコの捕獲だけでなく、発生源対策として飼いネコの適正飼養と野良ネコの増加抑制の推進も行うことが盛り込まれている。また、譲渡できないノネコはやむを得ず安楽死させることも規定されている。これは、鹿児島環境学研究会が普及啓発冊子の中で行った提言に沿うものであった。

ノネコ管理計画に基づくノネコの捕獲は二〇一八年七月に開始された。捕獲数は現時点では多くはないが、試行的な期間を経て、いずれノネコの捕獲が本格的に行われるようになるだろう。

このように二〇一八年は奄美大島のノネコ対策が大きく進展する年となった。

この時期だからこそ、本書の出版を計画した。鹿児島環境学研究会が取り組んできたことの紹介にとどまらず、奄美大島で本格的なノネコ対策が実施されるまでを環境省、鹿児島県、地元市町村（奄美市）及び関係団体にそれぞれの立場から詳述してもらった。これにより、本格的な対策が実施されるまでの過程が立体的に記録されることになった。このことは今後奄美大島でノネコ対策を着実に実施していく上で重要である。絶えず原点に返ってノネコ対策の進展を考えることに役立つからである。

また、本書では、徳之島についても環境省、地元自治体（天城町）、関係団体にノネコ対策について報告してもらった。さらに、海外の状況、国内各地の状況についても各地の関係者に報告してもらった。これにより、海外及び国内各地の取り組みがいかに多様なものであるかがわかる。科学的知見をもとに地域の置かれた状況と地域住民の意識を踏まえて、それぞれの地域に最も適した対策が検討され、実施されることの重要性が認識されるだろう。

第一章で示したノネコ問題の全体像はノネコ問題を読み解くうえで重要な視点を含んでいる。ひとつ挙げれば、目の前で行われようとしているノネコ問題への対応が、実は世界に向けた壮大な社会実験でもあるという視点である。

ノネコ問題への対応の難しさは毎年の授業で実感している。奄美大島の現状について概要を説明した後、自然保護派と動物愛護派に分かれてグループ討議をしてもらい、最後に学生個人の考えをレポートにまとめてもらう授業である。様々な観点を頭に入れたうえでノネコ問題を考えてもらう趣旨だが、ほとんどの学生は事情の如何に関わらず、捕獲したノネコの殺処分に反対する。ノネコ問題への対応には、希少種の絶滅を防止するという予防原則の重要性を念頭に置いて、価値観の違いを認識し合いながら、地域社会の理解と協力を得るための地道な取り組みが不可欠であり、関係者間の合意形成に粘り強く取り組むことの重要性を強く感じている。

二〇一九年二月に日本政府はユネスコに対して、奄美大島と徳之島を含む奄美沖縄の四島を世界自然遺産にするための推薦書を提出した。推薦地の課題である外来種への対応を記述する中で奄美大島のノネコ問題に対する取り組みも記載されている。世界自然遺産の島にふさわしい「人もネコも野生動物もすみよい島」になるように、ノネコ管理計画に基づく取り組みを進めながら、地域社会の一層の理解と協力が得られるように行政関係者の絶え間ない努力に期待したい。

長文のあとがきとなってしまったが、本書を手にした読者各位がノネコ問題への対応を理解され、ネコが引き起こす様々な問題にそれぞれの立場で適切に対応されることを切に願う。

最後に、鹿児島の出版社として地域の課題に果敢に取り組んでいる南方新社の向原祥隆社長と最後まで修正を快く引き受けていただいた編集部の梅北優香さんに謝意を表して、あとがきを終える。

鹿児島大学産学・地域共創センター　星野一昭

■執筆者・団体紹介（掲載順）　＊印は執筆担当章

小栗有子（おぐり・ゆうこ）
千葉県出身。東京農工大学大学院修了。同大学院連合農学研究科博士課程中途退学、〇三年に鹿児島大学生涯学習教育研究センターに赴任。一八年より同大法文学部に移籍、同大産学・地域共創センター生涯学習部門兼務。専門は、環境教育学、社会教育学。著書に『環境教育学の基礎理論』（一六年、法律文化社、共著）、『入門 新しい環境教育の実践』（一六年、筑波書房、共著）など。＊第一章、第三章第一節、第七章

星野一昭（ほしの・かずあき）
東京都出身。東京大学理学部卒業。七八年環境庁に自然保護技官として入庁。国立公園管理、希少種保護、鳥獣管理、生物多様性保全などを担当。外務省と鹿児島県庁でも勤務。環境省自然環境局長を最後に一四年に退職し、一五年から鹿児島環境学プロジェクト担当の鹿児島大学特任教授。専門は自然環境保全政策。著作は『日本の希少鳥類を守る』（〇九年、京都大学学術出版会、共著）など。
＊第二章第一〜三節、第四章第一節、第五章第一節、第六章第一節

岩本千鶴（いわもと・ちづる）
宇都宮大学大学院農学研究科を修了後、一四年に環境省に入省。本省で一年間勤務した後、一五年から一八年七月まで奄美自然保護官事務所にて外来種対策や希少種保護、世界自然遺産登録等の業務に従事した。＊第三章第二節（一）・第三節

阿部優子（あべ・ゆうこ）
一九六五年神奈川県生まれ。獣医師。日本獣医畜産大学（現日本獣医生命科学大学）卒業。（株）奄美野生動物研究所勤務。奄美哺乳類研究会会長。外来哺乳類（マングース、ヤギ、ネコ）の調査やノラネコのＴＮＲに携わる一方、傷病鳥の病理解剖やアマミノクロウサギ傷病個体の飼育に従事。＊第三章第二節（二）・第六節

久野優子（きゅうの・ゆうこ）
一九七四年鹿児島県奄美市（旧名瀬市）生まれ。〇七年に飲食店 cafe COVO TANA を奄美市にて開業。近隣の野良ネコの多さに悩まされていたことから、ネコ問題への取り組みも並行して行う。一四年に任意団体として奄美猫部を発足し、一六年、一般社団法人奄美猫部設立。当法人代表理事。＊第三章第二節（三）・第七節

羽井佐幸宏（はいさ・ゆきひろ）
一九七八年岡山県生まれ。二〇〇二年に環境省入省後、阿蘇くじゅう国立公園、吉野熊野国立公園にて自然保護官として勤務。〇八年から世界自然遺産専門官として小笠原諸島の世界自然遺産の推薦から登録までを担当。一二年から在ケニア日本大使館にて国連環

境計画を担当し、一七年より現職（鹿児島県自然保護課長）。＊第三章 第四節（一）（二）

桑原庸輔（くわはら・ようすけ）
一九七五年鹿児島県生まれ。大阪大学理学部化学科卒。九九年鹿児島県庁に化学職で入庁。環境保護課、名瀬保健所、廃棄物・リサイクル対策課、環境放射線監視センターなどに勤務。一六年度より二度目の大島支庁衛生・環境室（名瀬保健所）に勤務し、ノネコ対策業務を担当。＊第三章 第四節（三）

藤江俊生（ふじえ・しゅんお）
一九六六年奄美市生まれ。名古屋学院大学経済学部卒業。九一年に旧名瀬市役所（現奄美市役所）入庁。二〇一六年から世界自然遺産推進室にて世界自然遺産登録担当となる。＊第三章 第五節

山下克蔵（やました・かつぞう）
一九六八年奄美市（旧笠利町）生まれ。琉球大学理学部生物学科卒業。九三年に旧名瀬市役所（現奄美市役所）入庁。〇九年から一一年まで環境対策課にて自然環境を担当し、一八年から二度目の自然環境担当となる。＊第三章 第五節

沢登良馬（さわのぼり・りょうま）
一九九〇年山梨県生まれ。東京大学農学部卒。一六年に環境省に入省し、自然環境局総務課動物愛護管理室に配属され、主に動物愛護管理に関する普及啓発業務を担当。一七年から徳之島自然保護官事務所へ異動し、奄美群島国立公園の管理、希少野生生物保護、外来種対策、世界自然遺産関連業務等に従事（現職）。＊第四章 第二節

吉野琢哉（よしの・たくや）
一九八九年鹿児島県徳之島天城町生まれ。駒澤大学文学部地理学科卒。民間企業を経て、一四年から環境省徳之島自然保護官事務所の自然保護官補佐（アクティブレンジャー）として勤務。一七年より天城町役場企画課にて、主に世界自然遺産登録推進や自然保護に関する業務を担当。＊第四章 第三節

美延睦美（みのべ・むつみ）
一九六三年徳之島伊仙町生まれ。製糖会社勤務の傍ら、一一年、NPO法人徳之島虹の会の設立に携わり、一三年より事務局長。一七年、製糖会社退職。現在、鹿児島県希少野生動植物保護推進員、徳之島エコツーリズム推進協議会会長、徳之島エコツアーガイド連絡協議会会長、伊仙町文化財保護審議員。＊第四章 第四節

諸坂佐利（もろさか・さとし）
一九六八年浅草生まれ。明治大学大学院博士後期課程単位取得満期退学。川崎市市民オンブズマン専門調査員などを経て、現職、神

奈川大学法学部准教授。（公社）日本動物園水族館協会顧問、日本財政法学会理事も務める。専門は、公法学、特にドイツ、スイスを中心としたヨーロッパ行政法学と公共政策学。近年は、外来種対策、自然生態系保全政策、そして動物園水族館における展示動物の愛護・福祉に関する研究も手掛ける。＊第五章 第二節

塩野﨑和美（しおのさき・かずみ）
京都府出身。ワシントン州立大学卒業。民間企業を経て京都大学大学院後期博士課程修了。博士（環境学）。専門は野生生物管理学（特に外来哺乳類）。著書として、『奄美群島の自然史学　亜熱帯島嶼の生物多様性』（一六年、東海大学出版部、分担執筆）。現在は（株）奄美野生動物研究所研究員。＊第五章 第三節

小林淳一（こばやし・じゅんいち）
一九八三年埼玉県生まれ。東京環境工科専門学校自然環境保全学科卒。〇六年自然環境研究センター奄美マングースバスターズに勤務。一四年龍郷町役場入庁。生活環境課で国立公園や野生生物保護業務などに従事。＊Ｃｏｌｕｍｎ１

菅野康祐（かんの・こうすけ）
一九八〇年福島県福島市生まれ。信州大学理学部卒業。〇五年に環境省入省。吉野熊野、白山、阿寒国立公園での公園管理、本省自然環境局動物愛護管理室での業務に従事。一八年四月から小笠原自然保護官事務所で世界自然遺産や国立公園等の保全管理に関する業務を担当。＊第六章 第二節

長嶺　隆（ながみね・たかし）
一九六三年沖縄県生まれ。日本大学農獣医学部大学院修了。獣医師。ヤンバルクイナやイリオモテヤマネコ等の希少種の保全やマングース対策、各地のイエネコ対策、ネコ飼養条例策定に携わる。ＮＰＯ法人どうぶつたちの病院沖縄理事長。著作は『日本の外来哺乳類』（一一年、東京大学出版会、分担執筆）、『島の鳥類学』（一八年、海遊社、分担執筆）。＊第六章 第三節

小野宏治（おの・こうじ）
一九六八年東京都生まれ。東邦大学大学院理学研究科後期博士課程単位取得退学。北海道海鳥センター、釧路自然環境事務所にて希少鳥類の保護増殖事業等に関わった後、那覇自然環境事務所で侵略的外来種対策に取り組む。一八年四月よりやんばる野生生物保護センターに勤務。＊第六章 第四節

竹中康進（たけなか・やすのり）
一九七七年奈良県生まれ。摂南大学経営学部卒業後、〇一年に環境省に入省し、国立公園や野生生物等の自然環境保全業務に従事。一三年一〇月から一八年七月まで羽幌自然保護官事務所の自然保護官として天売島のノラネコ問題に関する業務に従事。現在は西表自然保護官事務所の自然保護官。＊第六章 第五節

中村朋子（なかむら・ともこ）
一九七〇年いちき串木野市生まれ。鹿児島大学卒業。一六年より鹿児島大学研究推進部研究協力課研究協力係に事務補佐員として勤務。鹿児島環境学担当。＊Column2

＊　＊　＊

一般社団法人　奄美猫部
一四年、ネコ問題に関心のある有志が集い奄美大島にて発足。一六年に一般社団法人として法人化に至る。活動内容は、奄美のネコをめぐる様々な問題を解決するべく、「人も猫も野生動物も住み良い奄美大島へ！」のスローガンのもと、①ネコの飼育方法の助言や啓発活動、②ネコの正しい知識や魅力の発信、③ＴＮＲや地域猫活動などの野良ネコ対策の普及啓発や調査研究、④保護猫の新しい飼い主さん募集の代行及びサポート活動、の主に四本柱を軸に活動している。啓発のためのイベント開催は他の自然保護団体の協力もいただきながら多数開催。ほかに、保護猫の譲渡会も数回開催している。また、ネコにまつわる様々な相談も寄せられ、飼い方のアドバイスやＴＮＲ等の対応に奔走している。

奄美哺乳類研究会
通称あほけん（奄美の「あ」、哺乳類の「ほ」、研究会の「けん」をとって、我々は自らをそう呼んでいる）。八九年発足。肉食獣のいないはずの奄美大島にマングースが生息していることに危機感を持ち、調査を開始したのが発足のきっかけ。これまでマングース、野生化したヤギの調査を実施し、行政への提言等を行う一方、クロウサギの生息状況調査等にも参加。現在は自動撮影カメラによる野生生物調査、ネコの行動圏調査を実施中。科学的データに基づいて自然環境や野生動物の保全に寄与することが会のモットーである。

特定非営利活動法人　徳之島虹の会
徳之島虹の会は、本業の傍ら、地域のボランティア活動に携わってきた島人が、この美しく豊かな徳之島を楽しみ、感動を分かち合い、守り、次世代へ繋ぎたいと願い、一一年に設立。設立当初より、島民、主に子どもたちと、島の宝（自然、歴史、文化など）の魅力と知識の普及を図るとともに、その保全・継承の活動に取り組んできた。徳之島でも数年前から世界自然遺産登録の取り組みが活発化しており、その取り組みを推進するため、近年は自然保護や環境保全に関連する活動が主体となっている。会の名前の虹（ニジ）には、虹本来の「夢や希望」というイメージのほかに島の方言で示す「仲間」の意味がある。こよなく島を愛する仲間（シマニジ）が集い、人と人、自然と暮らし、島と世界、過去と二〇〇〇年後の未来をつなぐ、かけ橋（ニジ）になることを目標としている。

奄美のノネコ

――猫への問いかけ――

二〇一九年三月三十一日　第一刷発行

編　者　鹿児島大学 鹿児島環境学研究会
発行者　向原祥隆
発行所　株式会社 南方新社
〒八九二―〇八七三　鹿児島市下田町二九二―一
電話　〇九九―二四八―五四五五
振替口座　〇二〇七〇―三―二七九二九
URL　http://www.nanpou.com/
e-mail info@nanpou.com

印刷・製本　株式会社 イースト朝日
定価はカバーに表示しています　落丁・乱丁はお取り替えします
ISBN978-4-86124-400-1　C0040